高等院校计算机"十三五"规划教材

Office 2010办公软件高级应用

翟　悦　何丹丹　王立娟　主　编

郭　杨　刘瑞杰　于林林　秦　放　孙建言　副主编

中国铁道出版社有限公司

CHINA RAILWAY PUBLISHING HOUSE CO., LTD.

内 容 简 介

本书是培养大学生计算机应用能力的基础教材，全书共分 9 章，系统介绍了 Office 2010 办公软件的基础知识，Office 2010 办公软件中的常用组件 Word 2010、Excel 2010、PowerPoint 2010 和 Access 2010 的使用，以及相关综合案例。

本书以提高学生办公软件的应用能力为宗旨，在内容编排上侧重于应用，在简明扼要地介绍办公软件基础知识的基础上，通过大量的实例、综合案例与技巧的介绍，使读者对所学内容融会贯通，具有很强的实用性和可操作性。

本书内容丰富、结构清晰、图文并茂、语言简练、通俗易懂，适合作为高等院校计算机专业办公软件相关课程的教材，也可作为非计算机专业的教材以及各类培训机构的培训教材，还可作为 Office 办公软件初学者的自学用书。

图书在版编目（CIP）数据

Office 2010 办公软件高级应用/翟悦，何丹丹，王立娟
主编.—北京:中国铁道出版社有限公司，2019.9（2023.2 重印）
高等院校计算机"十三五"规划教材
ISBN 978-7-113-25625-8

Ⅰ.①O… Ⅱ.①翟… ②何… ③王… Ⅲ.①办公自动化-
应用软件-高等学校-教材 Ⅳ.①TP317.1

中国版本图书馆 CIP 数据核字（2019）第 048785 号

书　　名：Office 2010 办公软件高级应用
作　　者：翟　悦　何丹丹　王立娟

策　　划：李志国　　　　　　　　　　　编辑部电话：（010）83557746
责任编辑：张文静　彭立辉
封面设计：付　巍
封面制作：刘　颖
责任校对：张玉华
责任印制：樊启鹏

出版发行：中国铁道出版社有限公司（100054，北京市西城区右安门西街 8 号）
网　　址：http://www.tdpress.com/51eds/
印　　刷：三河市航远印刷有限公司
版　　次：2019 年 9 月第 1 版　2023 年 2 月第 6 次印刷
开　　本：787 mm×1 092 mm 1/16　印张：22.25　字数：540 千
书　　号：ISBN 978-7-113-25625-8
定　　价：53.00 元

前　言

随着信息技术和网络技术的迅速发展，Office 办公软件在各行各业广泛应用，熟练运用 Office 办公软件已成为办公人员必须具备的技能之一。Office 2010 是微软公司推出的一套功能强大的办公软件，由 Word 2010、Excel 2010、PowerPoint 2010、Access 2010、Outlook 2010 等多个组件组成。Office 2010 在以前版本的基础上增加了许多新的功能，工作界面直观，操作更加简单，为用户进一步提高工作效率奠定了良好的基础。

本书系统地介绍了 Office 2010 办公软件的基础知识及 Word 2010、Excel 2010、PowerPoint 2010 和 Access 2010 四个常用组件的使用，在内容编排上侧重于应用，在简明扼要地介绍办公软件基础知识的同时，重点介绍办公软件的应用技巧，并用案例将知识点进行串联，尤其是书中的温馨提示、操作小技巧等环节则更体现了实例与技巧的融会贯通，可达到提高学生学习兴趣、增强学生动手能力的目的。

本书共分 9 章，第 1 章介绍办公自动化及办公软件的基础知识，包括办公自动化的组成、办公软件的功能、常用的办公软件及应用组件；第 2 章介绍 Word 2010 文字处理软件的使用，包括 Word 基本操作、Word 文档编辑与美化、Word 文档的图文混排、Word 表格制作及 Word 文档特殊版式编排等；第 3 章介绍 Excel 2010 电子表格处理软件的使用，主要包括 Excel 基本操作、Excel 表格编辑与美化、Excel 数据计算与管理、Excel 图表分析及 Excel 宏与自动化等；第 4 章介绍 PowerPoint 2010 演示文稿制作软件的使用，主要包括 PowerPoint 幻灯片制作、PowerPoint 幻灯片设置、PowerPoint 幻灯片的编辑与美化以及 PowerPoint 幻灯片的放映与输出等；第 5 章介绍 Access 2010 数据库管理软件的使用，主要包括数据表的建立、数据库的基本操作、窗体及报表生成等；第 6~9 章分别针对 Word、Excel、PowerPoint 和 Access 提供配套综合案例，方便学生练习。

本书由具有多年从事办公软件课程教学经验的教师编写，由翟悦、何丹丹、王立娟任主编，郭杨、刘瑞杰、于林林、秦放、孙建言任副主编，参加编写和讨论的还有罗佳伟、计美娇等。具体编写分工：秦放编写了第 1 章，郭杨编写了第 2 章，何丹丹编写了第 3 章与第 7 章，翟悦编写了第 4 章，刘瑞杰编写了第 8 章，于林林编写了第 5 章与第 9 章，郭杨、孙建言共同编写了第 6 章，全书由王立娟统稿。在本书编写过程中，参考了大量文献资料和网站资料，在此一并向其作者表示衷心的感谢。

由于时间仓促，编者水平有限，书中难免存在疏漏和不足之处，恳请专家、教师和读者批评指正。

编　者
2018 年 12 月

目　录

第1章 ｜ Office 2010 办公软件概述

随着现代科学技术的发展，当今社会已进入信息时代。办公自动化技术作为处理、传递信息的重要手段之一，已被越来越多的大中小企业所使用，其在加强企业经营管理，提高企业综合素质，增加企业竞争能力等方面发挥着越来越重要的作用。

本章主要向用户介绍办公软件相关的一些基础知识，包括办公自动化的定义、特点及组成，办公软件的应用、发展，常用的办公软件及 Office 2010 办公软件简介等。

1.1 办公自动化概述

1.1.1 办公自动化的定义及特点

1. 办公自动化的定义

办公自动化（Office Automation，OA）是利用计算机技术、通信技术、自动化技术等，借助各种先进的办公设备对办公业务进行处理，来实现办公活动的科学化、自动化的综合性学科。办公自动化在不同时期有不同的定义标准。

目前，国内较为常用的是 20 世纪 80 年代中期在第一次全国办公自动化规划讨论会上提出的定义：办公自动化是利用先进的科学技术，不断地使人的一部分办公业务活动物化于人以外的各种设备中，并由这些设备与办公人员构成服务于某种目标的人机信息处理系统，其目的是尽可能充分利用信息资源，提高生产率、工作效率和质量，辅助决策，求取更好的效果以达到既定目标。

2. 办公自动化的特点

办公自动化是将现代化办公和计算机网络功能结合起来的一种新型的办公方式，是信息化社会最重要的标志之一，是提高日常办公效率和质量的有效途径。办公自动化具有以下特点：

（1）办公自动化是一门综合多种技术的新型学科

办公自动化是当前新技术革命中一个非常活跃和具有很强生命力的技术应用领域，是信息化社会的产物。办公自动化涉及行为科学、社会学、系统科学、管理科学等多种学科，以计算机、通信、自动化等作为支撑技术，是一门多学科相互交叉、相互渗透的系统科学。办公自动化的出现不仅使信息的生成、收集、存储、加工、传输和输出方式发生了巨大的变化，也极大地扩展了办公手段，使得办公管理更加科学化、自动化。

（2）办公自动化是一个人机结合的信息系统

办公自动化充分体现了人、计算机和信息资源三者的关系："人"是决定因素，是信息加工过程的设计者、指挥者和成果享用者；"机"是指各种办公设备，是信息加工的手段和工具，是实现办公自动化的条件；"信息"是被加工的对象。三者的结合实现了办公人员智力劳动的自动化、电子化、专业化，充分利用了信息，最大限度降低了劳动强度，提高了办公效率和质量。

（3）办公自动化是办公信息一体化的处理过程

办公自动化利用现代信息技术手段，把基于不同技术的办公设备（如计算机、传真机、电话、扫描仪等）组合在一个系统中，处理各种形式的信息（如文字信息、语言信息、数据信息、图像信息、图形信息等），使办公室真正具有综合处理信息的功能。例如，通过磁盘等存储设备可以存储办公室中的档案、文件等信息，通过语言接收系统可以接收自然语言，通过数据库系统可以实现数据的管理，通过打印机等设备可以输出文字或图像，通过图形图像终端可以接收处理图形图像信息等。此外，办公自动化采用大容量、高密度的信息存储设备，使得大量的信息可以得到安全、可靠的保存。

（4）办公自动化以提高办公效率和质量为目标

办公自动化将许多独立的办公职能一体化，提高了信息化程度，通过网络，组织机构内部的人员可以跨越时间、地点协同工作。通过网络，信息的传递更加快捷，从而极大地扩展了办公手段，实现了办公的高效率，同时传统的、需要大量人工进行处理的内容，都被计算机等现代设备所取代，使得现代办公管理更加有序，办公质量也更高。

1.1.2　办公自动化系统组成

办公自动化系统由硬件设备和软件设备组成。其中，硬件设备是指办公自动化系统中的实际装置和设备，而软件是指用于运行、管理、维护和应用开发计算机所编制的计算机程序。

计算机硬件设备可分为计算机设备、通信设备、办公机械三大类。计算机设备包括各类大、中、小型计算机和微型计算机、计算机网络控制器、图文处理设备、多功能工作站及相关软件；通信设备包括各种电话、传真机、局域网、自动交换机等；办公机械设备包括复印机、打印机、绘图仪、扫描仪、硬盘、光盘存储器、高速油印机、投影仪、速印机、多功能一体机等。

计算机软件设备可分为系统软件和应用软件两大类。系统软件包括操作系统、语言翻译程序等；应用软件包括支持软件（如数据库管理系统）、通用软件（如文字处理系统、图像处理系统）和专用软件（如工资管理系统）。

1．硬件设备

办公自动化硬件设备是现代工作和生活中不可或缺的高科技产品，利用这些办公设备，可以大大提高人们的工作效率。下面对存储设备、扫描仪、打印机、复印机、传真机和多功能一体机等常用设备进行介绍。

（1）存储设备

存储设备主要指外部存储设备（简称外存），外存容量大、成本低、存取速度慢，可用于存放需要长期保存的程序和数据。当存放在外存中的程序和数据需要处理时，必须先将它们读到内存中才能进行处理，常用的存储设备有硬盘、光盘、U盘等。

①硬盘：又称硬磁盘驱动器，是计算机系统中最主要的外部存储设备，就像仓库一样，内部存放着计算机中所有的数据。

硬盘是由硬盘驱动器、硬盘控制器和硬盘片组成。存储容量大，相对价格低，但存储速度较慢，一般用来存放大量暂时不用的程序和数据。随着计算机的飞速发展，硬盘也由低存储容量几十兆字节发展到 40 GB、160 GB、250 GB、500 GB、1 TB 甚至更大。

② 光盘：读取速度快，可靠性高，使用寿命长，携带方便，以前大量的软件、数据、图片、影像资料等都是利用光盘存储。常见的光盘有 CD、VCD 和 DVD 等。

③ U 盘：可以直接插在主板 USB 端口上进行读写的外存储器。由于它具有存储容量大、体积小、保存信息可靠、移动存储等优点，已取代早期用于移动存储的软盘。

（2）扫描仪

扫描仪（Scanner）是利用光电技术和数字处理技术，以扫描方式将图形或图像信息转换为数字信号的装置，通过捕获图像并将之转换成计算机可以显示、编辑、存储和输出的数字化输入设备。照片、文本页面、图纸、美术图画、照相底片，甚至纺织品、标牌面板、印制板样品等三维对象都可作为扫描对象。扫描仪主要分为以下几种：

① 平板式扫描仪：一般采用 CCD（电荷耦合器件）或 CIS（接触式感光器件）技术，凭借其价格低、体积小的优点得到了广泛应用，目前已成为家庭及办公使用的主流产品，如图 1-1 所示。

图 1-1 平板式扫描仪

② 滚筒式扫描仪：感光器件是光电倍增管，相比 CCD 或者 CIS 来说，光电倍增管的性能更好。采用光电倍增管的扫描仪要比其他扫描仪贵，低档的也在几十万元左右。滚筒式扫描仪是专业印刷排版领域中应用最广泛的产品。

③ 馈纸式扫描仪：馈纸式扫描仪和平板式扫描仪最大的区别是，馈纸式扫描仪的光源及扫描器件是固定的，需要纸张运动才能扫描获得整页的图像，具有和打印机相似的自动送纸器。由于不需要扫描平台，馈纸式扫描仪可以做得很小，并且可以自动进纸，可以连续、高速地扫描多页文档。便携扫描仪、连续扫描多页文档的馈纸扫描仪和名片扫描仪都是馈纸扫描仪。名片扫描仪如图 1-2 所示。

④ 底片扫描仪：扫描透明胶片，其光学分辨率很高，在 1 000 dpi 以上。现在，有些平板式扫描仪也有底片扫描功能。总的来说，底片扫描仪仍应用于专业领域。

⑤ 3D 扫描仪：它所生成的文件是一系列描述物体三维结构的坐标数据，将这些数据输入 3ds Max 软件中可将物体的 3D 模型完整地还原出来。3D 扫描仪组主要用于 3D 建模、3D 游戏制作等。

⑥ 其他：除上述扫描仪外，还有一些经常见到但是很难将其与扫描仪联系起来的扫描仪，如笔式扫描仪、超市条码扫描仪等。笔试扫描仪如图 1-3 所示。

图 1-2　名片扫描仪　　　　　　　　图 1-3　笔式扫描仪（扫描笔）

（3）打印机

打印机（Printer）是一种精密仪器，它涉及光、机、电、材料等多个学科，是计算机的输出设备之一，用于将计算机处理结果打印在相关介质上。目前最常见的有 3 类：针式打印机、喷墨打印机、激光打印机。

① 针式打印机：也称撞击式打印机，依靠打印针击打色带在打印介质上形成色点的组合来实现规定字符和图像。现在的针式打印机普遍是 24 针打印机。所谓针数，是指打印头内的打印针的排列和数量。针数越多，打印的质量就越好。

针式打印机曾在打印市场占据了很长一段时间的主导地位，但由于打印精度低、噪声大、速度慢、很难实现彩色打印，导致它在竞争中逐渐失去了大部分市场份额。但是，它独有的使用费用低、可多页复制等特点，使其在银行存折打印、财务发票打印等专业领域占据主导地位。例如，用于 POS 机、ATM 机等设备上的微型针式打印机如图 1-4 所示；用于普通办公和财务机构的通用针式打印机如图 1-5 所示；专门用于银行、邮电、保险等服务部门柜台业务的票据针式打印机如图 1-6 所示。

图 1-4　微型针式打印机　　　图 1-5　通用针式打印机　　　图 1-6　票据针式打印机

② 喷墨打印机：利用打印头上的喷口将墨滴按特定的方式喷到打印介质上形成文字或图像。喷墨打印机打印质量较好、噪声小、打印成本逐年降低，是比较重要的一类打印设备。按照用途不同可分为普通喷墨打印机、数码照片打印机、便携式喷墨打印机、喷绘机等。

● 普通喷墨打印机：它是目前最为常见的打印机，可以用来打印文稿、图形图像，也可以使用照片纸打印照片，如图 1-7 所示。

● 数码照片打印机：与普通型产品相比，具有数码读卡器，在内置软件的支持下，可以直接连接数码照相机及其数码存储卡,可以在没有计算机支持的情况下直接进行数码照片的打印,部分数码照片打印机还配有液晶屏,用户可直接通过液晶屏对数码存储卡中的照片进行一定的编辑、设置,如图 1-8 所示。

图 1-7　普通喷墨打印机

图 1-8　数码照片打印机

- 便携式喷墨打印机:指的是那些体积小、质量轻(1 000 g 以下)、方便携带,在没有外接交流电的情况下也能使用的产品,一般多与笔记本式计算机配合使用,如图 1-9 所示。
- 喷绘机:它是大型打印机系列中的一种产品,就像打印机一样喷头在材料上喷出墨水。其最主要的特点就是打印幅面大,可支持多种打印介质;适用于专业数码打样、工程绘图、海报输出等工作,如图 1-10 所示。

图 1-9　便携式喷墨打印机

图 1-10　喷绘机

③ 激光打印机:采用的是电子成像技术,其基本工作原理是由计算机传来二进制数据信息,经过一系列转换由激光扫描系统产生载有字符信息的激光束,激光束扫描感光鼓,将墨粉吸附到感光区域,再将墨粉转印到打印介质上,最后通过加热装置将墨粉熔化固定到打印介质上,如图 1-11 所示。

激光打印机兴起于 20 世纪 90 年代中期,凭借其打印速度快、成像质量高、噪声小、使用成本低、打印负荷量大等特点占据办公室打印设备的主流地位。

激光打印机的分类方法很多,从色彩上可以分为黑白、彩色两类;从激光器件上可以分为激光器型、LED(发光二极管)型两大类(目前市场上大部分都是激光器型的);从打印速度上可以划分为低速、中速、高速三大类（低速激光打印机的打印速度在 30 ppm（每分钟打印的页数）以下；中速激光打印机的打印速度在 40～120 ppm，高速激光打印机的打印速度在 130～300 ppm）。

（4）复印机

复印机（Copier）是从书写、绘制或印刷的原稿得到等倍、放大或缩小的复印品的设备。复印机与传统的铅字印刷、蜡纸油印、胶印等的主要区别是无须经过其他制版等中间手段，而能直接从原稿获得复印品，复印的速度快，操作简便，如图 1–12 所示。

图 1–11　激光打印机

图 1–12　复印机

按照工作原理不同，可将复印机分为模拟复印机和数码复印机。

① 模拟复印机：生产和应用的时间已经较长，其原理是通过曝光、扫描将原稿的光学模拟图像通过光学系统直接投射到已被充电的感光鼓上产生静电潜像，再经过显影、定影等步骤来完成复印。

② 数码复印机：与模拟复印机相比是一次质的飞跃，类似于一台扫描仪和一台激光打印机的组合体，首先通过 CCD 传感器对通过曝光、扫描产生的原稿的光学模拟图像信号进行光电转换，然后将经过数字技术处理的图像信号输入到激光调制器，调制后的激光束对被充电的感光鼓进行扫描，在感光鼓上产生由点组成的静电潜像，再经过显影、转印、定影等步骤来完成复印过程。

由于数码复印机采用了数字图像处理技术，使其可以进行复杂的图文编辑，可一次扫描，多次复印，大大提高了复印机的复印能力、复印质量，降低了使用中的故障率。

按照复印技术不同，可将复印机分为光化学复印机、热敏复印机和静电复印机。

① 光化学复印机：有直接影印、蓝图复印、重氮复印、染料转印和扩散转印等方法。直接影印法用高反差相纸代替感光胶片对原稿进行摄影，可增幅或缩幅；蓝图复印法是复印纸表面涂有铁盐，原稿为单张半透明材料，两者叠在一起接受曝光，显影后形成蓝底白字图像；重氮复印法与蓝图复印法相似，复印纸表面涂有重氮化合物，曝光后在液体或气体氨中显影，产生深色调的图像；染料转印法是原稿正面与表面涂有光敏乳剂的半透明负片合在一起，曝光后经液体显影再转印到纸张上；扩散转印法与染料转印法相似，曝光后将负片与表面涂有药膜的复印纸贴在一

起，经液体显影后负片上的银盐即扩散到复印纸上形成黑色图像。

② 热敏复印机：将表面涂有热敏材料的复印纸，与单张原稿贴在一起接受红外线或热源照射。图像部分吸收的热量传送到复印纸表面，使热敏材料色调变深，即形成复印品。这种复印方法主要用于传真机接收传真。

③ 静电复印机：采用现在应用最广泛的复印技术，它是用硒、氧化锌、硫化镉和有机光导体等作为光敏材料，在暗处充上电荷接受原稿图像曝光，形成静电潜像，再经显影、转印和定影等过程完成复印。静电复印机按复印介质分类，可以分为直接式静电复印机和间接式静电复印机。直接式静电复印机使用专用的涂有光导层的复印纸，采用干法或湿法显影方式进行显影，最终图像直接定影在该纸上，不需要转印。这种复印机具有结构简单、性能稳定等优点，但具有纸厚、手感差、图像反差低等缺点。间接式静电复印机所使用的复印介质范围则比较广，普通纸、色纸、塑料薄膜等均可，同样也可采用干法或湿法显影方式进行显影。间接式已成为静电复印的主流和发展方向。

按照用途不同，可将复印机分为家用型复印机、办公型复印机、便携式复印机和工程图纸复印机等。

① 家用型复印机价格较为低廉，一般兼有扫描仪、打印机的功能，打印方式主要以喷墨打印为主。

② 办公型复印机是最常见的复印机，基本上是以 A3 幅面的产品为主。

③ 便携型复印机的特点是小巧，它的最大幅面一般只有 A4，重量较轻。

④ 工程图纸复印机最大的特点是幅面大，一般可以达到 A0 幅面，是用于复印大型工程图纸的复印机。

根据技术原理可分为模拟工程图纸复印机和数字工程图纸复印机。当然，还可按显影状态、显影方式、显影剂组成等分类，在此不再赘述。

（5）传真机

传真机（Fax）（见图 1-13）利用扫描和光电变换技术，从发送端将文字、图像、照片等静态图像通过有线或无线信道传送到接收端，并在接收端以记录的形式重现原静止图像。传真机是集计算机技术、通信技术、精密机械与光学技术于一体的通信设备，其信息传送的速度快、接收的副本质量高，它不但能准确、原样地传送各种信息的内容，还能传送信息的笔迹，适于保密亲笔通信，具有其他通信工具无法比拟的优势，为现代通信技术增添了新的生命力，并在办公自动化领域占有极重要的地位，发展前景广阔。

按用途不同，可将传真机分为相片传真机、报纸传真机、气象传真机、彩色传真机、文件传真机。

① 相片传真机：是一种用于传送包括黑和白在内全部光密度范围的连续色调图像，并用照相记录法复制出符合一定色调密度要求的副本的传真机。

② 报纸传真机：是一种用扫描方式发送整版报纸清样，接收端利用照相记录方法复制出供制版印刷用的胶片的传真机。

③ 气象传真机：是一种传送气象云图和其他气象图表用的传真机，又称天气图传真机。

④ 彩色传真机：供新闻或军事部门传送并复制彩色照片或彩色地图等。

⑤ 文件传真机：是一种以黑和白两种光密度级复制原稿的传真机。

（6）多功能一体机

多功能一体机就是一种具备打印、传真、复印、扫描等两项功能以上的机器，并且它的多项功能在同时工作时相互之间不会受影响，如图 1-14 所示。

图 1-13　传真机　　　　　　　　　　　图 1-14　多功能一体机

根据打印方式不同可分为激光多功能一体机和喷墨多功能一体机；根据主导功能不同可分为打印型一体机、复印型一体机、传真型一体机。根据产品涵盖的功能不同可分为 3 种功能一体机（打印、扫描、复印）、4 种功能一体机（打印、扫描、复印、传真）。

2. 软件设备

系统软件是指控制和协调计算机及外围设备，支持应用软件开发和运行的系统，是无须用户干预的各种程序的集合，主要功能是调度、监控和维护计算机系统；负责管理计算机系统中各种独立的硬件，使得它们可以协调工作。系统软件使得计算机使用者和其他软件将计算机作为一个整体，而不需要顾及底层每个硬件是如何工作的。在办公自动化系统软件中最重要且最基本的就是操作系统，它是最底层的软件，它控制所有计算机运行的程序并管理整个计算机的资源，是计算机裸机与应用程序及用户之间的桥梁。没有它，用户就无法使用某种软件或程序。常用的系统有 DOS 操作系统、Windows 操作系统、Mac OS X 操作系统、UNIX 操作系统和 Linux、NetWare 等操作系统。目前，Windows 操作系统是所有的办公自动化系统中应用最广泛的操作系统。

Windows 是微软公司推出的一系列操作系统。问世于 1985 年，起初仅是 MS-DOS 之下的桌面环境，其后续版本逐渐发展成为个人计算机和服务器用户设计的操作系统，并最终获得了世界个人计算机操作系统软件的垄断地位。Windows 操作系统可以在几种不同类型的平台上运行，如个人计算机、服务器和嵌入式系统等，其在个人计算机领域应用最为普遍。

应用软件是为满足用户不同领域、不同问题的应用需求而提供的软件。它可以拓宽计算机系统的应用领域，放大硬件的功能。应用软件是用户可以使用的各种程序设计语言，以及用各种程序设计语言编制的应用程序的集合。

1.2　办公软件概述

1.2.1　办公软件的定义及特点

1．办公软件的定义

办公软件是可以进行文字处理、表格制作、幻灯片制作、图形图像处理、简单数据库处理等方面工作的软件。在数字化高速发展的今天，小到会议记录，大到社会统计，处处都会用到办公软件。微软的 Office 系列软件是办公软件的代表，其中 Office 2010 是一套图文表并茂、功能强大的办公软件，它集成了文字处理（Word 2010）、电子表格处理（Excel 2010）、文稿演示制作（PowerPoint 2010）、数据库管理（Access 2010）等办公组件。

2．办公软件的特点

办公软件具有开放性、易用性、健壮性、严密性和实用性等特点。

① 开放性：开放性是办公软件的大势所趋，只有具备开放性的办公软件，才能与其他信息化平台进行整合集成，帮助用户打破信息孤岛、应用孤岛和资源孤岛。

② 易用性：指软件理解、学习、操作、管理的难易程度。最近几年，随着办公软件市场的热度上升，办公软件的易用性也受到前所未有的关注。作为成熟办公软件的重要标志，易用性成为评价软件质量的重要标准，甚至成为某些用户选型的关键要素。办公软件的功能虽然越来越强大，操作却越来越简单，这是行业的发展趋势。

③ 健壮性：指软件对于规范要求以外的输入情况的处理能力，如软件在输入错误、磁盘故障、网络过载或有意攻击情况下，能否不死机、不崩溃，这就是该软件的健壮性。健壮性是衡量软件好坏的重要标准，办公软件必须具有良好的健壮性，才能实现系统的长期稳定。

④ 严密性：现代办公要求企业既要有统一的信息平台，又要让员工有独立的信息空间，因此，软件不仅要实现"用户、角色和权限"上的三维管控，还必须同时实现信息数据上的大集中与小独立的和谐统一，也就是必须实现"用户、角色、权限、数据"的四维管控，实现信息数据上的整体集中和相对独立。

⑤ 实用性：指软件以用户满意的方式实现用户价值的能力，即软件功能满足用户需求，具有很强的使用价值；同时使用过程中，也能对企业经济效益的增长起到直接的影响或对工作起到积极的促进作用，能为拥有者创造经济效益。实用性是对所有应用软件的一致要求，OA 系统的应用必须符合使用企业的具体情况，将应用落到实处，真正实现科学有效的现代化管理。

1.2.2　办公软件的功能

办公软件已经广泛应用到社会各行各业的管理和控制中，它改变了传统的工作方式，给人们带来了全新的办公和管理理念。

1．文字处理功能

文字处理是办公软件最基本的功能，利用该功能可完成对中西文的输入、编辑、修改、复制和输出等操作。

2．数据处理功能

办公活动的中心任务是处理信息，它涉及大量的数据与文件，是办公软件的基本功能之一。

数据处理包括数据的采集、整理、计算、分类、汇总、排序等操作。同时根据不同的需要还可对处理后的数据进行统计、分析以满足用户需要。

3．文件处理功能

文件处理指的是对已编辑好的文件进行整体处理，包括文件的复制、转存、输入/输出、传输和归档等操作。用办公软件处理文件、档案可以做到高效率、省工时、实用性强、标准化高。

4．声音处理功能

声音处理是对声音信息进行收集、转换、存储、识别等操作。声音处理功能包括声音输入和声音输出，即声音识别技术和声音合成技术，在文字输入、个人文件保密与鉴别等方面，声音识别起着重要的作用。

5．图像处理功能

对图像的处理主要包括去除噪声、增强、复原、分割、提取特征等操作。例如，将签字、照片、指纹等输入计算机处理识别真假，将模糊的图片经过处理后变得清晰而能识别等。

6．网络通信功能

网络通信指人们可以利用网络互相通信，并实现资源共享。网络通信包括电子邮递和电子会议。电子邮递是指利用网络将声音、数据、文字、图像等综合信息从一个地方传输到另外一个或多个地方；电子会议是指在网络的支持下，以某种通信手段实现在不同的地方同时举行会议，如在线交流、电话会议、电视会议。

7．行政管理功能

行政管理主要是使用办公软件处理日常办公事务，如编制日程安排和工作计划、协调各种会议，防止会议与日常行政事务工作冲突，制订各种备忘录提醒，或处理重大事项的日程表，还包括对各种会议及办公设施、资源的合理调度以求得最佳使用效率。

1.2.3　办公软件的应用

随着科技浪潮的推动和互联网的蓬勃发展，办公软件已经触及了企业生产、管理及个人生活的方方面面。办公软件的最大优点是把很多重复烦琐的数据计算和统计工作都交给计算机来做，以前需要多人一周甚至数月完成的工作，通过预先设置好的程序和方法单击几下按钮就能得到结果，节省了大量的人力和时间；通过数据的分析可以预测生产和需求要素的发展趋势，能为企业带来巨大的经济效益。

1．在商业领域的应用

商业领域是应用计算机较早的领域之一，现在世界上大多数企业都对计算机有很强的依赖性，因为它们要靠计算机系统来维持自己的正常运转。在商业领域，很多重复计算和统计的工作都可以通过软件来完成，节省了人力资源和时间成本；从完善管理体系角度可以把流程和模式固化下来，从而减少每次手工操作出错的可能性；从销售角度看，通过办公软件的多项功能可以对已有数据进行准确分析，预测生产销售需求和市场趋势；从办公和人力资源角度来看，应用主流办公应用软件可以保持平台和文件的通用性。

2．在教育领域的应用

随着多媒体进入教育领域，教育系统就更加离不开办公软件，如教师可以使用多媒体课件将文字、声音、图形、图像、动画、视频等多种信息集合与整合，并按照教学设计的要求，有机地组合后显示在屏幕上，丰富学生的学习内容，使其获得多重感官刺激，提高学习效率和学习效果，也可以实现师生之间和教师之间的资源互换。现代化的办公系统还可以处理很多日常繁杂、容易出错的工作，如学校学生信息的统计、学校教职工工资预算等，为教育领域带来方便，既节省了时间，又提高了效率。

3．在政府执政领域的应用

计算机办公软件的运用对政府办公水平和效率有很大的改善。政务上网以后，可以在网上向公众公开政府部门的有关资料、档案、日常活动等，用户可以通过办公平台查询政务信息，并与政府之间通过平台进行沟通，相关事务处理请求通过办公软件转给政府工作人员，政府工作人员可以通过办公自动化系统进行政务处理并对政务查询信息系统进行更新。这样，政府与公众之间相互交流更加方便，并且可以在网上行使对政府官员的民主监督权力。

4．在科研领域的应用

计算机在科研领域一直占有很重要的地位，第一台计算机就是为科研而研制出来的。现在很多实验室都用计算机来监视与模拟或收集实验中的科研数据，用软件对这些数据进行统计、分析和相应处理。在许多科研工作中，计算机对数据的统计和分析都离不开办公软件。用计算机办公软件进行数据分析和数据整合进一步推动了科研领域的发展，为我国航天航空领域数据计算也带来了诸多好处。

1.2.4　办公软件的发展

1．国外办公软件发展现状

1979 年，MicroPro 公司推出 WordStar，这是一套早期的文书处理器软件，一经推出就以其强大的文字编辑功能征服了用户，由于 WordStar 的普及和推广，办公效率大大提高，促进了全世界办公文秘人员的办公自动化进程。同年，VisiCalc 电子表格软件上市，VisiCalc 的出现，将 Apple Ⅱ 从业余爱好者手中的玩具变成了炙手可热的商业工具，从而引发了真正的 PC 革命。

1983 年，Lotus Software（美国莲花软件公司）推出的 Lotus 1-2-3，具有强大的电子数据表（Spreadsheet）功能、图形集成功能、简易数据库功能，推出后迅速征服个人计算机的 VisiCalc 用户。

同年，微软发布 Word For DOS 1.0，这是一个里程碑式的软件产品，技术领先。Word 从底层开始就是图形界面设计，是第一套可在计算机屏幕上显示粗体、斜体，能显示特殊符号的文字处理软件，并支持鼠标和激光打印机。

同年 10 月，SSI 发布 WordPerfect 3.0 for DOS。截至 1986 年，WordPerfect 以 1/3 左右的份额占据了字处理市场的第一名。

1990 年，微软公司完成了 Word 的 Windows 平台 1.0 版本开发，图形用户界面成为软件标准。

此后，微软凭借其在操作系统上的地位，也建立了在办公软件上的权威，使得其办公软件（包括文字处理 Word、电子表格处理 Excel、演示文稿制作 Power Point）迅速占领了办公软件市场。

此后，微软又发布了多个 Office 版本，不断巩固其办公软件市场的地位。如 1993 年，微软把 Word 6.0 和 Excel 5.0 集成在 Office 4.0 套装软件内，使其能相互共享数据，极大地方便了用户的使用。1999 年，Microsoft Office 2000 中文版正式发布。这个版本全面面向 Internet 设计，强化了 Web 工作方式，运用了突破性的智能化中文处理技术，是办公处理软件的代表产品。

2010 年，微软推出 Office 2010，首次加入了网络化功能和支持 64 位系统。此后微软办公软件仍在不断的发展。

总之，在办公软件上，微软 Office 功能强大，在业界一直处于领先地位。

2. 国内办公软件发展现状

虽然国内的办公软件起步晚于国外，但发展较为迅速。

1988 年，国内第一套文字处理软件 WPS 1.0 发布。

1989 年，发布金山 I 型汉卡及 WPS 1.0，填补了我国计算机文字处理的空白，并由它带动了整个汉卡产业。

1994 年，WPS 占领了中文文字处理市场 90%，微软 Word 4.0 同年进入中国市场。

2000 年，红旗公司自主研发了国内首家跨平台办公软件 RedOffice。

2001 年，永中 Office 通过国家信息产业部测试小组评测；同年，由多位专家（包括多位院士）组成的鉴定委员会一致认为："永中 Office 是一个拥有自主知识产权的大型集成办公软件，它的整体技术达到了该领域的国际先进水平，并在数据对象储藏库、Office 三大应用之间的集成、统一数据和文件格式、统一用户界面、跨平台等方面做出了创新。"2002 年，永中 OfficeV1.0 正式发布。

2004 年，依托复旦大学教学科研力量，成立上海协达软件科技有限公司，获得双软认证；同年，研制成功国内首套基于 SOA 的协同办公软件。

2012 年，上海协达推出中国第一套云计算应用的社会化电子商务套件。

目前，国产办公软件已经发展得很成熟，总体上已具备良好的可用性与实用性，在功能上和当前国际主流办公软件相当，在应用方面有所创新，可以更好地满足用户日常办公学习的需求，帮助用户提高工作效率。

国产软件虽然功能比国外办公软件稍微逊色，但在价格上却远远优于国外办公软件，如 WPS Office，个人版永久免费，企业版的价格仅仅是微软的几分之一。国产办公软件还有一些国外办公软件所不具备的特点，例如，永中 Office 便以非常直观的方式，提供了数学、物理、化学公式编辑器和各类图形符号库，几乎包括了所有中小学教学常用的图文符号，更加方便实用。

此外，国外的办公软件几乎不提供售后服务，国产软件可以通过提供持续优质的服务赢得用户。在售后服务方面，国产办公软件企业可以提供快速响应的本土化服务，构筑起比国外软件企业更强大的服务体系。

国内办公软件的需求已经十分旺盛，但需要长期良性发展，在用户的产品需求上应该做得更加细致，根据不同群体开发相对应的版本，或者提供不同的服务提升增值潜力。

1.2.5 常用办公软件

1. Microsoft Office

Microsoft Office 是一套由微软公司开发的办公软件套装，它为 Microsoft Windows、Windows Phone、Apple Macintosh、iOS 和 Android 操作系统而开发。与办公室应用程序一样，它包括联合的服务器和基于互联网的服务。从 2007 版以后的 Office 被称为 Office System 而不叫 Office Suite，反映出它们也包括服务器的事实。其应用非常广泛，从品牌 PC，到政府、企业、家庭，微软的 Office 软件无处不在。

2. WPS Office

WPS Office 是由金山软件股份有限公司自主研发的一款办公软件套装，可以实现办公软件最常用的文字、表格、演示等多种功能。WPS Office 包含 WPS 文字、WPS 表格、WPS 演示三大功能模块，与微软的 Word、Excel、PowerPoint 一一对应，应用 XML 数据交换技术，无障碍兼容 docx、xlsx、pptx 等文件格式，可以直接保存和打开 Word、Excel 和 PowerPoint 文件，也可以用 Microsoft Office 轻松编辑 WPS 系列文档。

3. RedOffice

红旗公司自主研发的 RedOffice 系列是国内首家跨平台的办公软件，包括文字处理、电子表格、演示文稿、绘图工具、网页制作和数据库等功能，并且还有少数民族语言版本。RedOffice 办公软件还针对政府办公的特点，提炼了适合系统集成的应用接口，能够完美地嵌入到各种电子政务系统中，以满足政府办公的各种需求。

4. 永中 Office

永中 Office 是由江苏无锡永中软件有限公司开发的在一套标准的用户界面下集成了文字处理、电子表格和简报制作三大应用的办公软件；基于创新的数据对象储藏库专利技术，有效解决了 Office 各应用之间的数据集成共享问题。永中 Office 可以在 Windows、Linux 和 Mac OS 等多个不同操作系统上运行。

虽然各种办公软件都具有自己的优势和特点，但是微软的 Microsoft Office 来说从办公软件体系的完整性、支持移动平台的全面性、产品的稳定性、用户使用的广泛性、办公协同的高效性来说都非常有优势，本书选用 Microsoft Office 2010（以下简称 Office 2010）进行介绍。

1.3 Office 2010 概述

1.3.1 Office 2010 简介

Office 最初出现于 20 世纪 90 年代早期，是一个推广名称，指一些以前曾单独发售的软件的合集。Office 的历史主流版本如下：

① Office 3.0（Word 2.0c、Excel 4.0a、PowerPoint 3.0、Mail），发行于 1993 年 8 月 30 日。

② Office 4.0（Word 6.0、Excel 4.0、PowerPoint 3.0），发行于 1994 年 1 月 17 日。

③ Office 7.0/95（Word 95 等），发行于 1995 年 8 月 30 日，但未广泛使用。

④ Office 97：发行于 1996 年 12 月 30 日，这是一套集办公应用和网络技术于一体的产品，使用户能够以更新和更好的方式完成工作。

⑤ Office 2000：发行于 1999 年 1 月 27 日，是第三代办公处理软件的代表产品，可以作为办公和管理的平台，用于提高使用者的工作效率和决策能力，它融合了最先进的 Internet 技术，具有更强大的网络功能；Office 2000 中文版针对汉语的特点，增加了许多中文方面的新功能，如中文断词、中文校对、简繁体转换等。

⑥ Office XP：发行于 2001 年 5 月 31 日，在易用性、实用性和协同工作等方面做了诸多的改进，使微软公司在办公软件领域的霸主地位更加巩固。

⑦ Office 2003：发行于 2002 年 11 月 17 日，可以更好地进行通信、创建和共享文档、使用

信息和改进业务过程。

⑧ Office 2007：发行于 2006 年 11 月 30 日，全新设计的 Ribbon 窗口界面比以前版本的界面更美观大方，且该版本的设计比早期版本更完善、更能提高工作效率，界面也给人以赏心悦目的感觉。

⑨ Office 2010 是微软推出的新一代办公软件，其企业版于 2010 年 5 月 12 日在美国纽约正式发布，除了支持 32 位 Windows XP（但不支持 64 位 Windows XP）系统，还支持 32 位和 64 位 Vista 及 Windows 7 除了企业版。该软件还有家庭及学生版、家庭及商业版、标准版、专业版、专业高级版、学院版，此外还推出了 Office 2010 免费版本，其中仅包括 Word 和 Excel 应用。

1.3.2　Office 2010 组成

Office 2010 中包括 Word 2010、Excel 2010、PowerPoint 2010、Access 2010、InfoPath 2010、OneNote 2010、Outlook 2010、Publisher 2010、SharePoint Workspace 2010、Visio 2010、Project 2010、SharePoint Designer 2010 和 Lync 2010 等。这些组件分为集成组件和独立组件。所谓集成组件，是指 Office 2010 的安装包中包含的组件；独立组件是需要额外的安装包进行安装的组件。

1. 集成组件

（1）Word 2010

Word 2010 是一种图文编辑工具，为用户提供了用于创建专业而优雅的文档工具，帮助用户节省时间，并得到优雅美观的结果，主要用来创建、编辑、排版、打印文档，如信函、论文、报告和小册子等。作为 Office 套件的核心程序，Word 是最流行的文字处理程序，它提供了许多易于使用的文档创建工具，同时也提供了丰富的功能集供创建复杂的文档使用。

（2）Excel 2010

Excel 2010 是数据处理程序，主要用来创建表格、数据汇总、透视表和透视图等，常用于繁重计算任务的预算、财务、数据分析等工作。使用 Excel 可以执行计算、分析信息，并管理电子表格或网页中的数据信息列表与数据资料图表制作，可以给用户带来方便。

（3）PowerPoint 2010

PowerPoint 2010 是 Office 中的演示文稿程序，用户可以在投影仪或者计算机上进行演示，也可以将演示文稿打印出来，制作成胶片，以便应用到更广泛的领域中。利用 PowerPoint 2010 不仅可以创建演示文稿，还可以在互联网上召开面对面会议、远程会议或在网上给观众展示演示文稿，其格式扩展名为 pptx；此外，也可以将其保存为 PDF 格式、图片格式、视频格式等。

（4）Access 2010

Access 2010 是由微软发布的关系数据库管理系统，它是将数据库引擎的图形用户界面和软件开发工具结合在一起的一个数据库管理系统。软件开发人员和数据架构师可以使用 Access 开发应用软件，高级用户可以使用它来构建软件应用程序。

（5）InfoPath 2010

InfoPath 是企业级搜集信息和制作表单的工具，将很多界面控件集成在该工具中，为企业开发表单搜集系统提供了极大的方便。IT 人员可以利用 InfoPath 为企业开发小型的信息系统。例如，企业可以用 InfoPath 为客服和销售人员制作一个客户关系管理系统的客户信息数据表，并在 Access 数据库中定义统计和搜集的数据字段和表结构。客服或销售人员只需要在自己的计算机上打开 InfoPath，就可以将客户信息通过 InfoPath 输入到数据库中，并可以方便地查询。

（6）OneNote 2010

OneNote 2010 是一种数字笔记本，是一个收集笔记和信息的程序，并提供了强大的搜索功能和易用的共享笔记本：搜索功能使用户可以迅速找到所需的内容；共享笔记本使用户可以更加有效地管理信息超载和协同工作。其设计理念就是"随心所欲地获取、组织和再利用你的笔记"。它会让用户感觉就像装订成册的记事本一样，不仅可以想记就记，还可以将转载的资料自动加上资料来源的注释。

（7）Outlook 2010

Outlook 2010 是邮件传输和协作客户端软件，可以用来发送和接收电子邮件，管理日程、联系人和任务，以及记录日记、安排日程、分配任务等，众多功能的集成使得 Outlook 成为许多商业用户眼中完美的客户端。

Outlook 2010 适用于 Internet（SMTP、POP3 和 IMAP4）、Exchange Server 或任何其他基于标准的、支持消息处理应用程序接口（MAPI）的通信系统（包括语音邮件）。Outlook 2010 基于 Internet 标准，支持目前最重要的电子邮件、新闻和目录标准，包括 LDAP、MHTML、NNTP、MIME 和 S/MIME、vCalendar、vCard，完全支持 HTML 邮件。

（8）Publisher 2010

Publisher 2010 是桌面出版应用软件，也就是出版物制作程序，用来创建新闻稿和小册子等专业品质出版物及营销素材。利用 Publisher 2010 可以轻松创建个性化和共享范围广泛且具有专业品质的出版物和市场营销材料，还可以轻松地采用各种出版物类型来传达消息，从而节省时间和费用。无论是创建小册子、新闻稿、明信片、贺卡还是电子邮件新闻稿，都可以提供高质量的工作成果，而不需要具有图形设计经验。

（9）SharePoint Workspace 2010

SharePoint Workspace 的前身是 Office Groove，是微软 2005 年收购 Groove 公司后，对 Office 产品线新增加的产品，主要用于协同办公；同时加强了和 SharePoint Server 的结合，为企业用户提供基于微软 SharePoint 平台的工作流扩展。SharePoint Workspace 2010 可以帮助企业用户轻松完成日常工作中诸如文档审批、在线申请等业务流程，同时提供多种接口，实现后台业务系统的集成。用户无须编写代码就可以快速、便捷地设计任务表单和业务流程，从而帮助企业用户进一步拓展 SharePoint 平台的内容管理、内外部协同和企业业务流程管理能力，并可将 SharePoint 平台和企业其他业务系统进行集成。

2．独立组件

（1）Visio 2010

Visio 2010 是一款便于 IT 和商务专业人员就复杂信息、系统和流程进行可视化处理、分析和交流的软件。使用具有专业外观的 Office Visio 2010 图表，可以促进对系统和流程的了解，深入了解复杂信息并利用这些知识做出更好的业务决策。

Visio 2010 可以帮助创建具有专业外观的图表，以便理解、记录和分析信息、数据、系统和过程。大多数图形软件程序依赖于艺术技能。当使用 Visio 时，以可视方式传递重要信息就像打开模板、将形状拖放到绘图中以及对即将完成的工作应用主题一样轻松。

（2）Project 2010

Project 2010 是项目管理软件程序，软件设计的目的在于协助项目经理发展计划、为任务分配资源、跟踪进度、管理预算和分析工作量。Project 2010 不仅可以快速、准确地创建项目计划，而且可以帮助项目经理实现项目进度、成本的控制、分析和预测，使项目工期大大缩短，资源得到有效利用，提高经济效益。Project 2010 用户可以使用工作组规划器，视资源日程排定视图，能够通过某种方式与日程交互，这在 Project 较早版本中无法实现。使用"工作组规划器"视图，可以一目了然地看到工作组成员的工作情况并可以在人员之间移动任务，还可以查看和分配未分配的工作、查看过度分配问题，以及查看任务名称和资源名称，这些全部在一个高效视图中进行。例如，如果某个资源被过度分配，只需将任务从一个资源拖动到另一个资源，过度分配即消失。

（3）SharePoint Designer 2010

SharePoint Designer 2010 是继 FrontPage 之后推出的新一代网站创建工具，并提供了更加与时俱进的制作工具，可在 SharePoint 平台上建立引人入胜的 SharePoint 网站，快速构建启用工作流的应用程序和报告工具。所有这些都在一个 IT 管理环境中进行。它具有全新的视频预览功能，包括新媒体和一个 Silverlight 的内容浏览器 Web 部件。微软内嵌了 Silverlight 功能（一种工具，用于创建交互式 Web 应用程序）和全站支持 AJAX 功能，让企业用户很方便地给网站添加丰富的多媒体和互动性体验。用户可以通过 Silverlight Web Part 功能，在网页上设置显示一个视频显示框，这是以前没有的功能。企业可以利用这种动能建设自己的视频网站而不需要额外编程。

（4）Lync 2010

Lync 2010 是企业整合沟通平台（前身为 Communications Server），跨越 PC、电话、Web 等其他移动设备，只需一个身份标识，就可以随时随地与员工、客户、合作伙伴以及供应商流畅沟通。Lync 2010 可让每一次沟通都变成真正的面对面会议，因为任何互动都可能包含视频和音频会议、应用程序和桌面共享、通信和电话。Lync 2010 支持 SharePoint 和 Exchange，可降低终端用户采用这一产品的难度。即使不在办公室，人们也可通过各种设备与他人保持互联，并且以新的方式管理沟通和呼叫。例如，在离开办公室时将呼叫从 PC 轻松地转移到移动设备上，而不会中断通话。

1.4   中文版 Office 2010

1.4.1   初次安装 Office 2010

使用 Office 2010 软件办公之前，首先要做的是把这套软件安装在计算机上。目前，市场上计算机的配置基本能够满足 Office 2010 这款软件的安装。Office 2010 的安装很简单，只需运行安装程序，按照向导提示，即可很轻松地将软件安装到计算机中。一般而言，以完整的方式安装 Office 2010 软件时大概需要 2.29 GB 的硬盘空间。具体安装步骤如下：

① 将 Office 2010 光盘插入光驱，如果没有自动安装提示，可以使用资源管理器，找到并双击安装文件（setup.exe）开始安装，此时系统会自动运行安装向导并复制安装文件到计算机中。安装过程中会出现"产品密钥"界面（见图 1-15），查看安装光盘封面或光盘内的 sn.txt 文件可找到这个密钥。

② 正确输入密钥后，单击"继续"按钮，进入用户信息输入界面，用户可以输入个人信息，如图 1-16 所示。

图 1-15　输入产品密钥　　　　　　　　　图 1-16　输入用户信息

③ 单击"文件位置"选项卡，进入"文件位置"界面，用户可以选择软件在计算机中的安装位置，然后单击"立即安装"按钮继续安装，如图 1-17 所示。

④ 进入安装类型界面，可以选择安装类型。如果不熟悉 Office 软件，建议单击"立即安装"按钮；如果希望根据自己的需求选择，可进行"自定义"安装，如图 1-18 所示。

图 1-17　选择文件位置　　　　　　　　　图 1-18　选择安装类型

⑤ 单击"自定义"按钮，进入"安装选项"界面，用户可以对 Office 组件进行取舍，如果平常使用最多的是 Word、Excel、PowerPoint 和 Access，其他不常用的可不选（以后需要时可启动 Office 修复程序再安装），如图 1-19 所示。

⑥ 选择结束后，单击"立即安装"按钮，进入安装进度界面，如图 1-20 所示。

⑦ 几分钟之后即可完成安装，此时会出现安装已完成界面，单击"关闭"按钮，完成 Office 2010 的安装，如图 1-21 所示。

图 1-19　"安装选项"界面

图 1-20　"安装进度"界面

图 1-21　安装已完成界面

◎温馨提示

　　如果已经安装了 Office 2010，再次安装时会出现维护模式选项界面，用户可在此界面进行"添加或删除功能"、"修复"、"删除"和"输入产品密钥"功能的操作，如图 1-22 所示。

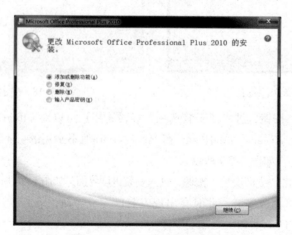

图 1-22　维护模式选项界面

1.4.2　Office 2010 常用组件简介

在 Office 2010 应用程序中包含多个功能组件，其应用范围几乎涉及办公自动化的各个领域。下面简单了解一下常用组件的功能。

1. Word 2010

Word 2010 是一款非常出色的文字处理软件，主要用来进行文本的输入、排版、打印等工作。它既能够制作出简单的商务办公文档和个人文档，也能满足专业人士制作各种高级复杂的文档，例如各种杂志和出版物的编排。使用 Word 2010 既可以轻松地完成工作，同时也大大提高了企业的办公效率，如图 1-23 所示。

图 1-23　Word 2010 窗口

2. Excel 2010

Excel 2010 是一款专业的电子表格处理软件，既能制作出各种适用于不同行业领域的专业表格，也能对数据进行复杂的数学和统计运算，并能通过图形化的方式对数据进行多样化的展示，如图 1-24 所示。

图 1-24　Excel 2010 窗口

3．PowerPoint 2010

PowerPoint 2010 是一款用于制作演示文稿的应用程序，主要用来制作各类幻灯片和演示文稿，特别是从事商务活动的一些用户，经常使用它来配合完成工作报告、产品介绍等商户活动。使用它可以制作出各种集文字、图像、声音、动画等一体的演示文稿，它的强大功能深受广大用户的喜爱，如图 1-25 所示。

图 1-25　PowerPoint 2010 窗口

4．Access 2010

Access 2010 是一款用于数据库管理的应用程序，使用它可以创建各种类型的数据库，例如办公数据库、人力资源数据库、产品销售数据库等，如图 1-26 所示。

图 1-26　Access 2010 窗口

5. Outlook 2010

Outlook 2010 是一款主要用于邮件收发管理的客户端软件。该软件还集成了日程管理和联系人管理两大主要功能模块。使用 Outlook 2010 可方便又快速地管理与他人的通信，如图 1-27 所示。

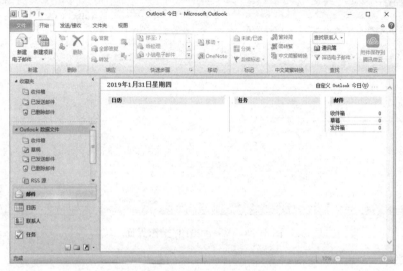

图 1-27　Outlook 2010 窗口

1.4.3　Office 2010 的启动与退出

成功安装 Office 2010 软件之后，就可以启动各组件。Office 2010 各组件的启动和退出大同小异，掌握一个组件的启动和退出操作，就可以轻松掌握其他组件。

1. Office 2010 的启动

启动 Office 2010 各组件的方法类似，下面以 Word 2010 为例，介绍几种常用的启动方法。

① 系统启动后，依次选择"开始"→"所有程序"→"Microsoft Office"→"Microsoft Office Word 2010"命令。

② 右击系统桌面，在弹出的快捷菜单中选择"新建"→"Microsoft Word 文档"命令。

③ 当 Office 安装后，可以在桌面创建"Word 2010 快捷方式"，通过快捷方式快速启动 Word。

2. Office 2010 的退出

关闭各组件的方法同样类似，下面以 Word 2010 为例，介绍几种常用的退出方法。

① 单击 Word 2010 标题栏右上角的"关闭"按钮 ■。

② 在 Word 2010 工作界面中按【Alt+F4】组合键。

③ 右击 Word 2010 标题栏，然后选择"关闭"命令。

④ 双击 Word 2010 标题栏左上角的 ■ 图标。

⑤ 选择"文件"→"退出"命令。

1.4.4　Office 2010 通用界面介绍

Office 2010 常用组件的工作界面都很相似，熟悉一种组件的操作界面就可以掌握其他组件的界面操作。

Office 2010 的工作界面由标题栏、选项卡和命令组、快速访问工具栏、功能区、工作区、状态栏等几部分组成，如图 1-28 所示。

图 1-28　Word 2010 操作界面

1. 标题栏

标题栏位于工作窗口的顶端，主要用于显示组件名称、文档名称以及右上角的控制按钮。控制按钮从左到右依次包括"最小化"按钮 ▭ 或"最大化"按钮 ▭、"向下还原"按钮 ▭ 和"关闭"按钮 ▭。还可以通过单击左上角程序图标按钮 W 实现上述功能。

2. 选项卡和命令组

选项卡和命令组位于标题栏的下方，在 Office 各组件中绝大多数的功能都会放置在选项卡中，选项卡包括"文件""开始""插入""页面布局""引用""邮件""审阅""视图"8 个部分，涵盖了各组件的操作命令。通过单击每个选项卡所包含的命令组中的按钮，就可以实现对文档的编辑操作。例如，在 Word 中设置段落格式的操作，如图 1-29 所示。

图 1-29　"段落"命令组

◎温馨提示

当打开某项时，往往显示的只是常用命令，用户可以通过对话框启动器按钮 ▫ 打开完整的对话框。

3. 快速访问工具栏

为了提高软件的操作效率，会将一些常用的操作用图标的形式排列在快速访问工具栏中，例如希望从 Word 中打开某些文档，可以直接单击快速访问工具栏中"打开"按钮 ▫。

◎温馨提示

因为快速访问工具栏的长度有限，所以部分工具按钮会隐藏起来，可以通过快速访问工具栏最右侧的下拉按钮 ▪ 找到其他相关命令按钮，如图 1-30 所示。

图 1-30　快速访问工具栏

4．功能区

Word 2010 沿用了与 Word 2007 相似的功能区界面，在功能区中分布了许多个选项卡，每个选项卡中又以命令组的形式将功能相近的各种按钮组合到一起。

5．工作区

工作区主要是用于具体对象操作的地方，例如，在 Word 工作区中可以输入和排版文本，在 Excel 工作区中可以进行数据表格的操作，在 PowerPoint 工作区中可以进行演示文稿的设计。

6．状态栏

状态栏位于操作界面的最下方，主要用于显示当前文件的状态信息。例如，Word 中会显示当前页码，总的页数及当前光标位置的信息等，还可以通过右侧的缩放比例来调整窗口的显示比例。

习　题

1. 什么是办公自动化？
2. 办公自动化有哪些主要特点？
3. 简述办公自动化系统的组成。
4. 什么是办公软件？
5. 办公软件主要有哪些功能？
6. 常用的办公软件有哪些？
7. 简述 Office 2010 的组成。

第 2 章 | Word 2010 文字处理

Microsoft Office 2010 简体中文版是微软（中国）有限公司在 2010 年 6 月 18 日发布的智能商务办公软件，具备全新的安全策略，在密码、权限、邮件等方面都有更好的控制。Office 2010 的办公平台适用于各种办公需求，它以其更强大的功能和体贴入微的设计深受广大用户的欢迎。

作为 Office 办公软件的核心程序，Word 是最流行的文字处理软件。本章将循序渐进地介绍 Word 2010 文档的基本操作、文本格式设置、表格制作、图文并茂的排版方式等，使读者能够熟练掌握 Word 2010 的常用功能，并能运用到实际工作中。

2.1　Word 2010 的基本操作

文字的排版是 Word 2010 最重要的功能，掌握 Word 的基本操作是学习 Word 的基础，只有充分地熟悉这些基本操作后，才可以进一步学习 Word 的高级操作。

2.1.1　Word 文档的基本操作

Word 文档的基本操作主要包括文档的新建、保存、打开、关闭操作。

1. 新建文档

使用 Word 处理文档之前，首先需要创建一个新的 Word 文档来保存所要处理的内容。新建空白文档的方法主要有以下几种：

① 启动 Word 2010 后，系统会自动打开一个名为"文档 1"的空白文档。

② 单击自定义快速访问工具栏中的下拉按钮，在弹出的下拉列表中选择"新建"选项后，单击"新建"按钮。

③ 按【Ctrl+N】组合键即可创建一个新的空白文档。

④ 选择"文件"→"新建"命令，在"可用模板"列表框中选择"空白文档"选项，单击右下角的"创建"按钮。

⑤ 利用模板向导新建文档，选择"文件"→"新建"命令，在"可用模板"列表框中选择"样本文档"选项，在弹出的列表框中选择需要的模板，单击"创建"按钮；或者在"Office.com 模板"列表框中根据需要选择模板，单击"下载"按钮。

◎温馨提示

如图 2-1 所示，"可用模板"列表框中有多个模板，用户可以通过模板创建出各种类型的文档，从而节约设计时间，提高工作效率。

小练习：通过模板创建个人简历文档。

图 2-1　可用模板列表框

2．保存文档

文档编辑完毕后，需要做好保存工作，避免因断电、死机或系统自动关闭等情况造成不必要的损失，同时在需要的时候，不必重复编辑。保存文档分为以下几种情况：

（1）保存新建文档

如果当前需要保存的文档是未命名的新建文档，则需要进行以下操作：

① 选择"文件"→"保存"命令，或单击快速访问工具栏中的"保存"按钮，弹出"另存为"对话框，如图 2-2 所示。

② 在"组织"下拉列表中选择需要将文档保存的位置。

③ 在"文件名"文本框中输入文档的名称。

④ 在"保存类型"下拉列表中确定文档保存的类型，通常情况不需要修改。

⑤ 单击"保存"按钮，即可保存。

图 2-2　"另存为"对话框

（2）保存已有文档

如果当前编辑的是已命名的文档，则只需选择"文件"→"保存"命令，或在自定义快速访问工具栏中单击"保存"按钮，也可使用按【Ctrl+S】组合键保存操作。

（3）保存更名文档

如果要把当前已命名的文档进行更名保存操作，则需要选择"文件"→"另存为"命令，在弹出的"另存为"对话框中进行操作。

◎ 温馨提示

　　在编辑文档时，有时会出现突然断电、计算机重启等意外情况，建议使用"自动保存"功能，以减少数据的丢失。可选择"文件"→"选项"命令，打开"Word 选项"对话框，切换到"保存"选项卡，勾选"保存自动恢复信息时间间隔"复选框，并在后面的时间区域设置自动保存文档的时间间隔。设置完毕，单击"确定"按钮即可，如图 2-3 所示。

图 2-3　"Word 选项"对话框

3．打开文档

打开文档的操作很简单，主要有以下几种方法：

① 在操作系统中，直接双击该文档的图标。

② 选择"文件"→"打开"命令，在"打开"对话框中寻找需要打开的文档。

③ 在自定义快速访问工具栏中单击"打开"按钮。

4．关闭文档

关闭文档是关闭当前使用的文档，常用的方法有以下几种：

① 单击窗口右上角的"关闭"按钮 ✖ 。

② 选择"文件"→"关闭"命令。

③ 按【Alt+F4】组合键关闭文档。

④ 单击左上角的程序图标 ✖ ，选择"关闭"命令。

2.1.2　Word 2010 视图模式

　　Word 的视图模式是指文档的显示模式，Word 2010 提供了 5 种不同的视图模式，应用于不同的场合，可以通过"视图"选项卡来选择，或者通过窗口右下方视图功能区 ▦▤▥▤▤ 来切换。

1．页面视图

页面视图是一种常规的视图方式，在页面视图下，文档将按照与实际打印效果最接近的方式显示。页面中的页眉、页脚、页边距、图片等都会显示其正确的位置，使用页面视图可以对文档进行最后的检查和修改。

2．Web 版式视图

Web 版式视图显示文档在浏览器中的外观，图形位置与在 Web 浏览器中的位置一致。Web 版式下不能在文档中插入页码。该视图适用于发送电子邮件和创建网页。

3．阅读版式视图

阅读版式视图可以方便用户对文档进行阅读和评论，在该版式下，文档的内容显示就像一本翻开的书，并将两页显示在一个版面上，常规工具栏和页眉页脚都会被隐藏，只显示"阅读版式"和"审阅"工具栏。

4．大纲视图

使用大纲视图可以非常方便地查看文档的结构，主要用于显示、修改、创建文档的大纲，用户可以通过"+"标记展开或折叠文档。

5．草稿

草稿视图可以显示完整的文字格式，但是简化了页面的布局，如页面边距、页眉、页脚、分栏和图片等对象都不会在草稿视图中显示，因此草稿视图非常适用于文字的录入和编辑。

2.1.3　Word 2010 文本的基本操作

文字编排是 Word 最重要的功能，当创建好 Word 文档，并熟悉 Word 操作界面后，就可以输入文档的内容，并能对其进行编辑操作。文本的操作主要包括文本的输入、删除、选取、移动、复制、查找、替换等操作。

1．文本的输入

输入文本是 Word 中最基本的工作，用户可以在新建文档中找到一个闪烁的光标，这个光标位置称为插入点。启动输入法便可在插入点后进行输入操作。

（1）输入中文/英文

用户可以调整输入法来切换中/英文输入，如图 2-4 所示。

图 2-4　中/英文输入法切换

> ◎注意
>
> - 中/英文状态下的标点符号是不同的，可以通过输入法切换，如图 2-5 所示。
> - 如果输入错误，可以按【Backspace】键删除。
> - 按【Enter】键可以使插入点移动到下一行行首。
> - 按空格键可以插入一个空格。
> - 按【Caps Lock】键可以切换英文大/小写输入。

图 2-5　中/英文标点符号切换

（2）输入符号/特殊符号

在 Word 中除了可以插入文字以外，还可以插入一些符号、国际通用字符及一些特殊符号。单击"插入"选项卡，"符号"命令组中的"符号"按钮，在其下拉列表中单击"其他符号"即可弹出"符号"对话框。特殊符号输入可以通过"子集"来实现，如图 2-6 和图 2-7 所示。

图 2-6　"符号"选项卡　　　　　　　图 2-7　"特殊符号"选项卡

◎ 温馨提示

　　Word 文本的输入可以分为两种模式："插入"和"改写"。"插入"是指字符在光标处写入，光标后的所有字符依次后移。"改写"是指字符从光标开始处在已有的字符上改写。用户可以通过【Insert】键实现两种模式的切换。

◎ 小技巧

- 使用 Word 时，在一行的开始位置连续输入 3 个以上的"-"号，然后按【Enter】键，会出现一条水平分隔线。在一行的开始位置连续输入 3 个以上的"="号，然后按【Enter】键，会出现一条双直线。在一行的开始位置连续输入 3 个以上的"*"，然后按【Enter】键，会出现一条虚线。
- 有时写完一篇文档，有必要在文档的末尾插入系统的当前日期或时间，可以按【Alt+Shift+D】组合键来插入系统日期，而按【Alt+Shift+T】组合键则插入系统当前时间。

◎ 实例操作

　　利用 Word 创建"哈佛校训"文档并保存，如图 2-8 所示。

　　操作方法及步骤：

　　① 启动 Word 2010，新建空白文档。

　　② 在插入点处输入文本，注意中 / 英文和大 / 小写的切换。

　　③ 拼音录入可通过"符号"子集中的"国际音标扩充"进行插入。

　　④ ☺、📖、♥ 等符号可通过在"符号"选项卡的"字体"下拉列表中选择 Wingdings 或 Webdings，并在列表框中选择一种符号插入。

　　⑤ 文本输入完毕后，选择"文件"→"保存"命令，在弹出的对话框中输入文件名便可保存文档。

Hā Fó Xiào Xùn

哈 佛 校 训

1. Studies this matter, lacks the time, but is lacks diligently.
1.学习这件事，不是缺乏时间，而是缺乏努力。☺
2. I leave uncultivated today, was precisely yesterday perishes tomorrow which person of the body implored.
2.我荒废的今日，正是昨日殒身之人祈求的明日。🕐
3. Thought is already is late, exactly is the earliest time.
3.觉得为时已晚的时候，恰恰是最早的时候。📖
4. Not matter of the today will drag tomorrow.
4.勿将今日之事拖到明日。♥
5. Time the study pain is temporary, has not learned the pain is life-long.
5.学习时的苦痛是暂时的，未学到的痛苦是终生的。☹

图 2-8　输入文字

2．文本的选取

在 Word 中，如果要对文本进行修改和编辑，必须要先选取文本，选取本文通常使用鼠标选取，也可以使用键盘选取，某些时候还可以采用鼠标和键盘相结合的方式选取。

（1）鼠标选取文本

① 用拖动法选取文本，把鼠标指针移动到所要选定文本的开始处，按住鼠标左键不放，拖动鼠标直到目的处释放即可选中文本，并且选择的文本会高亮显示。

② 将鼠标指针移动到一行的最左侧，当指针变为⇗时单击，即可选择一行。

③ 将鼠标指针移动到一行的最左侧，当指针变为⇗时，双击，即可选择整个段落。

④ 将鼠标指针移动到一行的最左侧，当指针变为⇗时，三击，即可选择整篇文本。

（2）键盘选取文本

使用键盘选取文本时，首先需要把光标移动到所选文本的开始处，然后使用按键进行具体操作。表 2-1 所示为常用键盘选取文本的快捷键。

表 2-1　常用键盘选取文本的快捷键

快　捷　键	功　　　能
Shift + ↑	选取到上一行同一位置的所有文本
Shift + ↓	选取到下一行同一位置的所有文本
Shift + ←	选取光标位置左侧的一个字符
Shift + →	选取光标位置右侧的一个字符
Shift +Home	选取到所在行的行首
Shift + End	选取到所在行的行尾
Shift + PageUp	选取光标位置到上一页之间的文本
Shift +PageDown	选取光标位置到下一页之间的文本
Ctrl+Shift+Home	选取到文档的开始处
Ctrl+Shift+End	选取到文档的结束处
Ctrl+A	选取整个文档

（3）鼠标结合键盘选取

鼠标结合键盘选取文本主要用于选取多个不连续的文本，用户可选取一段文本，按住【Ctrl】键，再拖动鼠标选取其他文本，即可同时选中不连续的文本。

◎小技巧

　按住【Alt】键的同时在文本上拖动可选择矩形文本。

3．文本的删除、复制和移动

可以对不合适的或出错的文本进行删除操作，对需要重复出现的文本进行复制操作，对放置位置不合适的文本进行移动操作。

（1）文本的删除

先选定需要删除的文本，然后可执行以下不同的删除操作：

① 按【Backspace】键删除文本插入点左侧的一个字符。

② 按【Delete】键删除文本插入点右侧的一个字符。

③ 按【Ctrl+Backspace】组合键删除文本插入点左侧的一个字符。

④ 按【Ctrl+Delete】组合键删除文本插入点右侧的一个字符。

⑤ 选定所要删除的文本，单击"开始"选项卡中的"剪切"按钮。

（2）文本的复制

当用户需要输入与前面某部分内容相同的文本时，可以使用复制方法，复制方法主要有以下几种：

① 选择需要复制的文本，切换到"开始"选项卡，在"剪贴板"命令组中单击"复制"按钮；然后，将插入点移到目标位置处，切换至"开始"选项卡，在"剪贴板"命令组中单击"粘贴"按钮。

② 选择需要复制的文本，按【Ctrl+C】组合键，将插入点移到目标位置，按【Ctrl+V】组合键。

③ 选择需要复制的文本，同时按住【Ctrl】键和鼠标左键，移动鼠标指针到目标位置释放【Ctrl】和鼠标左键即可。

（3）文本的移动

文本的移动与复制的区别在于复制后原先的文本还存在，而移动后原位置的文本已不存在。移动文本主要有以下几种方法：

① 选择需要移动的文本，切换至"开始"选项卡，在"剪贴板"命令组中单击"剪切"按钮，然后将插入点移到目标位置处，切换至"开始"选项卡，在"剪贴板"命令组中单击"粘贴"按钮。

② 选择需要移动的文本，按【Ctrl+X】组合键，将插入点移到目标位置，按【Ctrl+V】组合键。

③ 选择需要移动的文本，按住鼠标左键将其拖至目标位置。

4．文本的查找与替换操作

查找与替换是文字处理中非常有用的功能。在一些长文档中查找某一特定内容时，或者需要将文档中某些文本更换时，手工修改可能会出现一些遗漏，Word 2010 提供了强大的查找和替换功能，可以帮助用户既准确又方便地完成工作。

◎实例操作

　　查找"哈佛校训"文档中一共有几处"今日"，并将"哈佛校训"文档中所有的"是"字替换为"否"字。

　　操作方法及步骤：

　　① 切换至"开始"选项卡，在"编辑"命令组中单击"替换"按钮，或按【Ctrl+H】组合键打开"查找和替换"对话框，如图 2-9 所示。

图 2-9　"查找和替换"对话框

　　② 切换至"查找"选项卡，在"查找内容"处输入"今日"，然后单击"查找下一处"按钮，如图 2-10 所示。

图 2-10　查找"今日"操作

　　③ 单击"查找下一处"后，Word 将从光标处开始查找，当找到内容后，文字会呈反色显示。

　　④ 切换至"替换"选项卡，在"查找内容"文本框输入"是"，在"替换为"文本框输入"否"，单击"全部替换"按钮，如图 2-11 所示，即可将文档中所有查找到的内容替换。

图 2-11　替换"是"操作

◎温馨提示

- 可按【Esc】键取消正在进行的搜索工作。
- 在"替换"选项卡中，单击"更多"按钮进入"替换"的高级设置，例如设置替换内容为某种特定的格式等。在"查找"选项卡中，也可进行同样的设置，如区分大小写等。

5．文本的撤销与恢复操作

进行文本输入和修改时，Word 会记录所进行过的操作，可通过"撤销"和"恢复"功能迅速纠正错误。

（1）撤销操作

可通过"撤销"功能将错误的操作撤销，常用的方法：

① 单击快速访问工具栏中的"撤销键入"按钮，可取消最近一次的操作，多次单击，可依次从后到前取消多次操作。

② 使用【Ctrl+Z】组合键快速撤销。

（2）恢复操作

若想恢复被撤销的操作，可以使用"恢复"功能。常用方法如下：

① 单击快速访问工具栏中的"重复键入"按钮，只有执行过撤销操作后，恢复选项才会生效。

② 按【Ctrl+Y】组合键快速撤销。

◎小技巧

批量清除文档中的空行时，可进行如下操作：

- 按【Ctrl+H】组合键随即弹出"查找和替换"对话框。
- 在"查找内容"文本框中输入"^p^p"，在"替换为"文本框中输入"^p"。
- 单击"全部替换"按钮后，单击"确定"按钮。

2.1.4　上机练习

1．新建文档

新建 Word 文档并输入文本，如图 2-12 所示。

要求：

① 给文档添加标题"鱼需要喝水吗"，按空格键使标题居中。

② 将段落中的"海水"全部改为"淡水"。

③ 在多种视图模式下浏览文档。

④ 将文档命名为"鱼"，保存在桌面上。

> 由于海水鱼类血液和体液的浓度高于周围的海水，水分就从外界经过鱼鳃半渗透性薄膜的表皮，不断地渗透到鱼体内，因此，海水鱼类不管体内是否需要水分，水总是不间断地渗透进去。所以海水鱼类不仅不需要喝水，而且还经常不断地将体内多余的水分排除出去，否则，鱼体还有被胀裂的危险。

图 2-12　输入文本

2．编辑公式

公式编辑器是 Word 的特色功能之一，使用它可以在屏幕上非常直观地编辑公式。练习编辑以下公式：

（提示：转换至"插入"选项卡，在"符号"命令组中单击"公式"按钮）

$$x_{1,2} = \frac{-b \pm \sqrt{b^2 - 4ac}}{2a}$$

2.2　Word 2010 文档格式设置

在学习了 Word 2010 文档的基本操作后，本节将深入讲解如何对 Word 文档的格式进行设置，这些设置主要包括字符设置、段落设置、特殊排版方式、页面设置等，通过这些巧妙的设置，可以使文档的样式更加美观。

2.2.1　Word 2010 字符格式的设置

给字符设置格式，可以使内容重点突出，文档更加美观，增加可读性，这里提到的"字符"包括汉字、字母、数字、符号等。在 Word 2010 中，默认输入的字符都是"宋体""五号"，可以通过字符格式设置改变字符的样式。字符格式主要包括字体、字号、形状、颜色及一些字符动态的效果，设置字符格式主要通过"开始"选项卡中的"字体"命令组或"字体"对话框两种方式来完成。

1. 使用"字体"对话框设置字符格式

使用"字体"对话框能够全面完成字符格式的设置，首先选择好需要设置格式的文本，切换至"开始"选项卡，单击"字体"命令组右下方的对话框启动器按钮，在弹出的"字体"对话框中进行操作即可。"字体"对话框有两个选项卡，可以进行不同的字符类型设置。

（1）设置字体

"字体"选项卡的设置如图 2-13 所示。

图 2-13　"字体"选项卡

> ◎小技巧
>
> - 如果要设置的文档中既有中文也有西文，可在"中文字体"下拉列表中设置中文字体，在"西文字体"下拉列表中设置西文字体，如图 2-14（a）所示。
> - 如果需要的字号大于初号（72 磅），可以在"字号"文本框中输入所需字号值，字号值的范围为 1～1638 磅，如图 2-14（b）所示。

● 可以按【Ctrl+[】和【Ctrl+]】组合键以 1 磅为单位减小或增大字号。

中文字体(T)：
宋体

西文字体(F)：
Times New Roman

（a）　　　　　　　　　　　　（b）

图 2-14　设置字体/字号

（2）设置字符间距

"高级"选项卡主要用来设置文档中字与字的距离，默认状态下字符间距是标准间距。"高级"选项卡的主要功能如图 2-15 所示。

图 2-15　"高级"选项卡

2. 使用"字体"命令组设置字符格式

使用"字体"命令组设置字符格式是一种方便快捷的方式，其常用功能如图 2-16 所示。

① 字体下拉列表：字体是指文字的外观，Word 2010 提供了多种可选择的字体，可在下拉列表中选择字体样式。"宋体"为默认的输入字体。

② 字号下拉列表：字号是文字的大小，可在下拉列表中选择字体的大小。"五号"为默

认字号。

图 2-16　"字体"命令组

③ "字符颜色"下拉列表：单击 <u>A</u> · 按钮，可以选择字体颜色，也允许用户自定义颜色。

④ 设置字形：字形包括加粗、倾斜、下画线、边框、底纹等特殊外观。

◎案例操作

新建文档"云计算"，如图 2-17 所示。设置文档格式如下：

① 将标题"云计算"设置为三号、黑体、绿色、加粗。

② 将正文中第一段文本设置为四号、楷体、倾斜、红色。

③ 将正文中第二段文本添加蓝色下画线，并使字符间距加宽 2 磅。

④ 给正文最后一段文本添加着重号。

操作方法及步骤：

① 启动 Word，单击"新建"按钮 □，新建名为"云计算"的文档，输入本文内容，如图 2-17 所示。

② 选取标题"云计算"，切换至"开始"选项卡，在"字体"命令组中单击右下方的"对话框启动器"，弹出"字体"对话框，选择"字体"选项卡。在"中文字体"下拉列表中选择"黑体"，在"字形"下拉列表中选择"加粗"，在"字号"下拉列表中选择"三号"，在"字体颜色"下拉列表中选择"绿色"，如图 2-18 所示。

图 2-17　"云计算"文档　　　　　　　图 2-18　设置字体 1

◎温馨提示

　　当字符格式设置完毕后，可以将现有的格式复制到其他字符上，而不必重复进行设置。复制格式所用的工具是切换至"开始"选项卡，单击"剪贴板"上的"格式刷"按钮。

　　选择要复制格式的区域，然后单击"格式刷"按钮，鼠标指针呈现刷子状，将鼠标指针移动到套用格式的文字上，按住左键拖动，刷一遍文字，则被刷过的文字会自动套用格式。

　　③ 选取正文的第一段文字，切换至"开始"选项卡，在"字体"命令组中单击右下方的对话框启动器按钮，弹出"字体"对话框，选择"字体"选项卡，在"中文字体"下拉列表中选择"楷体"，在"字形"下拉列表中选择"倾斜"，在"字号" 下拉列表中选择"四号"，在"字体颜色"下拉列表中选择"红色"，设置完毕后，单击"确定"按钮，如图 2-19 所示。

　　④ 选取正文第二段文字，切换至"开始"选项卡，在"字体"命令组中单击右下方的对话框启动器按钮，弹出"字体"对话框，选择"字体"选项卡，在"下画线线型"下拉列表中选择任意下画线；在"下画线颜色"下拉列表中选择蓝色，如图 2-20 所示。

图 2-19　设置字体 2

切换至"高级"选项卡，在"间距"下拉列表中选择"加宽"，在"磅值"处输入"2 磅"，设置完毕后，单击"确定"按钮，如图 2-21 所示。

图 2-20　设置字体 3

图 2-21　设置字符间距

◎温馨提示

　　本例中设置字体格式也可通过字体快捷工具栏进行快速设置。

⑤ 选取正文的第三段文字，切换至"开始"选项卡，在"字体"命令组中单击右下方的对话框启动器按钮，弹出"字体"对话框，选择"字体"选项卡，在"着重号"下拉列表中选择着重号"．"，设置完毕后，单击"确定"按钮。

⑥ 文档"云计算"设置完毕，单击"保存"按钮，最终效果如图 2-22 所示。

图 2-22   文档最终效果

2.2.2   Word 2010 段落格式的设置

在一篇文档中，除了可以对字符格式进行设置外，还可以对组成文档的段落进行格式设置，使文档的结构更加清晰，层次分明。

在 Word 中，段落的格式设置主要包括段落对齐、段落缩进、段落间距设置等。

1. 设置段落对齐

段落对齐是指文档边缘的对齐方式，Word 2010 提供了 5 种段落对齐的方式："文本左对齐"、"居中"、"文本右对齐"、"两端对齐"和"分散对齐"，默认为"两端对齐"。设置段落对齐主要有 3 种方法。

方法一：选择需要对齐的段落，或将鼠标指针放置在段落中，转换至"开始"选项卡，在"段落"命令组中单击右下方的对话框启动器按钮，弹出"段落"对话框，选择"缩进和间距"选项卡，在"对齐方式"下拉列表中选择对齐方式，如图 2-23 所示。5 种对齐方式代表的含义如图 2-24 所示。

方法二：使用"段落"命令组中的"对齐"按钮，如图 2-25 所示。

方法三：使用组合键设置段落对齐。按【Ctrl+E】组合键可设置居中对齐，按【Ctrl+R】组合键可设置右对齐，按【Ctrl+J】组合键可设置两端对齐。

图 2-23 "段落"对话框

图 2-24 段落对齐样式

图 2-25 设置段落对齐

2．设置段落缩进

段落缩进是指段落两边与页边距之间的距离，Word 2010 提供了 4 种缩进方式，分别为"左缩进"、"右缩进"、"首行缩进"和"悬挂缩进"。设置"段落缩进"主要有两种方法：

方法一：使用"段落"对话框设置"段落缩进"。切换至"开始"选项卡，在"段落"命令组中单击右下方的对话框启动器按钮，弹出"段落"对话框，选择"缩进和间距"选项卡，在"缩进"区域可以进行设置，如图 2-26 所示。4 种缩进方式所代表的含义如图 2-27 所示。

图 2-26　设置段落缩进

图 2-27　段落缩进样式

方法二：使用水平标尺设置"段落缩进"。在 Word 2010 中水平标尺默认被隐藏，可以通过如下操作将其显示。切换至"视图"选项卡，在"显示"命令组中单击"标尺"按钮。

利用文档窗口的水平标尺可以快速地设置段落缩进，单击并拖动标尺上相应的滑块即可完成操作，如图 2-28 所示。

图 2-28　水平标尺

◎小技巧

如果想使用水平标尺实现更精确的缩进，可以按住【Alt】键的同时拖动鼠标左键，标尺上会显示出较精确的缩进数值。

方法三：使用"页面布局"选项卡。切换至"页面布局"选项卡，在"段落"命令组的"段前"和"段后"微调框中进行调整，如图 2-29 所示。

图 2-29　"段落"命令组

3．设置段间距和行间距

合理设置段与段之间、行与行之间的距离，会让文档有整齐美观之感。

（1）设置行间距

行间距是指段落中行与行之间的距离，设置行间距的具体方法如下：

转换至"开始"选项卡，在"段落"命令组中单击右下方的对话框启动器按钮，弹出"段落"对话框，选择"缩进和间距"选项卡，在"行距"下拉列表中选择相关选项，并可在"设置值"处填入具体的数值，如图 2-30 所示。

图 2-30　"缩进和间距"选项卡

（2）设置段间距

段间距决定了段与段之间的距离，通过"缩进和间距"选项卡的"间距"区域，在"段前""段后"中即可以完成设置，如图 2-30 所示。"段前"即段落的第一行和上一段最后一行之间的距离，"段后"即段落最后一行和下一段第一行之间的距离。

◎小技巧

可通过快捷键设置常用行间距，如【Ctrl+1】组合键可设置单倍行距，【Ctrl+2】组合键可设置双倍行距，【Ctrl+5】组合键可设置 1.5 倍行间距。

◎实例操作

新建文档"依云镇"，如图 2-31 所示，设置文档格式如下：

① 将标题"依云镇"设置为二号、黑体、红色、并设置为"居中对齐"。

② 将正文中第一段文本设置 1.5 倍行距，段前段后 0.5 行，并且首行缩进 2 个字符。

③ 将正文中最后一段文本左缩进 2 个字符，行间距为单倍行距，段前段后 1 行。

操作方法及步骤：

① 启动 Word，单击"新建"按钮，新建一个名为"依云镇"的文档，输入内容，如图 2-31 所示。

② 选取标题"依云镇"，切换至"开始"选项卡，在"段落"命令组中单击右下方的对话框启动器按钮，弹出"段落"对话框，选择"缩进和间距"选项卡，在"对齐方式"下拉列表中选择"居中"，设置完毕后，单击"确定"按钮，如图 2-32 所示。

③ 选取标题"依云镇"，在"字体"命令组的"字体"下拉列表中选择"黑体"，在"字号"下拉列表中选择"二号"，在"颜色"下拉列表中选择"红色"。

图 2-31　"依云镇"文档

图 2-32　设置居中对齐

④ 选中第一段文本，右击，选择"段落"命令，弹出"段落"对话框，选择"缩进和间距"选项卡，在"行距"下拉列表中选择"1.5 倍行距"，"段前""段后"处调整至"0.5 行"，并在"特殊格式"下拉列表中选择"首行缩进"，"磅值"调整为"2 字符"，设置完毕后，单击"确定"按钮，如图 2-33 所示。

⑤ 选中最后一段文本，右击，选择"段落"命令，弹出"段落"对话框，选择"缩进和间距"选项卡，在"行距"下拉列表中选择"单倍行距"，"段前""段后"处调整至"1 行"，并在"缩进"区域设置"左侧"为"2 字符"，设置完毕后，单击"确定"按钮，如图 2-34 所示。

图 2-33 设置段落 1   图 2-34 设置段落 2

⑥ 文档"依云镇"设置完毕，单击"保存"按钮，文档最终效果如图 2-35 所示。

依云镇

　　依云镇位于法国 Haute-Savoie 地区，坐落在日内瓦南岸，从瑞士日内瓦机场途经 1 个多小时的车程便来到了美丽的依云小镇，这个小镇呈半圆形依湖而建，在小镇的背后，阿尔卑斯山高耸入云。雄伟的青山、碧绿的湖水、鲜艳的花儿，精致的住宅这一切把这个法国南方小镇点缀得美丽而又温情。

　　依云的名字来源阿尔卑斯山脉的天然矿泉水，依云镇背后雄伟的阿尔卑斯山是依云水的源头，来自高山融雪和 山地雨水在阿尔卑斯山脉腹地经过长达 15 年的天然过滤和冰川砂层的矿化形成了依云水。这来自大自然的馈赠使依云的名声远近闻名，它古老神秘的故事也吸引了想要探寻依云的人们。

图 2-35 "依云镇"最终效果

2.2.3　边框与底纹的设置

在 Word 文档中，可以对一些重要的段落文字或页面添加边框和底纹，可使文档重点突出，层次分明，版面美观大方。

1．段落或文字边框的设置

添加段落边框的方法有两种：

方法一：使用"边框与底纹"对话框。

① 选取需要设置边框的段落或文字。

② 切换至"页面布局"选项卡，在"页面背景"命令组中单击"页面边框"按钮，弹出"边框和底纹"对话框。

③ 选择"边框"选项卡，在"设置"中选择边框的种类，在"样式"中选择边框的形状，在"颜色"下拉列表中选择边框的颜色，在"宽度"下拉列表中选择边框的宽度。

④ "应用于"下拉列表中选择边框应用范围是"段落"或"文字"。

⑤ 设置完毕后，单击"确定"即可，如图 2-36 所示。

图 2-36　段落边框的设置

方法二：通过"段落"命令组

① 选取需要设置边框的段落或文字。

② 切换至"开始"选项卡，在"段落"命令组中单击"边框"下拉按钮，在弹出的下拉列表中选择所需的边框，单击即可完成设置。

2．页面边框的设置

还可以对整个页面添加一个边框，操作方法如下：

① 将插入点置于页面中，切换至"页面布局"选项卡，在"页面背景"命令组中单击"页面边框"按钮，弹出"边框和底纹"对话框。

② 在"页面边框"选项卡"设置"区域选择边框的类型；在"样式"列表框中选择边框的样式；在"颜色"和"宽度"下拉列表中选择边框的颜色和宽度；在"艺术型"下拉列表中可选择艺术效果。

③ 选项卡右侧有"预览"区域，设置完毕后，单击"确定"按钮，如图 2-37 所示。

图 2-37　设置页面边框

◎温馨提示

　　设置边框时，可以删除段落的一边，可在"预览"区域中进行操作，如图 2-38 所示。

图 2-38　设置边框

3. 设置底纹

设置底纹包括文字、段落或整篇文档的底纹，具体操作如下：

① 选取所要设置底纹的对象，切换至"开始"选项卡，在"段落"命令组中单击"边框"按钮，在下拉列表中选择"边框和底纹"按钮，弹出"边框和底纹"对话框。

② 选择"底纹"选项卡，在其中可完成底纹的各项设置。设置完毕后，单击"确定"按钮，如图 2-39 所示。

图 2-39　设置底纹

◎实例操作

为图 2-35 所示的"依云镇"文档添加如下设置：

（1）为标题文字"依云镇"添加红色实线边框。

（2）给正文中第一段文本加上 20%蓝色底纹。

（3）给正文中最后一段文本加上线宽为 3 磅的蓝色阴影双实线边框。

（4）给整个文档添加边框。

操作方法及步骤：

① 选取标题"依云镇"文本，切换至"页面布局"选项卡，在"页面背景"命令组中单击"页面边框"按钮，在弹出的对话框中选择"边框"选项卡。在"设置"区域选择"方框"，在"样式"区域选择"实线"，在"颜色"区域选择"红色"，在"应用于"下拉列表中选择"文字"，设置完毕后，单击"确定"按钮，如图 2-40 所示。

② 选中第一段文字，切换至"页面布局"选项卡，在"页面背景"命令组中单击"页面边框"按钮，在弹出的对话框中选择"底纹"选项卡。在"填充"区域选择蓝色，在"样式"下拉列表中选择"20%"，在"应用于"下拉列表中选择"段落"，设置完毕后，单击"确定"按钮，如图 2-41 所示。

③ 选中最后一段文字，切换至"页面布局"选项卡，在"页面背景"命令组中单击"页面边框"按钮，在弹出的对话框中选择"边框"选项卡。在"设置"区域选择"阴影"，在"样式"区域选择"双实线"，在"颜色"区域选择"蓝色"，在"线宽"下拉列表中选择"3.0 磅"，在"应用于"下拉列表中选择"段落"，设置完毕后，单击"确定"按钮，如图 2-42 所示。

④ 切换至"页面布局"选项卡，在"页面背景"命令组中单击"页面边框"按钮，在弹出的对话框中选择"页面边框"选项卡，任意设置一个边框，单击"确定"按钮。

⑤ 设置完毕，单击"保存"按钮，文档最终效果如图 2-43 所示。

图 2-40　设置标题边框　　　　　　　　图 2-41　设置段落底纹

◎温馨提示

　　如果想清除已经设置好的底纹，在【底纹】选项卡中选择【无填充颜色】即可。

图 2-42　设置段落边框

图 2-43　文档最终效果

2.2.4　项目符号和编号的应用

项目符号和编号是 Word 中常用的功能，使用它可以对文档中并列的项目进行组织，或将有顺序的内容进行编号，使文档便于阅读和理解。

1. 自动添加

Word 2010 提供了自动添加项目符号和编号的功能。

（1）自动添加"项目符号"的方法

① 将插入点移动到需要添加项目符号的位置。

② 切换至"开始"选项卡，单击"段落"命令组中的"项目符号"按钮，使其处于被按下状态，此时插入点位置会出现一个黑色圆点●，该黑色圆点就是一个项目符号。

③ 输入一行后，按【Enter】键，就会自动在第 2 行开始处添加一个项目符号。

④ 输入完毕后，删除最后一个项目符号，恢复正常文本输入状态。

（2）自动添加"编号"的方法

① 如果在文档中输入"1""A""（1）"等样式的文本，按【Enter】键，下一段本文开始处就会自动添 加"2""B""（2）"等编号样式。

② 使用快速访问工具栏中的"编号"按钮，也可以快速添加编号。

2. 使用右键设置

Word 2010 提供了多种项目符号和编号，用户可通过右键进行设置，具体操作如下：

① 选定需要设置符号或编号的段落。

② 右击项目符号，可以对项目符号进行设置，如图 2-44 所示。

③ 右击编号，可完成相应的编号设置。

④ 可以在"定义新项目符号"对话框中完成更多的选择，如图 2-45 所示。

图 2-44　项目符号设置　　　　　图 2-45　"定义新项目符号"对话框

⑤ 设置完毕后，单击"确定"按钮即可。

◎小技巧

　　如果需要结束自动创建的项目符号或编号，可以连续按两次【Enter】键。

◎实例操作

打开"依云镇"文档，为文档中两个段落添加项目符号。

操作方法及步骤：

① 选择正文文本，右击。

② 选择"项目符号"命令，单击第二个项目符号，即完成项目符号的添加，如图 2-46 所示。

③ 设置完毕后，单击"保存"按钮，文档最终效果如图 2-47 所示。

图 2-46　设置项目符号　　　　　　　　　图 2-47　文档最终效果

2.2.5　特殊排版

Word 2010 提供了多种特殊的排版方式，例如分栏排版、首字下沉与中文版式等。

1．分栏排版

为了合理分配版面布局，报刊、杂志等出版物往往将页面分为多个栏目显示，给文档设置分栏可以切换至"页面布局"选项卡，在"页面设置"命令组中单击"分栏"下拉列表中的"更多分栏"按钮，弹出"分栏"对话框。

◎实例操作

打开"依云镇"文档，将正文分两栏显示。

操作方法及步骤：

① 选择要进行分栏的文本，切换至"页面布局"选项卡，在"页面设置"命令组中选择"分栏"下拉列表中的"更多分栏"按钮，弹出"分栏"对话框。

② 在"预设"区域选择"两栏"，如图 2-48 所示。

③ 设置完毕后，单击"确定"按钮，效果如图 2-49 所示。

图 2-48　设置分栏　　　　　　　　　图 2-49　最终效果

2. 首字下沉

"首字下沉"功能可以设置文档中第一个字的字号明显增大，并下沉数行显示，能够吸引读者的注意，常用在报刊杂志中。要实现这种效果，可以切换至"插入"选项卡，在"文本"命令组中单击"首字下沉"下拉按钮，选择"首字下沉选项"，弹出"首字下沉"对话框。

◎实例操作

打开"依云镇"文档，设置首字下沉。

操作方法及步骤：

① 将插入点置于要创建首字下沉的段落中。切换至"插入"选项卡，在"文本"命令组中单击"首字下沉"下拉按钮，选择"首字下沉选项"，弹出"首字下沉"对话框。

② 在"位置"区域选择"下沉"，在"选项"区域可以对下沉的首字选择格式，在"下沉行数"处调整下沉占据的行数，在"距正文"处可设置首字距离正文的距离，如图 2-50 所示。

③ 设置完毕后，单击"确认"按钮，效果如图 2-51 所示。

图 2-50　设置首字下沉　　　　图 2-51　最终效果

3. 中文版式

中文版式是 Word 2010 提供的一种特殊的排版方式，包括拼音指南、带圈字符、双行合并等排版。

（1）拼音指南

拼音指南可以对所选择的文本标上注音。

操作步骤如下：

① 选择需要注音的文本，切换至"开始"选项卡，在"字体"命令组中单击"拼音指南"按钮。

② 弹出"拼音指南"对话框，完成相应设置，如图 2-52 所示。

③ 设置完毕后，单击"确定"按钮。

◎温馨提示

也可以通过输入法软件对文字进行注音。

（2）带圈字符

带圈字符是为了突出或强调某些文字而设置的。操作步骤如下：

① 选择需要被圈的文字。

② 切换至"开始"选项卡，在"字体"命令组中单击右下方上的"带圈字符"按钮，弹出"带圈字符"对话框，如图 2-53 所示。

图 2-52　设置拼音指南　　　　　　　　　图 2-53　设置带圈字符

③ 设置完毕后，单击"确定"按钮。

（3）纵横混排、双行合一及合并字符

① 纵横混排：使文档中的内容以纵排和横排的方式排在一起。

切换至"开始"选项卡，在"段落"命令组中单击"中文版式"按钮，在下拉列表中单击"纵横混排"按钮，弹出"纵横混排"对话框，如图 2-54 所示。

② 双行合一：指在一行显示两行文字。

切换至"开始"选项卡，在"段落"命令组中选择"中文版式"下拉列表中的"双行合一"选项，弹出"双行合一"对话框，如图 2-55 所示。

图 2-54　设置纵横混排　　　　　　　　　图 2-55　设置双行合一

③ 合并字符：将多个字符用两行显示，合并成一个整体。

切换至"开始"选项卡，在"段落"命令组中选择"中文版式"下拉列表中的"合并字符"选项，弹出"合并字符"对话框，如图 2-56 所示。

图 2-56　设置合并字符

2.2.6 页面设置

在 Word 中，文档都是以页面为单位显示的。前面所学习的内容都是针对文档中内容的排版，本节将介绍页面的设置。文档页面的设置包括设置页面大小、纸张方向、页边距、页眉页脚等。

1. 设置页边距与纸张方向

页边距是指文档正文与页面边沿之间的距离，每个页面都有"上""下""左""右"4 个页边距，修改一个页面的页边距可直接影响整个文档的所有页。设置页边距的方法如下：

① 切换至"页面布局"选项卡，在"页面设置"命令组中单击右下方的对话框启动器按钮，弹出"页面设置"对话框。

② 选择"页边距"选项卡，在"上""下""左""右"文本框中可输入文本区域与页面边距的 4 个数值，在"方向"区域可以指定当前页面的方向。

③ 如需装订线，还可以在"装订线"位置设置数值和位置。

④ 最后可在"预览"区域查看设置的效果。

⑤ 设置完毕后，单击"确定"按钮，如图 2-57 所示。

2. 设置纸张大小

纸张大小直接影响工作区的大小，Word 2010 默认采用 A4 纸张来显示工作区，可以根据实际情况调整纸张的大小。操作步骤如下：

① 切换至"页面布局"选项卡，在"页面设置"命令组中单击右下角的对话框启动器按钮，弹出"页面设置"对话框。

② 选择"纸张"选项卡，在"纸张大小"下拉列表中可以选择不同类型的标准纸张，也可以在"宽度"文本框中自定义纸张大小。

③ 在"应用于"下拉列表中可选择纸张大小设置的应用范围，最后可在"预览"区域查看设置的效果。

④ 设置完毕后，单击"确定"按钮，如图 2-58 所示。

图 2-57　设置页边距

图 2-58　设置纸张大小

3．设置页眉和页脚

页眉和页脚通常出现在文档的顶部和底部，用于显示一些文档的附加信息，例如页码、章节名、作者名称等。创建页眉和页脚的操作步骤如下：

① 切换至"插入"选项卡，单击"页眉和页脚"命令组中的"页眉"或"页脚"下拉按钮即可进行操作。如页眉操作时，单击"转至页脚"按钮可以切换页脚的编辑区，如图 2-59 所示。

② 在页眉和页脚编辑区内输入所需要的内容，如图 2-60 所示。

③ 对输入的页眉和页脚同样可以进行字符设置、段落设置、边框与底纹的设置操作。

④ 页眉和页脚编辑完毕后，单击"页眉和页脚"工具栏中的"关闭"按钮，即可退出页眉页脚编辑区。

图 2-59　页眉操作

图 2-60　页眉页脚编辑区

◎温馨提示

- 如需对创建好的页眉和页脚再次进行编辑，只需在页面中双击页眉和页脚区域即可。
- 如需删除页眉和页脚，只需在页眉页脚区域中，选中所要删除的内容，按【Delete】键即可。
- 在"页码格式"对话框中，勾选"包含章节号"复选框，即可对其下的选项进行设置，如图 2-61 所示。

图 2-61　"页码格式"对话框

◎温馨提示

　　使用上述方法只能在整篇文档中创建同样的页眉和页脚，实际在许多杂志、书籍的版面中，不同的章节经常会出现不同的页眉和页脚。

　　① 在首页或奇偶页设置不同的页眉与页脚。操作步骤如下：

　　选择"插入"选项卡，在"页眉和页脚"对话框中勾选"页眉"区域选择"首页不同"和"奇偶页不同"复选框，即可在文档的第一页或奇偶页创建不同的页眉与页脚，如图 2-62 所示。

　　② 不同的章节实现不同的页眉和页脚，需要使用"分节"才能实现。操作步骤如下：

　　首先将光标置于文档中需要分节的地方，切换至"页面布局"选项卡，在"页面设置"命令组中单击"分隔符"下拉列表中的"下一页"选项，即可为不同的章节设置不同的页眉和页脚，如图 2-63 所示。

　　　　图 2-62　设置首页或奇偶页眉页脚不同　　　　　　　　图 2-63　插入分节符

2.2.7　样式

　　所谓样式，就是一系列预先定义好的排版设置，在文档中，针对不同的标题、段落或文字应用不同的样式，能够快速改变文本的外观。当一段文本采用了预设置好的样式时，它就具有所有定义的格式，包括字体、字号、颜色等，省去了一一修改的麻烦。

1. 应用样式

　　Word 2010 提供了几十种内置的样式，包括标题 1、标题 2、标题 3、段落、正文等，当选择文本并应用样式后，该样式所包含的所有格式即被应用于文本。操作步骤如下：

　　① 选中所要应用样式的文本或将光标置于需要应用样式的段落中。

　　② 切换至"开始"选项卡，在"样式"命令组中单击右下角的对话框启动器按钮，在打开的"样式"任务窗格中选择所需要样式，如图 2-64 所示。

2. 新建样式

　　如果 Word 2010 提供的样式不能满足用户的需求，用户还可以自定义样式。操作步骤如下：

　　① 转换至"开始"选项卡，在"样式"命令组中单击右下角的对话框启动器按钮，在弹出的窗格中单击左下角的"新建样式"按钮，弹出如图 2-65 所示的对话框。

　　② 在"名称"文本框中输入所建样式的样式名，在"样式类型"下拉列表中选择创建"段落"样式还是"字符"样式。

　　③ 单击"格式"按钮，可以为新样式选择格式。设置完毕后，单击"确定"按钮，新建的样式即被添加到"样式"命组中。

图 2-64　"样式"任务窗格　　　　图 2-65　"根据格式设置创建新样式"对话框

3. 利用样式创建目录

　　目录的制作在长文档设计中被广泛应用，使用目录可以帮助用户迅速查找到文档中某个部分的内容，Word 2010 具有自动编写目录的功能，最简单的方法是通过给文档中的章节标题设置样式，然后根据样式建立目录。

　　例如，可以对文档中所有的章节名设置为"标题一"样式，对所有小节名设置为"标题二""标题三"样式，设置好文档中的章节、小节标题样式后，选择"引用"选项卡，在"目录"命令组中选择"目录"下拉列表中的"插入目录"选项，弹出"目录"对话框，选择"目录"选项卡，即可完成对页码格式、标题显示级别等的设置，如图 2-66 所示。生成的目录如图 2-67 所示。

图 2-66　"目录"对话框　　　　　　　图 2-67　生成的目录

◎温馨提示

　　默认情况下，在目录中，按住【Ctrl】键的同时单击某一章节标题，即可链接到章节所在的位置。

◎温馨提示

　　Word 2010 允许用户对文档设置一个启动密码，只有在输入正确的密码后，文档才能被查看或修改，增强了文档的安全性，选择"文件"→"信息"命令，单击"保护文档"按钮，选择"用密码进行加密"选项，即可设置文档密码，如图 2-68 所示。

图 2-68　文档加密

◎实例操作

　　新建 Word 文档，输入如图 2-69 所示的内容，并将文档按以下要求排版：

　　① 将标题"计算机安全监察"设置为居中对齐，字符间距加宽 2 磅，字体设置为黑体、三号、加粗，并添加黄色底纹和 1.5 磅的蓝色双实线阴影边框。

　　② 将正文第一段落的行间距设置为 1.5 倍行距，段前段后 1 行，并设置首字下沉 2 行。

　　③ 将文档中"一、……""二、…""三、…"设置为"标题 1"样式；将"（一）……""（二）……"设置"标题 2"样式，并给文档添加目录。

　　④ 把文档中的数字编号"1、2、3、4"更改为项目符号。

　　⑤ 添加页面页眉，页眉文字为"安全监督要求"并居中对齐。

　　⑥ 设置页面纸张大小为宽 18 厘米、高 25 厘米，上下左右页边距均为 3 厘米，并给页面添加双线蓝色边框。

　　操作方法及步骤：

　　① 启动 Word，单击"新建"按钮，新建名为"计算机安全监察"的文档，输入本文内容，如图 2-69 所示。

　　② 切换至"页面布局"选项卡，在"页面设置"命令组中单击右下角的对话框启动器按钮，弹出"页面设置"对话框。选择"页边距"选项卡，在"页边距"区域调整"上"

"下""左""右"页边距均为 3 厘米，如图 2-70 所示。再打开"纸张"选项卡，在下拉列表中选择"自定义大小"，"宽度"为 18 厘米，"高度"为 25 厘米，如图 2-71 所示，设置完毕后，单击"确定"按钮。

计算机安全监察

第六条规定："公安部主管全国计算机信息系统安全保护工作。"并以第十七条、第十八条和第十九条规定了公安机关行使计算机安全监察的职权。

一、计算机信息系统的安全监督检查的总体目标

总体目标是：初步建立与社会主义市场经济相适应的计算机信息系统安全保护体制，形成健康、规范的管理秩序。

二、计算机安全监察工作指导方针

1. 服从、服务于经济建设中心

2. 健全公安计算机安全监察工作机制

3. 预防为主、打防结合

4. 确保重点、兼顾一般

三、实施安全监督的检查

（一）需要实施安全监督检查的情况

一般在如下情况下实施：

1. 按照规定应该进行的定期检查

2. 新建的计算机信息系统或改建、扩建的

3. 计算机信息系统的安全装置、安全技术措施发生了变更

4. 计算机信息系统中发生了案件或安全事故

（二）安全监督检查的重点内容

1. 贯彻执行国家和地方计算机信息系统安全管理法规和有关安全标准的情况

2. 建立和执行安全管理制度的情况

3. 制定及执行应急恢复计划的情况

4. 存有不安全因素、安全隐患及其整改的情况

图 2-69　输入内容

图 2-70　设置页边距　　　　　图 2-71　设置纸张大小

③ 选择标题"计算机安全监察"，切换至"开始"选项卡，在"段落"命令组中单击"居中"按钮。

④　选择标题"计算机安全监察"，切换至"开始"选项卡，在"字体"命令组的"字体"下拉列表中选择"黑体"，在"字号"下拉列表中选择"三号"，单击"加粗"按钮；打开"字体"对话框，选择"高级"选项卡，在"间距"区域选择"加宽"，调整数值为"2 磅"，设置完毕后单击"确定"按钮，如图 2-72 所示。

⑤　选择标题"计算机安全监察"，切换至"页面布局"选项卡，在"页面背景"命令组中单击"页面边框"按钮，弹出"边框和底纹"对话框。选择"边框"选项卡，在"设置"区域选择"阴影"，在"样式"中选择"双实线"，"颜色"中选择"蓝色"，"宽度"中选择"1.5 磅"，"应用于"下拉列表框中选择"文字"，如图 2-73 所示。选择"底纹"选项卡，在"填充"区域选择"黄色"，如图 2-74 所示。设置完毕后，单击"确定"按钮。

图 2-72　设置字符间距　　　　　　　　　　　图 2-73　设置文字边框

⑥　选中文档中第一段落，切换至"开始"选项卡，在"段落"命令组中单击右下角的对话框启动器按钮，弹出"段落"对话框，设置"段前""段后"为"1 行"，"行距"设置为"1.5 倍行距"，如图 2-75 所示。设置完毕后，单击"确定"按钮。

图 2-74　设置文字底纹　　　　　　　　　　　图 2-75　设置段落

⑦ 将光标置于第一段中，切换至"插入"选项卡，在"文本"命令组中单击"首字下沉"下拉列表中的"首字下沉选项"，弹出"首字下沉"对话框，设置"下沉行数"为"2 行"，设置完毕后，单击"确定"按钮，如图 2-76 所示。

⑧ 先选中文档中"一、计算机信息系统的安全监督检查的总体目标""二、计算机安全监察工作指导方针""三、实施安全监督的检查"三行文字，切换至"开始"选项卡，在"样式"命令组中选择"标题 1"，然后选中"（一）需要实施安全监督检查的情况""（二）安全监督检查的重点内容"两行文字，在"开始"选项卡"样式"命令组中选择"标题 2"。

⑨ 将光标置于文档标题上方，切换至"引用"选项卡，单击"目录"命令组中"目录"下拉列表中的"插入目录"按钮，在弹出对话框的显示级别处调整到"2 级"，单击"确定"按钮，如图 2-77 所示。文档开始处即插入了目录，如图 2-78 所示。

图 2-76　设置首字下沉

图 2-77　插入目录

图 2-78　插入目录

⑩ 选中文档中所有带有"1、2、3、4"编号的段落并右击，选择"项目符号"命令，任意选择一种项目符号并单击，如图 2-79 所示。此时被选中的文本中，数字编号 1、2、3、4 即已更改为项目符号。

图 2-79　设置项目符号

⑪ 切换至"插入"选项卡，在"页眉和页脚"命令组"页眉"下拉列表中选择"空白"，在页眉处输入"安全监督要求"，并单击"居中"按钮，使其居中对齐，设置完毕后，单击"关闭页眉和页脚"按钮，结果如图 2-80 所示。

图 2-80　插入页眉

⑫ 切换至"页面布局"选项卡，在"页面背景"命令组中单击"页面边框"按钮，弹出"边框和底纹"对话框，选择"页面边框"选项卡，在"样式"区域选择"双线"，在"颜色"区域选择"蓝色"。设置完毕后，单击"确定"按钮，如图 2-81 所示。

图 2-81　设置边框

⑬ 设置完毕后，单击"保存"按钮，文档最终效果如图 2-82 所示。

图 2-82　最终效果

2.2.8　上机练习

1. 新建文档并排版（一）

新建 Word 文档，输入如图 2-83 所示的内容，并将文档按以下要求排版：

① 给文档添加标题"创业成功的六条原理"。将标题设置为红色、三号、楷体、"七彩霓虹"效果。

② 将正文中的"原理1"～"原理6"增加项目编号。

③ 将正文中"随着公司……"所在段落设置为分栏显示，栏数为2。

④ 将文中最后一段的字体设置为小五楷体，并加粗显示。

⑤ 为文中倒数第二段设置10%的绿色底纹。

⑥ 设置页边距上、下、左、右均为2.8厘米。

2．新建文档并排版（二）

新建 Word 文档，输入如图2-84所示的内容，并将文档按以下要求排版：

① 将标题"邯郸学步"设置为居中对齐，字体设置为黑体、二号、蓝色、加粗，并添加红色双实线边框。

> 密歇根州立大学的一项研究,发现了六条指导创业成功的原理。
> 原理1.反复构造图景
> 原理2:抓住连续的机会成功
> 原理3:放弃自主独断
> 原理4:成为你竞争对手的噩梦。
> 原理5:培育创业精神
> 原理6:靠团队配合而势不可挡
> 　　随着公司的发展和雇员人数的增多,一天接一天的日常工作会使人们看不到公司的主要目标。通过鼓励和协助团队合作,雇员把自己放在正确的努力方向上。需要不断剪裁调整团队,如规模、职责范围和它的组成等来适应眼下特定的情境。
> 　　把培训雇员的概念延展为横向培训。使雇员们熟悉公司、公司中其他人在做什么,这能够帮助雇员们看到他们在更大的情景中自己所适宜的地方。利用团队去减少扯皮,用团队去建立相互尊重,把团队建成一个人,给团队以反馈来证明你对团队的重视。

图2-83　输入文字

> 邯郸学步
> 　　这句成语出自《庄子·秋水》讲的一个寓言故事。
> 　　邯郸是春秋时期赵国的首都。那里的人非常注意礼仪,无论是走路、行礼,都很注重姿势和仪表。因此,当地人走路的姿势便远近闻名。
> 　　在燕国的寿陵地方,有个少年人很羡慕邯郸人走路的姿势,他不顾路途遥远,来到邯郸。在街上,他看到当地人走路的姿势稳健而优美,手脚的摆动很别致,比起燕国人走路好看多了,心中非常羡慕。于是他就天天模仿着当地人的姿势学习走路,准备学成后传授给燕国人。
> 　　但是,这个少年原来的步法就不熟练,如今又学上新的步法姿势,结果不但没学会,反而连自己以前的步法也搞乱了。最后他竟然弄到不知怎样走路才是,只好垂头丧气地爬回燕国去了。
> 　　学习一定要扎扎实实,打好基础,循序渐进,万万不可贪多求快,好高骛远。否则,就只能像这个燕国的少年一样,不但学不到新的本领,反而连原来的本领也丢掉了。

图2-84　输入文字

② 设置文档所有段落，段前段后为0.5行。

③ 设置正文第一段的首字下沉3行。

④ 对文档第二段正文进行分栏，栏数为3。

⑤ 设置正文第四段所有文字为楷体、红色、倾斜。并设置黄色边框和10%的绿色底纹。

⑥ 在正文最后一段的"学习一定要扎扎实实，"前插入文字"虽然这是个寓言，但是它说明了一个深刻的道理："，设置字体颜色为紫色并加上着重号。

⑦ 将全文中所有的"燕国"两个字（不包括引号）设置为黑体、加粗、蓝色。

⑧ 将正文第三段落的行间距设置为 1.5 倍行距，首行缩进 0.85 厘米。

⑨ 设置页眉，页眉文字为"中国成语故事"并居中对齐。

⑩ 设置页面纸张大小为 B5，上下左右页边距均为 2.15 厘米，并给页面添加美丽的边框。

2.3　表格的使用

表格的使用是 Word 中的另一项重要应用，使用表格可以方便地对数据进行输入、管理和存储，例如课程表、成绩表、财务报表等。Word 2010 提供了强大的表格功能，包括表格的建立、编辑和对表格内容的操作。

2.3.1　创建表格

表格是由许多行和列交叉的单元格组成，每个单元格都可以独立操作，并可以输入内容和图片。Word 2010 中主要有 4 种方法来创建表格。

1. 使用"插入表格"对话框

对于复杂的表格，可通过"插入表格"对话框来完成创建，不但可以准确地设置表格的行与列，还可以调整表格的列宽。操作步骤如下：

① 将光标定位在需要插入表格的位置，切换到"插入"选项卡，单击"表格"命令组"表格"下拉列表中的"插入表格"选项，弹出"插入表格"对话框，如图 2-85 所示。

② 在"表格尺寸"区域可设置所需要的行数和列数，例如，输入如图 2-85 所示的行数和列数。在"自动调整"区域可调整列宽。

③ 设置完毕后，单击"确定"按钮，即可生成如图 2-86 所示的表格。

图 2-85　"插入表格"对话框　　　　　　　　图 2-86　2 行 5 列的表格

2. 快速插入表格

单击"插入"选项卡中的"表格"按钮，用鼠标拖动相应的行数和列数，释放鼠标左键，即可完成插入，如图 2-87 所示。

◎注意

这种方法最多只能创建 8 行 10 列的表格，而且插入的表格会占满当前页面的全部宽度，可以通过修改表格属性来设置表格的尺寸。

3. 手动绘制表格

实际应用中经常出现不规则的表格，可利用"绘制表格"命令手动的绘制表格。切换至"插入"选项卡，单击"表格"命令组"表格"下拉列表中的"绘制表格"选项，鼠标变成铅笔状，即可在工作区绘制表格。

4. 使用内置样式

为了方便用户进行表格编辑，Word 2010 中提供了一些简单的内置样式。切换至"插入"选项卡，单击"表格"命令组"表格"下拉列表中的"快速表格"选项，选择合适的内置样式即可。

图 2-87　插入表格

2.3.2　编辑表格

编辑表格是指对创建的表格本身进行修改、修饰等操作，内容主要包括以下几部分：

1. 输入表格内容

表格创建完成后，需要向表格中输入内容，可单击需要输入文本的单元格，将光标定位到单元格中即可输入内容，对所输入内容进行格式化设置时，基本与对正文文本的操作相同。

2. 选定表格对象

Word 中进行任何编辑操作前都必须先选定对象，表格也一样。

① 选定一个单元格：将鼠标指针放到单元格左端，当鼠标指针变成◥形状时单击。

② 选定多个单元格：按住鼠标"左键"拖动需要选择的单元格。

③ 选定行或列：将鼠标指针移动至某一列的上边界或某一行的左边界，当鼠标指针变成↓↗时单击。

④ 选定整个表格：按住鼠标左键拖动整个表格。

3. 插入、删除行、列和单元格

① 插入行、列和单元格：选定需要插入的位置，右击，在弹出的快捷菜单中选择"插入"菜单中的子命令即可。

② 删除行、列和单元格：选定需删除的位置，右击，在弹出的快捷菜单中选择"删除行""删除列"或"删除单元格"命令。

4. 合并和拆分单元格

① 合并单元格：将多个单元格合并成一个单元格。选定需要合并的单元格，右击，在弹出的快捷菜单中选择"合并单元格"命令。

② 拆分单元格：将一个单元格拆分成多个单元格。选定需要拆分的单元格，切换至"布局"选项卡，单击"合并"命令组中的"拆分单元格"按钮，弹出"拆分单元格"对话框，如图 2-88 所示，输入要拆分成的行数和列数即可。

5. 设置单元格对齐方式

单元格对齐方式是指单元格中的内容在单元格内的位置。用户根据需求可以调整单元格对齐方式，选定操作对象，切换至"布局"选项卡，在"对齐方式"命令组中可以根据需要进行选择，如图 2-89 所示。

图 2-88　"拆分单元格"对话框

图 2-89　插入表格按钮

6. 设置表格属性

创建和编辑好表格后，往往需要对表格进行格式化设置，表格格式化可通过"表格属性"对话框来完成。右击表格，选择"表格属性"命令，弹出"表格属性"对话框，在其中可完成表格对齐方式、表格尺寸、表格行高和列宽等设置，如图 2-90 所示。

（a）设置对齐方式

（b）设置行高

（c）设置列宽

图 2-90　表格属性设置

◎实例操作

使用 Word 创建"课程表"文档，并保存，效果如图 2-91 所示。

操作方法及步骤：

① 启动 Word，单击"新建"按钮，新建名为"课程表"的文档。

② 切换至"表格"选项卡，在"表格"命令组中单击"表格"下拉列表中的"插入表格"按钮，弹出"插入表格"对话框，设置"列数"为 6，"行数"为 7，如图 2-92 所示，设置完毕后，单击"确定"按钮，效果如图 2-93 所示。

课程表

课\节\星期	星期一	星期二	星期三	星期四	星期五
第一节	数学	语文	政治	英语	体育
第二节	语文	数学	英语	数学	历史
第三节	英语	体育	语文	历史	语文
第四节	政治	政治	数学	政治	英语
第五节	地理	英语	地理	地理	数学
第六节	体育	历史	体育	体育	政治

图 2-91　课程表

图 2-92　"插入表格"对话框

③ 将光标定位到第 1 行第 1 列的单元格中，利用分隔线将第一行调整到合适的位置。因为 Word 2010 中取消了"插入斜线表头"这项功能，因此需要自行设置。切换至"插入"选项卡，在"插图"命令组中，选择"形状"中的直线，其颜色设为黑色，按图添加即可，接着需要在第一条斜线右侧添加一个无边框的文本框，输入"星期"后，将右侧斜线设为"置于顶层"。中间区域输入"课程"，左侧输入"节数"，字体设为"宋体"，字号设为"六号"，设置完毕后，单击"确定"按钮，效果如图 2-94 所示。

图 2-93　插入表格

图 2-94　插入斜线

④ 将光标定位在第 1 行中的任意位置并右击，选择"插入"→"在上方插入行"命令（见图 2-95），即可在第一行的上方再插入一行。插入完毕后，效果如图 2-96 所示。

图 2-95　选择"在上方插入行"命令

图 2-96　插入行

⑤ 将第 1 行全部选中并右击，选择"合并单元格"命令，将第 1 行所有单元格合并成一个，如图 2-97 所示。

⑥ 在合并后的单元格中输入"课程表"，设置字体为"华文新魏""一号""加粗"，并设置居中对齐，效果如图 2-98 所示。

图 2-97　合并单元格

图 2-98　插入表头文字

⑦ 将光标定位在第 2 行第 2 列单元格中，输入"星期一"，设置字体为"华文行楷""小四""加粗"并右击，选择"单元格对齐方式"→"水平居中"，如图 2-99 所示。使用同样的方式，设置其他几个单元格的内容，并使用统一格式，效果如图 2-100 所示。

图 2-99　设置水平居中　　　　　　　　　　图 2-100　输入"星期"

⑧ 在第 3 行第 1 列中，输入"第一节"，设为"楷体""五号""加粗"并居中对齐；使用同样的方式，设置其他几个单元格内容，并使用统一格式，效果如图 2-101 所示。

⑨ 在其他单元格中分别输入课程，设置字体为"黑体""小四"并水平居中，最终效果如图 2-101 所示。

图 2-101　最终效果

2.3.3　美化表格

1. 表格边框和底纹

进行表格设计时，为了更好地突出表格的效果，常对表格的边框和底纹进行美化。选定需要美化的表格，选中整个表格，切换至"设计"选项卡，如图 2-102 所示。

2. 套用表格样式

Word 2010 提供了多种已经设置好的表格格式，节约了用户设计的时间，选中表格，切换到"设计"选项卡，单击"表格样式"命令组中的下拉按钮 ，即可以选择适用的样式，如图 2-103 所示。

图 2-102　表格的表框和底纹设置

图 2-103　套用表格样式

◎实例操作

对创建的"课程表"进行美化设置。

操作方法及步骤：

① 打开"课程表"文档，选中表格，在切换至"设计"选项卡。

② 在"绘图边框"命令组的"笔样式""笔画粗细"和"笔颜色"下拉列表中分别选择合适的线型、粗细和颜色，然后即可以在"课程表"上进行美化设置，如图 2-104 所示。

③ 将光标定位在需要填充底纹的单元格中，在"底纹"下拉列表中选择填充的颜色，即可完成单元格底纹的设置。

④ 设置完毕后，保存文档，最终效果如图 2-105 所示。

图 2-104　美化设置

图 2-105　最终效果

2.3.4　上机练习

创建"个人简历"文档，如图 2-106 所示。

图 2-106　个人简历

2.4　图 文 并 茂

使用 Word 2010 不仅能够编辑文本，还可以在文档中插入图形，既能增强文档的直观性和美观性，还会使文档显得生动有趣，提高文档的说服力和感染力。Word 2010 中的插图大致可分为图片、图形、艺术字、文本框、图示等对象。

2.4.1　设置文档背景

Word 中，新建的空白文档默认背景为"无填充效果"（显示白色），用户可以根据实际情况更改文档的背景，增强文档的美观性。操作步骤如下：

① 切换到"页面布局"选项卡，在"页面背景"命令组的"页面颜色"下拉列表中选择合适的填充颜色即可，如图 2-107 所示。

② 当需要设置其他背景填充效果时，可在"页面颜色"下拉列表中选择"填充效果"选项，弹出如图 2-108 所示的对话框。

③ 在"渐变""纹理""图案""图片"选项卡中可以设置不同的背景效果。

图 2-107　设置背景

图 2-108　设置其他填充效果

2.4.2　插入图片

Word 2010 中，插入的图片主要包括 SmartArt、剪贴画、计算机中存放的图片和从其他程序中导入的图片。

1. 插入剪贴画

Word 中自带一个免费的剪贴图库，这些剪贴画具有体积小、矢量化、可编辑等特点，种类繁多，能表达不同的主题。在 Word 文档中插入剪贴画的操作步骤如下：

① 将光标定位到需要插入剪贴画的位置，切换至"插入"选项卡，在"插图"命令组中单击"剪贴画"按钮，打开"剪贴画"任务窗格，如图 2-109 所示。

② 在"搜索文字"文本框中输入所需剪贴画的主题名称或关键字后，如输入"电脑"，选择"所有媒体文件类型"，单击"搜索"按钮，如图 2-110 所示。

图 2-109　插入剪贴画　　　　　图 2-110　搜索剪贴画

③ 搜索结束后，在"搜索结果"框中列出所有匹配的剪贴画，单击其中任意一幅图片都可以将其插入到文档中。

2. 插入来自文件的图片

Word 中还可以从计算机中其他位置选择图片插入，插入图片的常用格式有 bmp、gif、jpg 等，操作步骤如下：

① 将光标定位到需要插入图片的位置，切换至"插入"选项卡，在"插图"命令组中单击"图片"按钮，弹出"插入图片"对话框，如图 2-111 所示。

图 2-111　插入来自文件的图片

② 选择存放的图片，单击"插入"按钮，即可完成图片插入。

3. 编辑图片

将图片插入文档后，可对其进行编辑操作，如复制、剪裁、移动、缩放图形、旋转、设置文字图片的环绕等。经常使用"设计"选项卡来编辑图片，如图 2-112 所示。

图 2-112 "设计"选项卡

（1）设置图片格式

切换至"设计"选项卡，在"图片样式"命令组中单击右下角的对话框启动器按钮，弹出"设置图片格式"对话框，如图 2-113 所示，在对话框中有"线型""阴影""图片更正"等选项，通过这些选项的设置，可完成对图片的编辑操作。

（2）设置图片版式

图片版式是图片和周围文字之间的环绕方式，可在"布局"对话框中的"文字环绕"选项卡中设置图片版式，如图 2-114 所示。

① 嵌入型：默认的图片插入版式，将图片置于文本中插入点的位置，看作文本的一部分，与本文位于相同层上。

② 四周型：文字环绕在图片边框的四周。

③ 紧密型：文字紧密环绕在图片自身的边缘而不是边框的周围。

④ 穿越型：类似四周型环绕，但是对于某些图片，会导致文字更紧密地环绕图片。

⑤ 上下型： 图片在两行文字中间，旁边没有文字。

⑥ 浮于文字上方：取消了文本的环绕，使图片位于文字的上方，并遮住图片下的文字。

⑦ 衬于文字下方：取消了文本的环绕，使图片位于文字的下方，文字浮于图片之上。

图 2-113 "设置图片格式"对话框

图 2-114 设置图片版式

◎实例操作

制作关于介绍"血池温泉"的文档。

操作方法及步骤：

① 启动 Word，单击"新建"按钮，新建一个名为"血池温泉"的文档，输入本文内容，

如图 2-115 所示。

② 将光标定位到需插入图片的位置，切换至"插入"选项卡，在"插图"命令组中单击"图片"按钮，弹出"插入图片"对话框。

③ 选择需要的图片，单击"插入"按钮，如图 2-116 所示。

图 2-115 输入文本   图 2-116 "插入图片"对话框

④ 单击"排列"命令组中的"版式"按钮，在弹出的下拉列表中选择"紧密型环绕"，如图 2-117 所示。

⑤ 拖动图片至文档的适当位置，设置完毕后，单击"保存"按钮，最终效果如图 2-118 所示。

图 2-117 设置环绕类型   图 2-118 最终效果

2.4.3 插入艺术字

艺术字是具有特殊效果的文字，Word 2010 提供了艺术字工具，为用户增添了更加美观的文字效果。

1. 插入艺术字

操作步骤如下：

① 将光标定位到需要插入艺术字的位置，或选中需要设置为艺术字体的文字，切换至"插

入"选项卡，在"文本"命令组中单击"艺术字"按钮，弹出"艺术字样式"列表框，如图 2-119 所示。

② 在列表框中选择一种艺术字样式，单击便插入一个应用了样式的艺术字文本框，如图 2-120 所示。

③ 在文本框中输入文字内容，即可完成插入艺术字操作。

图 2-119　艺术字库　　　　　　　　　　图 2-120　编辑艺术字

2．编辑艺术字

用户在创建艺术字效果后，如果对效果不满意，可对其重新修改样式。选中需要修改的文本，切换到"格式"选项卡，在"艺术字样式"命令组中进行修改（见图 2-121），或者单击右下角的对话框启动器按钮，在弹出的对话框中进行设置。

图 2-121　"艺术字样式"命令组

◎案例操作

为"血池温泉"文档添加艺术字。

操作方法及步骤：

① 打开"血池温泉"文档，选中标题文字"血池温泉简介"，切换至"插入"选项卡，在"文本"命令组中单击"艺术字"按钮，弹出"艺术字样式"列表框，选择第 2 行第 2 种样式。

② 插入一个应用了样式的艺术字文本框，如图 2-122 所示。在艺术字文本框中输入文本"血池温泉简介"，选中该文本并右击，在弹出的快捷菜单中选择"字体"命令，弹出"字体"对话框，设置字体为"华文新魏"、40 号、加粗，单击"确定"按钮，效果如图 2-123 所示。

图 2-122　编辑艺术字　　　　　　　　　　　　　　图 2-123　插入艺术字

③ 选中该文本，切换到"格式"选项卡，在"艺术字样式"命令组中单击"文本填充"下拉按钮，在弹出的列表框中选择橙色（见图 2-124），在"文本效果"中选择"转换"中的"倒V形"，最终效果如图 2-125 所示。

图 2-124　设置艺术字颜色　　　　　　　　　　　　图 2-125　最终效果

2.4.4　形状的应用

Word 2010 提供了一套简易的绘图工具，可制作出简单的图形，如线条、箭头、流程图、连接符等多种图形。

在"插入"选项卡的"插图"命令组中单击"形状"按钮，在弹出的列表框中选择某种图形后（见图 2-126），在工作区拖动，即可绘制出相应的图形，如图 2-127 所示。

绘制好形状后，可对其进行编辑修改，切换至"格式"选项卡，在"形状样式"命令组中进行修改，或者单击"形状样式"命令组中右下角的对话框启动器按钮，弹出"设置形状格式"对话框，如图 2-128 所示。在该对话框中可以完成对图形填充、线条颜色、线型、阴影等设置。

图 2-126　绘图工具栏

图 2-127　笑脸图形

图 2-128　"设置形状格式"对话框

2.4.5　插入图表

在 Word 2010 中创建图表的方法非常简单，因为系统自带了很多图表类型，只需根据实际需要进行选择即可，如图 2-129 所示。

图 2-129　"插入图表"对话框

2.4.6　文本框的使用

文本框是一种可以移动、可以调整大小、可以添加文字或图片的图形容器，使用文本框可以使文档编辑更加灵活方便。

1．绘制文本框

Word 2010 提供 44 种文本框样式，根据实际情况，在"文本框"下拉列表中选择即可。通常情况下，根据文本框中的文本排列方向，可以将文本框分为"横排"和"竖排"两种形式，可以在创建文本框的同时设置文本框中的文字方向。绘制文本框的方法很简单，选择"插入"选项卡，单击"文本"命令组中的"文本框"下拉按钮，选择所需要的文本框，然后在工作区拖动绘制即可，如图 2-130 所示。

2．编辑文本框

绘制完成后，在"格式"选项卡下对其进行设置，或者单击"艺术字样式"命令组的右下角中对话框启动器按钮，在弹出的"设置文本效果格式"对话框中进行设置，可以完成对文本框大小、颜色、线条、填充等的设置，如图 2-131 所示。

图 2-130　文本框样式　　　　　　　　　　图 2-131　"设置文本效果格式"对话框

◎小技巧

选择一个文本框，按住【Shift】键的同时再选择其他文本框，单击"文本"命令组中的"创建连接"按钮，即可链接文本框。

◎温馨提示

为"血池温泉"文档添加文本框。

操作方法及步骤：

① 打开"血池温泉"文档，将光标定位在空白处，单击"插入"选项卡"文本"命令组中的"文本框"按钮，在下拉列表中选择"绘制竖排文本框"命令，然后在工作区绘制一个"竖排文本框"，如图 2-132 所示。

② 单击文本框，输入文字"保护环境"，设置字体为三号、黑体、加粗，居中对齐，如图 2-133 所示。

③ 双击文本框，在"设计"选项卡"形状样式"命令组"形状填充"下拉列表中选择"黄色"，如图 2-134 所示；在"排列"命令组中设置"四周环绕型"，如图 2-135 所示。

图 2-132　添加竖排文本框

图 2-133　给文本框中添加文字

图 2-134　填充文本框颜色

图 2-135　设置文本框版式

④ 移动文本框至文档右侧，最终效果如图 2-136 所示。

图 2-136　最终效果

2.4.7　插入 SmartArt 图形

编辑办公文档时，对于很多具有结构性的文本，经常使用 SmartArt 图形来表示。Word 2010 提供了几种专业的图形，方便用户的使用。

1. 插入 SmartArt 图形

插入 SmartArt 图形的方法很简单，切换至"插入"选项卡，在"插图"命令组中单击 SmartArt 按钮，弹出如图 2-137 所示的对话框。用户可以根据实际需求选择合适的类型，单击"确定"按钮即完成插入，效果如图 2-138 所示。

图 2-137　"选择 SmartArt 图形"对话框

图 2-138　图形样式

2. 编辑 SmartArt 图形

插入图形后，在"设计"选项卡中可以进一步对"图形"进行编辑和修改，如图 2-139 所示。

可添加形状　　　　　　　　　　　　　　　　　可设置图形的套用样式

可设将图示更改成其他图示

图 2-139　"设计"选项卡

◎实例操作

制作一个学校机构组织图。

操作方法及步骤：

① 启动 Word，单击"新建"按钮，新建一个空白文档，切换至"插入"选项卡，在"插图"命令组中单击 SmartArt 按钮，弹出"选择 SmartArt 图形"对话框。

② 选择"层次结构"中的"组织结构图"选项，如图 2-140 所示。

图 2-140　"选择 SmartArt 图形"对话框

③ 单击"确定"按钮，插入组织结构图，将第二排的图形删除，在其中输入文本内容，如图 2-141 所示。

图 2-141　插入图形

④ 在"设计"选项卡的"SmartArt 样式"组中单击"更改颜色"下拉按钮，弹出如图 2-142 所示的列表框。选择一种颜色样式，最终效果如图 2-143 所示。

图 2-142 更改颜色　　　　　　　　图 2-143 最终效果

2.4.8 上机练习

① 制作小学生看图识字卡片，如图 2-144 所示。

② 制作"奖状"，如图 2-145 所示。

图 2-144 看图识字卡片

图 2-145 奖状

习　题

1. 新建 Word 文档，输入如图 2-146 所示内容，并将文档按以下要求排版：

（1）将文档标题"维多利亚港"设置为艺术字效果。

（2）将正文第一段内容设置为 4 号、宋体、加粗。

（3）并设置首字下沉效果。

（4）将正文中最后一段加上线宽为 2 磅的红色阴影边框，并设置 10% 的绿色底纹。

（5）所有段落字符间距为加宽 3 磅，段前段后 1 行，行间距为固定值 20 磅。

（6）添加页眉，页眉文字为"地理文化"，居中对齐。

（7）设置页面纸张大小为 16 开，页边距上、下、左、右均为 3.5 厘米。

2. 新建 Word 文档，输入文本，如图 2-147 所示，对文本进行排版设计，最终效果如图 2-148 所示。

3. 按照图 2-149 所示制作个人简历。

维多利亚港

维多利亚港是中国的第一大海港，世界第三大，仅次于美国的旧金山和巴西的里约热内卢。维多利亚港是位于香港的香港岛和九龙半岛之间的港口和海域，维多利亚港的名字，来自英国的维多利亚女王。

维多利亚港是位于香港的香港岛和九龙半岛之间的港口和海域，仅次于美国的旧金山和巴西的里约热内卢。维多利亚港水面宽阔，景色迷人，每天日出日落，繁忙的渡海小轮穿梭于南北两岸之间，渔船、邮轮、观光船、万吨巨轮和它们鸣放的汽笛声，交织出一幅美妙的海上繁华景致。

维多利亚港的海岸线很长，南北两岸的景点多不胜数。香港岛一岸既有充满现代感的高楼大厦和已成地标的香港会展新翼，也曾有怀旧的天星小轮码头；维多利亚港蓝天白云碧水，曾被美国《国家地理杂志》列为"人生 50 个必到的景点"之一。

图 2-146　输入文字

哈根达斯

------爱她，就请她吃哈根达斯吧

哈根达斯（Haagen-Dazs）作为美国冰激凌品牌，1921 年由鲁本·马特斯（Reuben Mattus）研制成功，并于 1961 在美国纽约布朗克斯命名并上市。它亦成立了连锁雪糕专门店，在世界各国销售其品牌雪糕，在 54 个国家或地区共开设超过 700 间分店。

哈根达斯是冰淇淋品牌的一个神话，它的诞生套用一句时下流行的话来说，就是纯属偶然。哈根达斯之父是一个叫鲁本·马特斯的波兰人，靠销售水果起家，积累了自己的第一桶金。最早的哈根达斯冰淇淋只有香草、巧克力和咖啡三种口味，草莓是第四种。现今，哈根达斯已经被视为冰淇淋品牌中的贵族，除此之外，它还成为现今世俗男女爱情的象征。

哈根达斯究竟有多贵？一个冰淇淋小球单价上标着 100g，35～70 元不等，被誉为冰淇淋中的"劳斯莱斯"。老板说哈根达斯的重量是同样体积冰淇淋的两倍左右，这种冰淇淋密度很大，换言之，就是料足艺精。哈根达斯的冰淇淋无须加配料，本身的口感就很纯正。使用纯正的材料是它的成功之本。冰激凌口味：香草　巧克力　咖啡　草莓　抹茶　夏威夷果仁　葡萄兰姆酒

图 2-147　输入文字

图 2-148　最终效果

个人简历

基本信息				
姓名		性别		出生年月日	
民族		学历		政治面貌	
身份证号			工作年限		
目前所在地			户口所在地		
求职意向				
职位类别			期望工资		
职位名称			工作地点		
教育经历				
时间		所在学校		学历	
工作经历				
时间		所在公司		担任职位	离职原因
自我评价				

图 2-149　个人简历

4. 将图 2-150 所示的"爱晚亭"文档添加如下操作：

（1）将文中的"毛主席"替换为"毛泽东"。

（2）将第二段（"爱晚亭"始建于……）移到第一段（毛主席年轻时……）的前面。

（3）所有文字设置为宋体、五号、两端对齐。

（4）调整后的第二段（毛主席年轻时……）的段前间距设为 0.5 行。

（5）设置调整后的第二段为首字下沉（下沉行数为 2）。

（6）在调整后的第二段最后一句上添加波浪线。

（7）插入艺术字题目，文字为"爱晚亭"（采用艺术字库中的第二行第二列样式），宋体，字号 40，居中。

（8）将调整后的第一段设置为两栏。

（9）插入文本框，输入：长沙景点，字体为华文新魏，字形加粗，字号四号，颜色为红色，字符间距紧缩 0.8 磅。

文本框版式为四周型环绕，填充颜色为橙色，边框线型为双线并将其垂直位于最左侧。

（10）正文中插入图片，图片高度设置为 4 厘米，版式采用"四周型"，将图片拖到适当的位置。

（11）在调整后的第二段添加底纹背景。

　　毛主席年轻时在长沙求学，时常与学友在此游憩、学习，现该亭匾额"爱晚亭"三个字就是毛主席于 20 世纪 50 年代初亲笔手书。亭内碑上刻毛主席手书《沁园春·长沙》诗句。

　　爱晚亭始建于清乾隆五十七年（1792 年），原名红叶亭，又名爱枫亭，后据杜牧"停车坐爱枫林晚，霜叶红于二月花"诗意，将亭改名为爱晚亭。爱晚亭位于岳麓山下清风峡中，亭坐西向东，三面环山，古枫参天。亭顶重檐四披，攒尖宝顶，四翼角边远伸高翘，覆以绿色琉璃筒瓦。

图 2-150　输入文字

第 3 章 | Excel 2010 电子表格处理

Excel 2010 是美国 Microsoft 公司开发的电子表格软件，它具有强大的电子表格处理功能。利用该软件，用户不仅可以制作各类精美的电子表格，还可以用来组织、计算和分析各种类型的数据，方便地制作复杂的图表和财务统计表，它是目前软件市场上使用最方便、功能最强大的电子表格制作软件之一。

本章主要介绍 Excel 2010 中工作簿和工作表的管理、单元格的引用和格式设置、输入数据的方法、公式和函数的使用、图表的创建、数据的排序、汇总、筛选和数据透视表的创建、工作表的打印等。

3.1 Excel 2010 概述

3.1.1 Excel 的用途

Excel 的用途非常广泛，主要表现在以下几方面：

① 较强的制表能力：Excel 既可以自动生成规范的表格，也可以根据用户的要求生成复杂的表格，而且表格的编辑、修改十分灵活方便。

② 较强的数据处理和数据链接能力：用户可以通过在单元格中建立公式实现数据的自动处理和链接。

③ 内置了大量的函数：用户可以直接引用这些函数，极大地方便了用户对各种数据处理的需求。

④ 具有便捷的图表生成能力：用户可以根据表格中枯燥的数据迅速便捷地生成各种直观生动的图表，并且还允许用户根据需要修改及自定义图表。

⑤ 具有较强的格式化数据表格和图表的能力：用户可以方便灵活地使用 Excel 提供的格式化功能，使生成的数据表格或图表更加美观、清晰。

⑥ 具有较强的打印控制能力：既允许用户通过屏幕预览打印效果，也允许用户控制调整打印格式。

⑦ 具有较强的数据分析和管理能力：用户可以使用 Excel 提供的数据分析工具进行数据分析，使用 Excel 提供的数据管理功能对表格中的数据进行排序或筛选。

⑧ 具有较强的数据共享能力：Excel 可以与其他应用系统相互交换共享工作成果。特别是 Excel 既可以方便地从数据库文件中获取记录，还可以将 Excel 的工作簿文件直接转换为数据库文件。

3.1.2 Excel 2010 新增的功能

在 Excel 2010 中，可以通过比以往任何时候都多的方式进行分析、以可视化方式呈现以及共享数据，以使用户做出更明智的业务决策。Excel 2010 新增的部分功能如图 3-1 所示。

图 3-1　Excel 2010 部分新增功能

① 迷你图："迷你图"是在 Excel 2010 中新增加的一项功能，使用迷你图功能，可以在一个单元格内显示出一组数据的变化趋势，让用户获得直观、快速的数据可视化显示。对于股票信息等来说，这种数据表现形式将会非常适用。在 Excel 2010 中，迷你图有 3 种样式，分别是折线图、柱形图、盈亏图。不仅功能具有特色，其使用时的操作也很简单，先选定要绘制的数据列，挑选一个合适的图表样式，接下来再指定好迷你图的目标单元格，确定之后整个图形便成功地显示出来。

② 切片器：提供了一种可视性极强的筛选方法以筛选数据透视表中的数据。一旦插入切片器，即可使用多个按钮对数据进行快速分段和筛选，以仅显示所需数据。此外，对数据透视表应用多个筛选器之后，不再需要打开列表查看数据所应用的筛选器，这些筛选器会显示在屏幕上的切片器中。用户可以设置切片器的格式，使其与工作簿的格式设置相符，并且能够在其他数据透视表、数据透视图和多维数据集函数中轻松地重复使用这些切片器。

③ 新增数据透视表格式选项：提高了性能；增强了筛选功能；回写支持；值显示方式功能；数据透视图增强功能。

④ 增强了条件格式：在 Excel 2010 中，增加了更多条件格式，在"开始"选项卡"样式"命令组的"条件格式"下拉列表中选择，其"数据条"下拉列表中新增了"实心填充"功能，实心填充之后，数据条的长度表示单元格中值的大小。在效果上，"渐变填充"也与老版本有所不同。在易用性方面，Excel 2010 无疑会比老版本有着更多优势。

⑤ 增强了函数：Excel 2010 的函数功能在整体继承 Excel 2007 的基础上，更加充分考虑了兼容性问题，为了保证文件中包含的函数可以在 Excel 2007 以及更早版本中使用，在新的函数功能中添加了"兼容性"函数菜单，以方便用户的文档在不同版本中都能够正常使用。

⑥ 增强了图像编辑能力：在 Excel 2010 中，用户无须成为图形设计人员即可创建具有整洁、专业外观的图像。如果要使用照片、绘图或 SmartArt 以可视化方式通信，可利用下列功能：

● 屏幕快照：快速截取屏幕快照，并将其添加到工作簿中，然后使用"图片工具"选项卡上的工具编辑和改进屏幕快照。

● 图片修正：微调图片的颜色强度（饱和度）、色调（色温），或者调整其亮度、对比度、清晰度或颜色，所有这些操作均无须使用其他照片编辑软件。

● 新增和改进的艺术效果：对图片应用不同的艺术效果，使其看起来更像素描、绘图或绘画作品。新增艺术效果包括铅笔素描、线条图形、水彩海绵、马赛克气泡、玻璃、蜡笔平滑、塑封、影印、画图笔画等。

- 更好的压缩和裁剪功能：用户可以更好地控制图像质量和压缩之间的取舍，以便选择工作簿的适用范围（打印、屏幕、电子邮件）。
- 新增的 SmartArt 图形布局：借助新增的图片布局功能，可以使用照片来阐述案例。例如，使用图片标题布局显示下方有漂亮外观的标题的图片。

⑦ 粘贴预览：从剪贴板中粘贴后，不再需要单击"撤销"或重新设置数据格式。用户可以预览要从剪贴板中粘贴的数据，以便在粘贴数据之前查看结果，如图 3-2 所示。

⑧ Backstage 视图：通过单击"文件"菜单可以访问新增的 Backstage 视图，该视图可帮助用户查找常用功能和发现用于处理 Excel 工作簿的新增功能。Backstage 视图是管理文件及其相关数据的场所，即创建、保存、检查隐藏元数据或个人信息和设置选项。简言之，它囊括了用户在文件外对该文件执行的所有操作，如图 3-3 所示。

图 3-2　"粘贴预览"图示

图 3-3　"Backstage 视图"图示

⑨ 公式编辑器：Excel 2010 增加了数学公式编辑，在"插入"选项卡中能看到新增加的"公式"按钮，单击该按钮便进入公式编辑页面。在这里，像二项式定理、傅里叶级数等专业的数学公式都能直接打出。同时它还提供了包括积分、矩阵、大型运算符等在内的单项数学符号，足以满足专业用户的录入需要。

⑩ 规划求解：Excel 2010 包含新版 Excel 规划求解加载项，通过此新版加载项，可以对数据执行模拟分析。最新版本的 Excel 规划求解提供已经过改进的界面，它包含新增的先进规划求解和线性报表功能，并生成更好、更准确的结果。此外，现在已提供 Excel 规划求解的 64 位版本。

3.1.3　Excel 2010 的启动及窗口组成

1. 启动 Excel

启动 Excel 2010 的方法有如下 3 种：

① 选择"开始"→"程序"→"Microsoft Office"→"Microsoft Excel 2010"命令，启动 Excel 2010，即可进入其工作窗口。

② 从桌面的快捷方式图标启动。双击桌面上已建立的 Excel 2010 快捷方式图标。

③ 利用已有的 Excel 文件启动。双击已存在的电子表格文件可启动 Excel 2010，同时打开该工作簿文件。

2．退出 Excel

退出 Excel 2010 的方法有以下几种：

① 选择"文件"→"退出"命令。

② 单击窗口标题栏中的图标，选择"关闭"命令。

③ 单击窗口标题栏右边的"关闭"按钮。

如果在退出前表格被修改过，系统会提示是否保存修改的内容，单击"是"按钮则保存文档；单击"否"按钮则直接退出，不进行保存。

3．Excel 窗口组成

Excel 2010 启动后，用户所看到的工作界面的组成及功能介绍如下：

① 标题栏：用来显示工作簿名称，如图 3-4 所示。

② "文件"选项卡：使用基本命令（如"新建""打开""另存为""打印"等）时单击此按钮。

③ 功能区：位于标题栏的下方，是由 9 个选项卡组成的区域。Excel 2010 将所有命令组织在不同的选项卡中。每一个选项卡中的命令又被分类放置在不同的命令组中。命令组的右下角通常都会有一个对话框启动器按钮，用于打开与该命令组相关的对话框，以便用户对要进行的操作做进一步设置。

图 3-4　Excel 2010 部分工作主界面（1）

④ 快速访问工具栏：集合了一些常用的命令，单击其中的不同按钮即可执行对应的命令，可以让用户快速进行各种设置。默认情况下该栏中包括"保存"按钮、"撤销"按钮和"恢复"按钮，通过单击这些按钮，可以快速执行相应的命令。

⑤ 名称框：用来显示活动单元格的名称，如图 3-5 所示。

图 3-5　Excel 2010 部分工作主界面（2）

⑥ 编辑栏：显示当前活动单元格的内容或公式，用户可以对当前活动单元格的内容或公式进行编辑，如图 3-5 所示。

⑦ 工作表编辑区：用于显示或编辑工作表中的数据。

⑧ 工作表标签：位于工作簿窗口的左下角，默认名称为 Sheet1、Sheet2、Sheet3、……单击不同的工作表标签可在工作表间进行切换。

⑨ 单元格：单元格是 Excel 工作簿的最小组成单位，所有的数据都存储在单元格中。工作表编辑区中每一个长方形的小格就是一个单元格，每一个单元格都可用其所在的行号和列标标识，如 A1 表示位于第 A 列第 1 行的单元格。

3.1.4　Excel 2010 的基本信息元素

工作簿、工作表和单元格是 Excel 中的三大元素，它们是构成 Excel 的支架，也是 Excel 的主要操作对象。工作簿、工作表和单元格三者之间是包含与被包含的关系，一个工作簿中可以包含多张工作表，每张工作表中又包含多个单元格。

1. 工作簿

工作簿通常是指电子表格文件，标题栏上显示的是当前工作簿的名字。Excel 默认的工作簿名称为 "工作簿 1"。每个工作簿包含多张工作表，默认状态工作簿包含 3 张工作表。其扩展名为 ".xlsx"。

2. 工作表

工作表是工作簿的一部分，也称为电子表格，由单元格组成。在 Excel 2010 中一张工作表由 1 048 576 × 16 384 个单元格组成。Excel 中默认新建的工作簿包含 3 个工作表，工作表的标签名为 Sheet1、Sheet2、Sheet3。可以通过单击工作表标签在不同的工作表之间进行切换。

3. 行、列、单元格

数据工作区中，以数字标识行，以英文字母标识列，一行与一列的交叉处为一个单元格。单元格是 Excel 2010 的最基本单元，由横线和竖线分隔而成，其大小可任意改变。单元格的地址是由列号和行号组成，列号用字母 A、B、C、…、XFD（16 384 列）表示，行号用数字 1、2、3、…、1 048 576 表示，最小单元格地址为 A1。光标目前所处的单元格为活动单元格，以黑色方框标记。单元格可用来输入文字、日期、函数和公式等。

4. 单元格区域

单元格区域是指一组被选定的单元格，它们可以相邻，也可以不相邻。对一个单元格区域进行操作就是对该区域内所有的单元格执行相同的操作。在选定区域外单击，即可取消选定区域。

3.2　Excel 2010 的基本操作

3.2.1　工作簿的基本操作

1. 打开工作簿

启动 Excel 2010 软件，选择 "文件" → "打开" 命令（见图 3-6），也可以在快速访问工具栏中单击 "打开" 按钮，弹出 "打开" 对话框。在该对话框中选择文件，单击 "打开" 按钮，即可打开工作簿并将名称为 Sheet1 的工作表显示在工作区域，如图 3-7 所示。

图 3-6　通过"文件"选项卡打开工作簿　　　　图 3-7　打开工作簿后显示工作表 Sheet1

2. 创建工作簿

启动 Excel 2010 时，系统将自动创建一个新的名称为"工作簿 1"的工作簿，并在新建工作簿中创建 3 个空的工作表 Sheet1、Sheet2、Sheet3，如果用户需要创建一个新的工作簿，可以用以下 3 种方法来实现：

（1）新建空白工作簿

选择"文件"→"新建"命令，在弹出的"新建工作簿"任务窗格中选择"空白工作簿"选项，单击"新建"按钮。

（2）根据现有内容新建工作簿

Excel 中提供的模板数量有限，版式也只有固定的几种，如果需要创建与某个已有工作簿内容相似的工作簿，则可根据现有内容来新建工作簿，然后在新建的工作簿中进行修改和编辑即可。

如图 3-8 所示，选择"文件"→"新建"命令，在打开窗格的列表框中选择"根据现有内容新建"选项。

图 3-8　"文件"选项卡新建工作簿

弹出"根据现有工作簿新建"对话框，选择已经保存在计算机中的工作簿后，单击"新建"按钮，即可新建一个与原有工作簿内容相同的新工作簿，并以该工作簿的名称加数字序号作为新工作簿的名称，如图 3-9 所示。

图 3-9　"根据现有工作簿新建"对话框

（3）根据模板新建工作簿

如果需要创建具有一定样式和内容的工作簿，可以根据模板来新建工作簿，以提高工作效率。

下面根据"个人月预算"模板新建一个用于个人预算的工作簿，操作步骤如下：

① 启动 Excel 2010，选择"文件"→"新建"命令，在打开窗格中"可用模板"列表框中选择"样本模板"选项。

② 在打开的模板列表框中选择"个人月预算"选项，如图 3-10 所示。

图 3-10　"样本模板"列表框

③ 单击"创建"按钮，新建名为"个人月预算 1"工作簿，如图 3-11 所示。

图 3-11　"个人月预算 1"工作簿

3．保存工作簿

（1）保存新建工作簿

方法一：通过快速访问工具栏保存工作簿

单击"保存"按钮（见图 3-12），弹出"另存为"对话框，选择文件被保存的路径和文件名，单击"保存"按钮，即可对文件进行保存，如图 3-13 所示。

图 3-12　快速访问工具栏

图 3-13　"另存为"对话框

方法二：通过"文件"命令保存工作簿

① 选择"文件"→"保存"命令，如图 3-14 所示。

图 3-14　选择"保存"命令

② 弹出"另存为"对话框，选择文件被保存的路径和文件名，单击"保存"按钮，即可对文件进行保存。

也可选择"文件"→"另存为"命令，弹出"另存为"对话框，选择文件被保存的路径和文件名，单击"保存"按钮进行保存。

以下字符不能在文件名中使用：/、*、|、\、?、:、>、<小于号或大于号、"、—等。

（2）另存工作簿

对打开的工作簿进行编辑后，可以直接保存，也可以将其另存。另存主要包括 3 种情况：一是将工作簿以不同的名字保存在相同的路径下；二是将工作簿以相同的名字保存在其他路径下；三是以其他名字保存在其他路径下。

选择"文件"→"另存为"命令，弹出"另存为"对话框，选择和输入文件被保存的路径和文件名，单击"保存"按钮，即可对文件进行另存。

按【Ctrl+S】组合键也可弹出"另存为"对话框。

（3）自动保存工作簿

由于断电、系统不稳定、Excel 2010 程序本身问题、用户误操作等原因，Excel 2010 程序可能会在用户保存文档之前就意外关闭，使用"自动保存"功能可减少这些意外情况所造成的损失。

在 Excel 2010 中，自动保存功能得到进一步增强，不仅会自动生成备份文档，而且会根据间隔定时需求生成多个文件版本。当 Excel 程序因意外崩溃而退出或者用户没有保存文档就关闭工作簿时，可以选择其中的某一个版本进行恢复。操作步骤如下：

① 选择"文件"→"选项"命令，如图 3-15 所示。

图 3-15　"文件"命令

② 在弹出的"Excel 选项"对话框中选择"保存"选项，勾选"保存自动恢复信息时间间隔"复选框，即所谓的"自动保存"。在右侧的微调框内设置自动保存的间隔时间，默认为 10 分钟，用户可以设置从 1～120 分钟之间的整数。勾选"如果我没保存就关闭，请保留上次自动保留的版本"复选框。在下方"自动恢复文件位置"文本框输入需要保存的位置，如图 3-16 所示。

图 3-16　"Excel 选项"对话框

③ 单击"确定"按钮，保存设置并退出"Excel 选项"对话框。

3.2.2　工作表的基本操作

工作簿是由工作表组成的，工作表的操作在使用 Excel 中有着非常重要的作用，下面主要介绍 Excel 中工作表的一些基本操作，如工作表的切换、插入、重命名、复制与移动和打印等操作。

1. 工作表的插入

默认的工作簿是由 3 个工作表（Sheet1、Sheet2、Sheet3）组成的，用户还可以根据需要插入新的工作表，下面介绍在 Excel 中插入新工作表的 3 种基本操作方法。

① 使用"开始"选项卡新建工作表，操作步骤如下：

- 新建一个 Excel 文件或打开一个 Excel 文件，选择"开始"选项卡"单元格"命令组"插入"下拉列表中的"插入工作表"选项，如图 3-17 所示。

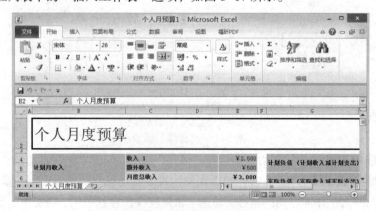

图 3-17　插入工作表命令

- 在"个人月度预算"工作表前面可以看到插入的新工作表 Sheet2 的工作表标签，如图 3-18 所示。

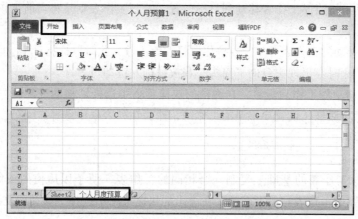

图 3-18 插入新工作表 Sheet2

② 单击工作表标签中的"插入工作表"按钮也可插入工作表，如图 3-19 所示。

图 3-19 通过工作表标签插入工作表

③ 按【Shift+F11】组合键也可插入新的工作表。

2. 工作表的重命名

工作表的重命名有如下两种方法：

① 在需要重命名的工作表标签上右击，在弹出的快捷菜单中选择"重命名"命令，如图 3-20 所示。

② 也可以双击重命名的工作表标签，此时工作表呈黑色，输入需要重命名的文字，即可为工作表进行重命名，如图 3-21 所示。

图 3-20 右键快捷菜单项"重命名"

图 3-21 双击重命名的工作表标签

3. 工作表的移动、复制与删除

对于工作簿中的工作表，用户还可以对其进行其他操作，如移动、复制或删除等。可根据需要将工作簿中的工作表进行不同的操作，以达到用户的需要。

（1）移动工作表

移动工作表是指将当前工作表移动到目标位置，复制工作表则是将当前工作表创建一个相同的副本。

① 拖动需要移动的工作表标签，并按住鼠标左键不放，此时鼠标指针呈 状，将其拖动到需要移动的位置处，此时会出现黑色向下箭头，释放鼠标左键即可。

② 右击需要移动的工作表标签，在弹出的快捷菜单中选择"移动或复制"命令，弹出"移动或复制工作表"对话框，设置要移至的工作簿，然后在列表框中选择"（移至最后）"选项，单击"确定"按钮即可。

（2）复制工作表

可以在保留原工作表的基础上复制一个相同的工作表，便于以后使用或修改。

① 在需要复制的工作表标签上右击，在弹出的快捷菜单中选择"移动或复制工作表"命令，如图 3-22 所示。

② 在弹出的"移动或复制工作表"对话框勾选"建立副本"复选框，然后在"下列选定工作表之前"列表框中选择需要移动到其位置之前的选项，如图 3-23 所示。

图 3-22　工作表标签右键菜单

图 3-23　"移动或复制工作表"对话框

③ 复制的工作表"报销单（2）"被插入到选定的工作表"报销单"之前，如图 3-24 所示。

（3）删除工作表

在需要删除的工作表标签上右击，在弹出的快捷菜单中选择"删除"命令，即可将选定的工作表删除，如图 3-25 所示。

图 3-24　复制的工作表

图 3-25　删除工作表

3.2.3　单元格的基本操作

1．选定单元格

单元格区域的引用操作在使用 Excel 中经常用到，学会选定不同类型的单元格数据，可以提高工作效率并节省更多的时间。

① 选定单个单元格：单击需要选择的单元格，如图 3-26 所示。

② 选定列单元格：将光标放置在需要选定列单元格的列标位置处，此时鼠标指针呈向下的黑色箭头状，单击即可选定该列单元格，如图 3-27 所示。

③ 选定行单元格：选定行单元格的方法与选定列单元格的方法相似，首先将光标放置在需要选定行单元格左侧的行号位置，单击即可选定一行或者多行。图 3-28 所示为选定多行单元格。

图 3-26　选定单个单元格

图 3-27　选定列单元格

④ 选定连续多个单元格：

- 拖动选定连续多个单元格。在连续单元格区域左上角的单元格上按住鼠标左键不放，拖动至连续单元格区域右下角的单元格位置。
- 按住【Shift】键选定连续多个单元格。选择左上角的单元格后按住【Shift】键，再选择单元格区域右下角的单元格，如图 3-29 所示。

图 3-28　选定多行单元格

图 3-29　选定连续多个单元格

⑤ 选定不连续的单元格：

- 按住【Ctrl】键选定不连续的单元格。按住【Ctrl】键的同时单击要选择的不连续的单元格，选定的单元格呈淡蓝色显示，如图 3-30 所示。

图 3-30　选定不连续单元格

- "定位" 不连续单元格。

步骤 1：单击 "开始" 选项卡，选择 "编辑" 命令组 "查找和选择" 下拉列表中的 "转到" 选项，如图 3-31 所示。

步骤 2：在弹出的 "定位" 对话框的 "引用位置" 文本框中输入需要引用的单元格名称，不同的单元格之间用逗号（,）分隔开（见图 3-32），最终定位结果如图 3-33 所示；如果需要引用连续的单元格区域，则用冒号表示该连续的单元格区域，如 B4:B5，表示引用 B4 到 B5 单元格区域，设置完成后单击 "确定" 按钮。

图 3-31 "定位" 单元格

图 3-32 "定位" 对话框

	A	B	C	D
1	销售地区	销售人员	品名	数量
2	北京	苏珊	按摩椅	13
3	北京	苏珊	显示器	98
4	北京	苏珊	显示器	49
5	北京	苏珊	显示器	76
6	北京	苏珊	显示器	33

图 3-33 定位不连续单元格的结果

⑥ 选定全部单元格

方法一：如果用户需要选定整张工作表中全部的单元格，则将鼠标光标放置在行号和列标交叉的 ▨ 位置处，此时鼠标光标呈十字状，单击即可选中全部单元格。

方法二：按【Ctrl+A】组合键，即可选定工作表中所有的单元格区域。

2. 插入单元格

① 在需要插入单元格的位置处单击，如图 3-34 所示。

② 选择 "开始" 选项卡 "单元格" 命令组 "插入" 下拉列表中的 "插入单元格" 选项，弹出 "插入" 对话框，如图 3-34 所示。

	A	B	C	D
1	销售地区	销售人员	品名	数量
71	上海	林茂	微波炉	24
72	上海	林茂	跑步机	82
73	上海	林茂	跑步机	17
74	上海	林茂	跑步机	79
75	上海	林茂	显示器	15

图 3-34 插入单元格

③ 与 Word 中表格的编辑操作方法相同，选择需要插入的单元格类型，如选中 "活动单元格下移" 单选按钮，再单击 "确定" 按钮，结果如图 3-35 所示。设置插入的单元格在 A76 单元格位置上方。

图 3-35　单元格插入的结果

◎温馨提示

　　插入新单元格后，在插入单元格的右侧弹出"插入选项"按钮，单击该按钮，在弹出的列表中可以设置是否与原单元格格式相同或清除格式，如图 3-36 所示。

图 3-36　"插入选项"列表

3. 删除单元格

① 使用右键删除单元格。右击需要删除的单元格，选择"删除"命令即可，如图 3-37（a）所示。

② 使用对话框删除。单击"开始"选项卡"单元格"命令组中的"删除"按钮，在弹出的下拉列表中选择"删除单元格"选项 [见图 3-37（b）]，弹出如图 3-37（c）所示的"删除"对话框，在该对话框中选择相应的删除方式后，单击"确定"按钮。

（a）

（b）

（c）

图 3-37　删除单元格

两种方法均会弹出的"删除"对话框，选择需要删除的单元格类型，如选中"下方单元格上移"单选按钮，再单击"确定"按钮，则新插入的单元格即被删除。

3.2.4　页面设置与打印

相对 Word 而言，Excel 文件的打印要复杂一些。在打印工作表之前，一般还需要进行页面方向设置、页边距设置、页眉/页脚设置、工作表设置等。

1.　页面设置

Excel 页面设置表包括设置页边距、纸张方向、纸张大小等，各项设置的具体内容在"页面布局"选项卡中，如图 3-38 所示。

图 3-38　"页面布局"选项卡

在 Excel 2010 中可以通过"页面布局"选项卡"页面设置"命令组中的对话框启动器按钮打开"页面设置"对话框（见图 3-39），在该对话框中可以设置相应的参数。其中，包括"页面"选项卡、"页边距"选项卡、"页眉/页脚"选项卡和"工作表"选项卡。

（1）设置页面

在"页面"选项卡中可以设置打印的方向和缩放比例，在"纸张大小"下拉列表中选择纸张的大小，单击"打印"按钮弹出"打印"对话框，可设置打印的份数、范围等。

（2）设置页边距

在如图 3-40 所示的"页边距"选项卡中，可设置页面的上、下边距，左右边距和页眉页脚的距离。选中"居中方式"中的"水平居中"和"垂直居中"复选框，可将表格居中打印。

图 3-39　"页面"选项卡

图 3-40　"页边距"选项卡

（3）设置页眉和页脚

选择"页眉/页脚"选项卡，如图 3-41 所示。在"页眉"下拉列表中预存了常用的页眉方式，选择所需页眉的形式，从上方预览框中可以看到所选页眉的效果；同样，页脚也可以这样设置。除了预定义的几种页眉和页脚，也可以自定义页眉和页脚。

单击"自定义页脚"按钮，弹出如图 3-42 所示的"页脚"对话框，从中可以看出页脚的设置分为左、中、右 3 个部分，光标停留在左边的输入框中，可改变光标位置，在左、中、右 3 个文本框中输入所需的文本，或直接单击上方相应的按钮，插入"页码""时间""日期"等，选定输入的文本或插入的数据，单击"字体"按钮，可弹出"字体"对话框，设置文本所需的格式。单击"确定"按钮即返回到"页脚"对话框，在下方预览区可预览到刚开始的设置效果。

图 3-41 "页眉/页脚"选项卡

图 3-42 "页脚"对话框

（4）设置工作表

Excel 在处理表格时，经常在一个工作表中有很多条数据，若直接打印，按默认的方式分页，一般只有在第一页中有表的标题，其他页面中都没有，这往往不符合要求，浏览起来也很不方便。通过给工作表设置一个打印标题区即可在每页上打印出所需标题，如图 3-43 所示。

单击"顶端标题行中"的拾取按钮，对话框变成了一个小的输入条，在工作表中选择数据上面的几行表的标题，单击输入框中的"返回"按钮，或直接在"顶端标题行"文本框中输入要作为表的标题的数据区（如需要将第一行和第二行作为每页标题，输入 $1:$2 即可），单击"确定"按钮回到"页面设置"对话框。

图 3-43 "工作表"选项卡

成功设置后，在打印预览或打印过程中，所有页面中都会有标题。另外，在"工作表"选项卡中还可以设置打印顺序和其他一些有关的打印参数。

2．工作表的打印

打印时一般会在打印之前预览一下打印效果，这样可以防止打印出来的工作表不符合要求，在预览模式下可进一步调整打印效果，直到符合要求再进行打印，以免浪费时间和纸张。

（1）打印预览

打开要打印的工作簿，选择"文件"→"打印"命令，右侧就是"打印预览"窗口，如图 3-44

所示。

图 3-44　打印预览"销售表"

"打印预览"窗口内包括"下一页""上一页""缩放""打印""设置""页边距""分页预览""关闭"和"帮助"按钮。部分按钮的功能如下：

① "下一页"：当工作表有多页时，单击该按钮可浏览下一页内容。

② "上一页"：当工作表有多页时，单击该按钮可浏览上一页内容。

③ "缩放"：单击该按钮可将预览区中显示的图形放大或缩小。

④ "页边距"：单击该按钮将显示或隐藏用来调整页面边距、页眉、页脚和列宽的控制柄，边距线用虚线表示，虚线两端各有一个黑色小方块，列线上方也有一黑色小方块，称为控制柄。拖动控制柄即可调整相应的列宽、边距等，如图 3-45 所示。

图 3-45　"打印预览"功能 1

⑤ "页面设置"：单击该按钮弹出"页面设置"对话框，设置页面的相关参数。

⑥ "打印活动工作表"：单击该按钮，在弹出的下拉列表中可选择打印的区域。

⑦ "调整"：单击该按钮，在弹出的下拉列表中对打印多份工作簿时的排序进行设置。

⑧ "纵向"：单击该按钮，可在弹出的下拉列表中选择纸张的方向。

⑨ "自定义边距"：单击该按钮，在弹出的下拉列表中可设置页边距。

上述功能如图 3-46 所示。

图 3-46 "打印预览"功能 2

（2）设置打印区域

有时只想打印工作表中的一部分甚至某几个表格，而工作表又很大。如果全部打印不仅浪费纸张，又达不到要求，就需要设置打印区域。操作步骤如下：

① 设置打印区域之前，首先选定要打印的文档内容。在工作表中拖动选择要打印的区域。

② 切换到"页面布局"选项卡，在"页面设置"命令组中单击"工作表"下拉列表中的"打印区域"的折叠按钮，如图 3-47 所示。

图 3-47 "页面设置-工作表"对话框

③ "页面设置"对话框折叠成如图 3-48 所示，利用鼠标在"页面设置"下面的工作表选择要打印的区域（虚线部分），在"页面设置"对话框的空白位置自动添加单元格范围区域，如 $A$2:$H$8。

	A	B	C	D	E	F	G	H
1	销售地区	销售人员	品名	数量	单价¥	销售金额¥	销售年份	销售季度
2	北京	苏珊	按摩椅	13	800	10, 400	2005	2
3	北京	苏珊	显示器	98	1,500	147,000	2005	3
4	北京	苏珊	显示器	49	1,500	73, 500	2005	4
5	北京	苏珊	显示器	76	1,500	114,000	2005	1
6	北京	苏珊	显示器	33	1,500	49, 500	2005	2
7	北京	苏珊	液晶电视	53	5,000	265, 000	2005	3
8	北京	苏珊	液晶电视	47	5,000	235, 000	2005	4
9	北京	苏珊	液晶电视	1	5,000	5, 000	2005	1

图 3-48 选择工作表中的打印区域

（3）打印

完成对工作表的文本信息格式、页边距、页眉和页脚等设置后，通过打印预览调整排版效果后，单击图 3-49 中的"打印"按钮，就可开始打印输出。

图 3-49　　"打印内容"对话框

3.3　数据录入与格式化

3.3.1　数据录入

Excel 2010 能够处理多种类型的数据，包括文本数据、日期数据、数值和公式等。由于不同类型的数据具有不同的特点和属性，因此，在录入数据的过程中需要采用不同的方法进行处理。

1．Excel 中的数据类型

（1）文本型数据

文本是指汉字、英文、空格或由汉字、英文、数字组成的字符串等一系列不用于计算的数据。默认情况下，输入的文本会沿单元格左侧对齐。

（2）数值型数据

在 Excel 中，数值型数据是使用最多，也是最为复杂的数据类型。数值型数据由数字 0～9、正号、负号、小数点、分数号"/"、百分号"%"等组成。输入数值型数据时，Excel 自动将其沿单元格右侧对齐。

（3）日期和时间

在工作表中常需要录入一些日期和时间型数据，如图 3-50 所示的"停车场收费记录表"表格中的"停车开始时间"和"停车结束时间"所在列的数据就包含了日期和时间数据。

	A	B	C	D	E	F	G	H
1	车牌号	停车开始时间	停车结束时间	累计时间				应收费用
2								
3				天数	小时	分钟	停车时间	
4	川A745**	2013-7-3 12:16	2013-7-4 10:33	0	22	17	22.5	¥　67.50
5	川C743**	2013-7-3 13:21	2013-7-3 20:34	0	7	13	7.0	¥　21.00
6	川A437**	2013-7-3 15:29	2013-7-5 16:28	2	0	59	49.0	¥　147.00
7	渝A252**	2013-7-4 8:45	2013-7-7 8:32	2	23	47	72.0	¥　216.00

停车场收费记录表　Sheet3

图 3-50　"停车场收费记录表"

在 Excel 中，程序会将数据根据用户指定的日期和时间的类型、区域设置（国家/地区）显示为相应的格式。例如，2015/1/4 可显示为 2015-1-4 等格式，10:14 可显示为 10:14AM 或上午 10 时 14 分 00 秒等格式。可在"设置单元格格式"对话框中为 Excel 系统选用不同类型的日期格式，如图 3-51 所示。

（4）货币型

Excel 几乎支持所有货币值，如人民币（¥）、英镑（£）与欧元（€）等，用户可以很方便地在单元格中输入各种货币值，Excel 会自动套用货币格式，并在单元格中显示出来。

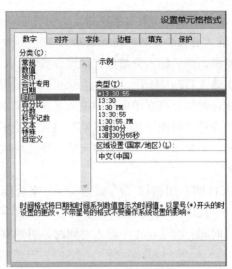

图 3-51　"设置单元格格式"对话框

图 3-50 所示的"停车场收费记录表"工作表中的"应收费用"列即为货币数据。

2. 数据的输入

方法一：选定单元格，直接在其中输入数据，按【Enter】键确认，如图 3-52 所示。

方法二：选定单元格，然后在"编辑栏"中单击，并在其中输入数据，然后再单击 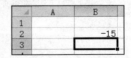 中的 ✔ 按钮或按【Enter】键，如图 3-52 所示。

图 3-52　数据的输入

方法三：双击单元格，单元格内显示了插入点光标，移动插入点光标，在特定的位置输入数据，此方法主要用于修改操作。

（1）输入文本

① 启动 Excel，单击输入数据的单元格，输入具体的文本内容即可，如图 3-52 所示。

② 按【Enter】键完成输入，并且移至当前单元格的下一行单元格，再使用相同的方法输入。

（2）输入数值

数值的输入方式基本与文本输入是一致的。需要注意的是：数字数据默认的对齐方式为右对齐，当输入的数字位数超过 11 位时，在单元格内会以科学计数法的形式显示出来，但在编辑栏中还是按数据原样显示。

① 输入百分比数据：可以直接在数值后输入百分号 "%"。

② 输入负数：必须在数字前加一个负号 "-"，或给数字加上圆括号，如图 3-53 所示。

图 3-53　录入数据——负数

③ 输入小数：一般直接在指定的位置输入小数点即可。

④ 输入分数：分数的格式通常为"分子/分母"。如果要在单元格中输入分数，应先输入"0"和一个空格，然后输入分数值，如图 3-54 所示。

（3）输入日期/时间

在 Excel 中，当在单元格中输入系统可识别的时间和日期型数据时，单元格的格式就会自动转换为相应的"时间"或者"日期"格式，而不需要专门设置。在单元格中输入的日期采取右对齐的方式，如果系统不能识别输入的日期或时间格式，则输入的内容将被视为文本，并在单元格中左对齐。

输入日期：用斜杠"/"或者"-"来分隔日期中的年、月、日部分。首先输入年份，然后输入 1~12 数字作为月，再输入 1~31 数字作为日，如图 3-55 左图所示。

输入时间：在 Excel 中输入时间时，可用冒号（:）分开时间的时、分、秒，如图 3-55 右图所示。

图 3-54　录入数据—分数

 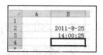

图 3-55　录入数据—日期/时间

系统默认输入的时间是按 24 小时制的方式输入的，若要使用其他的日期和时间格式，可在"设置单元格格式"对话框中进行设置。对输入的日期进行格式设置的具体操作步骤如下：

① 选中某单元格，右击，在弹出的快捷菜单中选择"设置单元格格式"命令，弹出"设置单元格格式"对话框，如图 3-56 所示。

② 选择"数字"选项卡，在"分类"列表框中选择"日期"选项，在"类型"列表框中选择需要的类型，如图 3-56 所示。

③ 单击"确定"按钮，然后在工作表中输入相应的日期即可。

图 3-56　"设置单元格格式"对话框

"设置单元格格式"对话框还可以通过以下方法弹出：

单击"开始"选项卡"数字"命令组中的对话框启动器按钮，弹出"设置单元格格式"对话框；或者选择"开始"选项卡"单元格"命令组"格式"下拉列表（见图 3-57）中的"设置单元格格式"选项，弹出"设置单元格格式"对话框。

图 3-57 设置单元格格式

如果在 Excel 中输入数据时发现错误，可以使用【Backspace】键将输错的文本删除；或将光标定位在编辑栏中，在编辑栏中进行修改；单击编辑栏中的"取消"按钮或按【Esc】键，可取消本次输入。

◎小技巧

　　Excel 大量数据同时输入，打开需要输入数据的 Excel 表格，同时选中需要填充数据的单元格，如果某些单元格不相邻，可先按住【Ctrl】键并单击逐个选中单元格。接着松开【Ctrl】键，输入单元格中需要填充的数据，然后再按【Ctrl + Enter】组合键，则刚才选中的所有单元格就被同时填入该数据。

◎温馨提示

　　快速输入大写中文数字，将光标移至需要输入大写数字的单元格中。在单元格中输入相应的小写数字。右击该单元格，选择"设置单元格格式"命令，从弹出的"设置单元格格式"对话框中选择"数字"选项卡；然后选择"特殊"选项，在"类型"列表框中选择"中文大写数字"，最后单击"确定"按钮即可。

◎小技巧

　　在 Excel 中，有时需要在一个单元格中分成几行显示文字等内容。那么实现的方法是：需要重起一行输入内容时，只要按住【Alt+Enter】组合键即可。

（4）自动输入序列数据

在数据录入的过程中，有时需要输入序列数据。序列数据有两类：数字序列和文本序列。文本序列是指文本字符串中含有数字的字符串。例如，在处理学生成绩时，要输入的学号 2005001、2005002……是数字序列，要输入的学号是 2005BK001、2005BK002……是文本序列。若要 Excel 2010 自动处理序列数据，必须借助于填充柄。

填充柄是指选定的单元格或单元格区域右下角的黑色小方块，用鼠标拖动它可将序列数据的相应值填充至所选定的单元格。

填充数字序列的常用方法有以下几种：

方法一：在相邻两单元格中输入序列数字的前两项，选定这两个单元格，此时，该单元格区域的右下角出现一个黑色小方块，将指针移至填充柄上（鼠标指针由空心加号变成实心加号），沿序列数据的填充方向拖动指针至需要填充数据的单元格，释放鼠标即可填充所需数据。

方法二：先在需要存放序列数据的第一个单元格内输入序列的第一项数据，按住【Ctrl】键，将指针移至填充柄上拖动至需要填充数据的单元格，同时释放鼠标和【Ctrl】键即可，但这种方法只能填充步长为 1 的数据序列。若没按【Ctrl】键直接操作，则所有单元格的内容与第一项数据一样。

方法三：

① 在需要存放序列数据的第一个单元格内输入序列的第一项数据，选定需要填充的单元区域（方法是：先选定第一单元格，再拖动鼠标至要选定的单元格区域，注意，不能将指针放在填充柄上再拖动）。

② 单击"开始"选项卡"编辑"命令组"填充"下拉列表中的"序列"按钮，弹出"序列"对话框。

③ 在如图 3-58 所示的"序列"对话框的"步长值"文本框中输入步长，选择相应的"类型"，再单击"确定"按钮即可。也可只选定第一个单元格（该单元格必须要有序列的第一项数据），在"序列"对话框的"步长值"文本框中输入步长，"终止值"文本框中输入终止值，系统会自动填充指定的序列项。

图 3-58　"序列"对话框

填充文本序列的常用方法：先在需要存放文本序列数据的第一个单元格内输入序列的第一项数据，将指针移至填充柄上拖动至需要填充数据的单元格，释放鼠标即可产生所需文本序列。若同时按【Ctrl】键再拖动，则所有单元格的内容与第一项数据一样。

◎小 技 巧

　　在 Excel 中，经常要选定空白单元格，逐个选定比较麻烦，如果使用下面的方法就方便多了：选择"开始"选项卡"编辑"命令组"查找和选择"下拉列表中的"定位条件"选项；弹出"定位条件"对话框，选择"空值"，再单击"确定"按钮，空白单元格即被全部选定。如果要选定只含数据的单元格，在"定位条件"对话框中选择"常量"，再单击"确定"按钮，则含有数据的单元格全部选定。

3．数据的修改

① 直接替换数据。选中要修改的单元格，输入新内容会替换原单元格中的内容。

② 修改单元格中的部分内容。双击单元格，单元格变录入状态，光标呈"I"形，表示文字插入的位置，然后在要修改的文字上拖动选中要修改的文字，然后输入新的内容。

③ 撤销对数据的前一次修改。若对前一次的操作不满意，可单击工具栏上的"撤销"按钮，将上次操作撤销；若发生误撤销情况，单击快捷访问工具栏中的"恢复"按钮即可恢复，恢复操作一定要紧跟在撤销操作之后，否则"恢复"失效。

4．数据的查找和替换

Excel 系统的查找和替换功能与 Word 系统的查找和替换功能类似。

① 查找。选择"开始"选项卡"编辑"命令组"查找和选择"下拉列表中的"查找"选项，弹出"查找和替换"对话框，在"查找内容"文本框填入相应的查找内容，单击"查找全部"或者"查找下一个"按钮即可，如图 3-59 所示。

图 3-59　"查找"选项卡

② 替换。选择"开始"选项卡"编辑"命令组"查找和选择"下拉列表中的"替换"选项，弹出"查找和替换"对话框，在"查找内容"和"替换为"文本框填入相应的查找内容和替换信息，单击"全部替换"或者"替换"按钮即可，如图 3-60 所示。

图 3-60　"替换"选项卡

5．数据的校验

在使用 Excel 的过程中，经常需要录入大量的数据，如处理学生成绩表数据（学生成绩假定范围为 0~100）时，由于误操作，所输入的数据会超出正常范围值，为了避免该类错误的出现，利用 Excel 的数据有效性功能，可以提高数据输入速度和准确性。

（1）数据录入前的有效性设置

数据的有效性设置步骤如下：

① 在数据录入前，先选定需要校验的数据区域，然后选择"数据"选项卡"数据工具"命令组"数据有效性"下拉列表中的"数据有效性"选项，如图 3-61 所示。

图 3-61　单击"数据有效性"按钮

② 在弹出的如图 3-62 所示的"数据有效性"对话框，以录入学生成绩为例，在"允许"下拉列表中选择"整数"选项，此时"数据"下拉列表的值变为"介于"，在其下方最小值和最大值文本框中输入最小值（0）和最大值（100），单击"确定"按钮完成数据设置。以后在此区域单元格中录入数据时，若数据超出此范围，则出现相应的错误信息提示对话框。

图 3-62   "数据有效性"对话框

（2）对已录入数据的校验

如果事先已录入了数据，可通过下面的方法来校验已录入数据的正确性。操作步骤如下：

① 选定要校验的区域，再设置数据的有效性，数据介于（10～45 之间的整数）。

② 选择"数据"选项卡"数据工具"命令组"数据有效性"下拉列表中的"圈释无效数据"选项，系统会将所有无效数据用红色椭圆圈出来，便于用户修改，如图 3-63 所示。

图 3-63   圈释无效数据

3.3.2   单元格格式化

表格在数据处理完后，一般都需要对单元格中的数据进行格式化，使工作表的外观更漂亮，排版更整齐，重点更突出，符合要求的格式。

单元格数据格式主要包括 6 个方面：行高、列宽、数字格式、对齐方式、字体格式、边框和底纹等。

设置单元格格式的方法有如下两种：

方法一：使用命令组设置单元格格式，如图 3-64 所示。

图 3-64   使用组设置单元格格式

方法二：使用对话框设置单元格格式，如图 3-65 所示。

图 3-65　使用对话框设置单元格格式

打开"设置单元格格式"对话框的方法：

（1）选择菜单命令打开

单击"开始"选项卡"单元格"命令组中的"格式"按钮，在下拉列表中选择"设置单元格格式"选项，如图 3-66 所示。

（2）通过快捷菜单打开

选定需要设置的单元格或者单元格区域，然后右击，在弹出的快捷菜单中选择"设置单元格格式"命令，如图 3-66 所示。

（3）通过快捷键打开

按【Ctrl+1】组合键可快速打开"设置单元格格式"对话框。

图 3-66　打开"设置单元格格式"对话框的方法

方法三：使用浮动工具栏设置单元格格式。

在表格中选择单元格中的文本内容，或者右击单元格，都会出现一个浮动工具栏，如图 3-67 所示。通过它可以像在功能区中一样对数据进行字体格式的设置。

浮动工具栏

图 3-67　使用浮动工具栏设置单元格格式

3.3.3　美化单元格

1. 行高、列宽的调整

Excel 工作表建立后，所有单元格的高度和宽度都有相同的默认值。输入数据时，当字符串宽度大于单元格宽度时，超过的部分不能显示，当数字或日期宽度大于单元格宽度时，在单元格内则显示"#####"，要完整地显示数据，应调整单元格的宽度或高度。

调整行高的常用方法有以下几种：

方法一：利用鼠标拖动。

如果不需要精确设置行高，利用鼠标拖动行标或列标直接设置行高或列宽。

方法二：程序自动调整。

自动调整是系统根据单元格中输入内容的多少将其调整至完全显示数据的状态。其方法是：用 Excel 打开一篇工作表，选中需要调整列宽的单元格区域，切换到"开始"选项卡，选择"单元格"命令组"格式"下拉列表中的"自动调整列宽"选项，系统会根据内容自动调整行高。

方法三：精确调整行高。

选择需要设置的单元格区域，在"开始"选项卡"单元格"命令组中选择"格式"下拉列表中的"行高"（或"列宽"）选项，弹出"行高"（或"列宽"）对话框，在其中设置行高与列宽的具体值。

上述 3 种方法同样适用于调整列的宽度。

2. 字体格式

选定要设置字体格式的单元格区域，右击，在弹出的快捷菜单中选择"设置单元格格式"命令，或选择"单元格"命令组"格式"下拉列表中的"设置单元格格式"选项，弹出如图 3-68 所示的"设置单元格格式"对话框，在"字体"选项卡上选择相应的颜色、字体、字形、字号、下画线、上标和下标等。

图 3-68　"设置单元格格式"对话框

若要给同一单元格中的文字设置不同的格式，只需选定文字，然后设置其格式即可。

3. 对齐方式

"设置单元格格式"对话框的"对齐"选项卡包括数据的 3 个属性：文本对齐方式、显示方向和文本控制，如图 3-69 所示。

文本对齐方式包括水平对齐和垂直对齐，水平对齐方式有常规、靠左、居中、靠右、两端对齐和分散对齐等；垂直对齐方式有靠上、居中、靠下、两端对齐和分散对齐。

显示方向有垂直、水平和任意角度（-90°～90°），在设置字符倾斜角度时，可用鼠标拖动表示文本方向的指针，也可在"倾斜角度"文本框中直接输入倾斜度数。

文本控制属性包括自动换行、缩小字体填充和合并单元格。"自动换行"功能是当单元格中输入的内容比单元格要宽时会自动换行。"缩小字体填充"功能是当单元格容纳不下所输入的数据时，系统会自动将数据字体缩小使其宽度与单元格宽度相同。若选择了自动换行，再选择此项，则此功能无效。"合并单元格"功能是将选定的多个单元格合并成一个大单元格。

图 3-69 "对齐"选项卡

例如，要排版如图 3-70 所示的表格标题，可先在 A1 单元格中输入标题内容，再选定 A1:F1 单元格，单击"对齐方式"命令组中的"合并及居中"按钮；或选择"单元格"命令组"格式"下拉列表中的"设置单元格格式"选项，在"对齐"选项卡的"水平对齐"下拉列表和"垂直对齐"下拉列表中选择"居中"，选定合并单元格，即可得到如图 3-70 所示的效果。

	A	B	C	D	E	F
1			学生成绩表			
2	姓名	学号	语文	数学	英语	总分
3	杨梅	2011001	82	85	93	
4	王丽	2011002	90	88	82	
5	郑一楠	2011003	80	95	84	
6	林啸	2011004	75	90	82	

图 3-70 学生成绩表

4. 数字格式

Excel 中提供了多种数字格式，如小数位、百分号、货币符号等。所选数字被格式化后，在单元格中显示的是格式化后的效果，在编辑栏中显示原始数据。数字格式化的常用方法有两种：

（1）工具栏按钮法

① 选定包含数字的单元格区域。

② 根据需要，分别单击"开始"选项卡"数字"命令组中的按钮，如图 3-71 所示。若原始

数据为 12345.67，分别设置后，其效果如图 3-72 所示。

12345.67
￥ 12,345.67
1234567%
12,345.67
12345.670
12345.7

图 3-71 "数字"命令组　　　　图 3-72 各数字格式效果图

（2）菜单法

① 选定包含数字的单元格区域。

② 选择"开始"选项卡"单元格"命令组"格式"下拉列表中的"设置单元格格式"选项，或者在选定区域内右击，选择"设置单元格格式"命令，弹出"设置单元格格式"对话框，选择"数字"选项卡，如图 3-73 所示。

③ 在"分类"列表框中选择所需的分类格式，进行相应的设置。

④ 单击"确定"按钮，完成设置。

图 3-73 "设置单元格格式"对话框

5. 表格边框

在默认情况下，所看到的 Excel 单元格表格线都是统一的淡虚线，在打印输出时，不会被打印出来，用户若需要表格线，必须另行设置。具体方法如下：

（1）采用"设置单元格格式"设置边框

① 选定要加表格线的单元格或单元格区域。

② 右击，在弹出的快捷菜单中选择"设置单元格格式"命令，或选择"单元格"命令组"格式"下拉列表中的"设置单元格格式"选项，弹出"设置单元格格式"对话框，选择"边框"选项卡，如图 3-74 所示。操作时，可先选择线条样式，然后在"预置"中选择外边框和内部，也可选择不同的线条样式，单击边框中不同边框按钮，产生不同线条的表格。

（2）采用快捷方式进行设置边框

① 选定要加表格线的单元格或单元格区域。

② 单击"开始"选项卡"字体"命令组中的 按钮，弹出如图 3-75 所示的下拉列表。

6．单元格底纹

Excel 单元格底纹是指单元格的背景颜色或图案。具体方法如下：

（1）通过"设置单元格格式"对话框设置单元格背景颜色和纹理图案

① 选定要加表格线的单元格或单元格区域。

<table>
<tr><td>图 3-74　"边框"选项卡</td><td>图 3-75　"边框"下拉列表</td></tr>
</table>

② 右击，在弹出的快捷菜单中选择"设置单元格格式"命令，或选择"单元格"命令组"格式"下拉列表中的"设置单元格格式"选项，弹出"设置单元格格式"对话框，选择"填充"选项卡，如图 3-76 所示。

（2）采用快捷方式设置单元格背景颜色和纹理图案

① 选定要加表格线的单元格或单元格区域。

② 单击"开始"选项卡"字体"命令组中的 按钮，弹出如图 3-77 所示的下拉列表，选择合适的填充色。

<table>
<tr><td>图 3-76　"填充"选项卡</td><td>图 3-77　"填充"下拉列表</td></tr>
</table>

7. 格式的复制与删除

当 Excel 的某些单元格数据设置了字号、字体、边框和底纹等格式后，若其他单元格也需要设置相同的字符格式，不必重复设置这些格式，只需采用格式刷进行格式复制即可。

（1）使用"格式刷"进行格式复制

① 选定要复制字符格式的单元格。

② 在"开始"选项卡"剪贴板"命令组中单击"格式刷"按钮 ，此时选定的单元格周围增加了一个虚线闪烁的方框，且鼠标指针右侧会出现一把小刷子。

③ 按住鼠标左键，拖动鼠标至需要格式化的单元格区域，或者单击要设置格式的单元格，释放鼠标，Excel 会自动将选定的单元格所使用的所有字符格式复制过来。

④ 若还需要格式化其他单元格数据，需要重复执行①～③。此方法，只可以复制一次，即复制一次后，会停止字符格式的复制。

（2）多次复制格式

使用格式刷可以将原有的格式套用到不同大小的选定区域，并且可以反复使用多次。多次复制格式可按以下步骤进行：

① 选定要复制字符格式的单元格。

② 在"开始"选项卡"剪贴板"命令组中双击"格式刷"按钮 ，此时选定的单元格周围增加了一个虚线闪烁的方框，且指针右侧会出现一把小刷子。

③ 按住鼠标左键，拖动鼠标至需要格式化的单元格区域，或者单击要设置格式的单元格，释放鼠标，Excel 会自动将选定的单元格所使用的所有字符格式复制过来。

④ 若还需要格式化其他单元格数据，按照步骤③继续操作。否则，再单击"格式刷"按钮，即可停止字符格式的复制。

◎温馨提示

　　如果是单击"格式刷"按钮，复制一次后，将自动停止字符格式的复制。

　　如果是双击"格式刷"按钮，可以复制多次，直到要复制的全部完成后，单击"格式刷"按钮，才会停止字符格式的复制。

（3）取消复制

不管是一次还是多次复制，均可采用以下两种方法取消复制操作：

① 切换到"开始"选项卡，在"剪贴板"命令组中单击"格式刷"按钮 。

② 直接按【Esc】键。

8. 条件格式

实际应用中，很多情况需要根据单元格数据的不同值，动态地设置该数据的字符格式，如股票中的卖价高于某个值，显示为红色，低于该值，则显示为绿色。前面所介绍的字符格式化无法实现这项功能，但 Excel 所提供的"条件格式"可以。"条件格式"功能可以根据单元格内容有选择地自动应用格式，为 Excel 在处理数据时增色不少，也带来了很多方便。

（1）设置条件格式

单击"开始"选项卡"样式"命令组中的"条件格式"按钮，会出现如图 3-78（a）所示的下拉列表，条件格式的设置可以分别完成下列功能：

① 突出显示单元格规则：可以通过改变颜色、字形、特殊效果等改变格式的方法使得某一类具有共性的单元格突出显示。例如，在一份工资表中，将所有大于 50 000 的工资数额用红色字体突出。单击该菜单选项，会出现如图 3-78（b）所示的下拉列表。

② 项目选取规则：例如突出显示值最大的 10 项，值最小的 20% 项和高于平均值的项。单击该下拉按钮，会出现如图 3-78（b）所示的下拉列表。

③ 数据条：直接在单元格中显示图形条，其长度相对于单元格的值成比例地变化。单击该下拉按钮，会出现如图 3-78（c）所示的下拉列表。

④ 色阶：对单元格应用背景色，单元格值的大小与显示的背景色存在对应关系。单击该下拉按钮，会出现如图 3-78（d）所示的下拉列表。

⑤ 图标集：直接在单元格中显示图标。单元格的值决定了显示的图标。单击该下拉按钮，会出现如图 3-78（f）所示的下拉列表。

⑥ 新建规则：允许指定其他条件格式规则，包括基于逻辑公式的规则。

⑦ 清除规则：删除对选定单元格应用的全部条件格式规则。

⑧ 管理规则：单击该按钮将打开"条件格式规则管理器"对话框，在其中可以创建新的条件格式规则、编辑规则或删除规则。

图 3-78　"条件格式"下拉列表

下面通过具体的例子来了解条件格式的功能。

① 输入如图 3-79 所示的数据。首先完成大于 89 分的数据显示为蓝色、粗体，60 分以下的数据显示为红色粗体斜体"。

② 选定"成绩"区域，在"开始"选项卡的"样式"命令组中单击"条件格式"按钮，弹出如图 3-78（a）所示的下拉列表。

③ 选择"突出显示单元格规则"下拉列表中的"大于"选项，弹出"大于"对话框，在左边空白处输入 89，在"设置为"下拉列表中选择"自定义格式"，如图 3-80 所示。

图 3-79　实例源数据　　　　　　　　　　图 3-80　"大于"对话框

④ 在弹出的"设置单元格格式"对话框中选择"字体"选项卡，选择"粗体""蓝色"，如图 3-81 所示。

⑤ 用同样的方法设置"60 分以下的数据显示为红色粗体斜体"，结果如图 3-82 所示。

图 3-81　"字体"选项卡　　　　　　　　图 3-82　设置后的效果

其次，可以为数据设置"数据条"格式，选择"紫色渐变填充"，而且填充时数据区域显示填充比例。

⑥ 选定成绩区域，在"条件格式"下拉列表中选择"数据条"，在其子菜单的"渐变填充"中选择"紫色数据条"，结果如图 3-83 所示。

最后，可以为数据设置"图标"，大于 89 分的为 ✔ 图标，89 分～60 分之间的为 ❗ 图标，小于 60 分的为 ✖ 图标。

⑦ 选定成绩区域，在"条件格式"下拉列表中，选择"图标集"下拉列表中的"其他规则"，弹出如图 3-84 所示的对话框，按要求进行设置，最终结果如图 3-85 所示。

图 3-84　"新建格式规则"对话框

图 3-83　"数据条"设置结果

（2）条件格式删除

条件格式删除的具体操作步骤如下：

① 选定需要删除条件格式的单元格区域。

② 单击"开始"选项卡"样式"命令组中的"条件格式"下拉按钮，出现如图 3-78（a）所示的下拉列表。

③ 选择"管理规则"选项，弹出如图 3-86 所示的"条件格式规则管理器"对话框。

④ 选择需要删除的条件，单击"删除规则"按钮，单击"确定"按钮即可。

图 3-85　"图标集"设置结果

图 3-86　"条件格式规则管理器"对话框

3.3.4　上机练习

① 新建一个工作簿文件，命名为"学生成绩表"，在 Sheet1 工作表中输入如图 3-87 所示的内容。

	A	B	C	D	E	F	G
1				学生成绩表			
2	学号	姓名	语文	数学	外语	平均分	总分
3	001	张林	78	73	91		
4	002	陈红	76	67	78		
5	003	刘明	90	92	69		
6	004	王伟	96	77	83		
7		最低分					
8							

图 3-87　学生成绩表

要求：

- 将 Sheet1 工作表名称改为"成绩表"。
- 将表标题设置为"隶属"、斜体、28 号橘黄色字、居中显示。
- 将表格文字设置为楷体、14 号、左对齐显示。
- 将表格数字设置为 12 号字、小数位为 1 位、居中显示。

② 制作出口产品统计表。制作如图 3-88 所示的工作表，文件名以"出口产品统计表.xlsx"进行保存。

要求：

- 设置标题字体为隶书，字号为 26，合并单元格区域 A1:D2 并设置居中对齐。
- 其他单元格字体为隶书，字号为 16，表头单元格水平居中。
- 设置"销量"不能有负数，低于 500 的用红色加粗斜体显示。
- 出口额保留两位小数，不能有负数，出口额高于 50 000 的用红色加粗斜体显示。
- 表格外边框为"粗实线"，内部为"细实线"。

③ 制作粉丝对比表。制作如图 3-89 所示的工作表，文件名以"粉丝对比表.xlsx"进行保存。该题只考察"C"列的图标集的设置，对于数据格式不做具体要求，原样输入数据就可以。

图 3-88　产品统计表

图 3-89　粉丝对比表

3.4　公式与函数

Excel 2010 的主要功能之一是对数据进行运算，而公式和函数是数据运算的两个最重要的工具，利用它们可以完成各种复杂的数据运算。掌握好这部分内容，是熟练使用 Excel 2010 进行数据管理的先决条件。

3.4.1　公式

在工作表中输入数据内容后，运用 Excel 中的公式可以计算该电子表格中的数据以得到需要的数据结果。公式是 Excel 中重要的应用工具，使各类数据处理工作变得更为详尽与方便。Excel 提供的公式功能是区别于 Word 操作软件中的最大功能，也是其电子表格软件特有的强大功能。运用公式可以对工作表中的数据进行各类计算和分析操作。

1．认识公式

公式是计算工作表中数据的等式，以"="开始。使用公式时，可以手动输入公式，也可以直接引用工作表中的单元格，然后使用运算符将数据内容连接起来。运算符包括算数运算符、比较运算符、引用运算符和文本运算符 4 种类型，如表 3-1 所示。

表 3-1　运算符明细表

运算符类型	含　义
算术运算符	%（百分比）、^（乘方）、*（乘）、/（除）、+（加）、-（减）。其优先级为：%和^、*和/、+和-
比较运算符	>（大于）、<（小于）、=（等于）、>=（大于等于）、<=（小于等于）、<>(不等于)。其优先级相同
文本运算符	&，表示将符号两侧的文本字符串连接在一起，形成新的字符串
引用运算符	冒号（":"）、逗号（","）、空格（""）等，用于单元格的合并运算 例如，SUM（A1:C2），表示 A1、A2、B1、B2、C1、C2 构成的矩形区域求和；SUM（A1,B1,C1），表示 A1、B1、C1 这 3 个单元格的数据求和；SUM（A1:C3 B2:D4），表示对由区域 A1:C3 和 B2:D4 中 4 个共同的单元格 B2、C2、B3、C3 的数据求和

2．公式的组成

一个完整的公式中会包括常量、单元格或单元格区域的引用、标志、名称或函数等内容，如表 3-2 所示。

表 3-2　公式组成要素明细表

公式元素	含　义
运算符	用于对公式中的元素进行特定的运算，包括一些符号，如"+""-"等
值或常量	直接输入公式中的值或文本，如"7"或"金额"
单元格引用	利用引用格式对需要的单元格中的数据进行单元格引用
函数	Excel 中提供的一些函数或参数，可返回相应的函数值
等号	"="用于标记公式，等号之后的字符为公式

3．公式的编辑

公式是以等号开始的，当在工作表中的空白单元格中输入等号时，Excel 就默认为用户在进行一个公式的输入过程。在 Excel 中输入公式与输入文本的方法类似，在输入完成后按【Enter】键即可结束输入，并得出计算结果。

（1）输入公式

① 在单元格中直接输入具体的公式内容，并按【Enter】键显示结果，如图 3-90 所示。

图 3-90　单元格中输入公式与产生的结果

② 在编辑栏中直接输入具体的公式内容，并按【Enter】键显示结果，如图 3-91 所示。

图 3-91　编辑栏中输入公式与产生结果

③ 采用引用单元格的方法，比如上例，首先选择 C2 单元格，输入 "="；其次，按方向键或者用鼠标直接选择 A2，输入 "+"，同样方法选择 B2；最后按【Enter】键，显示结果。

◎温馨提示

　　若要将公式或者值全部删除，只需选择公式所在的单元格，然后按【Delete】键即可。若只是删除公式，可以复制公式所在单元格，然后 "粘贴值"。

（2）修改公式

如果发现输入的公式有错误，可以很容易地修改，具体操作步骤如下：

① 单击要修改公式的单元格。

② 在编辑栏中对公式进行修改。

如果要修改函数，可以打开 "公式" 选项卡，在 "函数库" 选项组中修改函数。

③ 修改完成后，按【Enter】键，完成修改。

（3）命名公式

为了方便公式的使用和管理，用户可以为公式命名。

公式名称的第一个字符必须是字母、汉字或者下画线，不能包括空格，不能与单元格名称相同，最多包含 255 个字符且不区分大小写。具体操作步骤如下：

① 在如图 3-92 所示对话框中，选择 C2 单元格，单击 "公式" 选项卡 "定义的名称" 命令组中的 "定义名称" 按钮，弹出如图 3-93 所示的 "新建名称" 对话框。

② 在 "名称" 文本框中输入 "成绩"，单击 "确定" 按钮。

图 3-92　"定义名称" 组

图 3-93　"新建名称" 对话框

（4）复制公式

在 Excel 2010 中，如果要在不同的单元格中输入同一个公式，可以对输入的公式进行复制。

① 使用菜单命令进行复制公式。

首先，选择 C2 单元格，切换到"开始"选项卡，单击"复制"按钮，如图 3-94 所示。

其次，选择公式被复制的目的单元格，单击"粘贴"下拉列表中的"公式"按钮。

最后，结果显示在目的单元格，如图 3-95 所示。

图 3-94　单击"复制"按钮

图 3-95　公式结果显示

② 单击鼠标右键进行复制公式。

首先，选择 C2 单元格，右击，选择"复制"命令，如图 3-96 所示。

其次，选择公式被复制的目的单元格，右击，在弹出的快捷菜单中单击"公式"按钮，如图 3-97 所示。

最后，结果显示在目的单元格中。

③ 拖动鼠标进行复制。选择 C2 单元格，将指针移至右下角，变为十字状时向下拖动。释放鼠标，得到复制公式的填充结果。

（5）移动公式

首先，选取被移动的单元格。

其次，将鼠标指针移到该单元格的边框上，当鼠标变为十字箭头形状时，按下鼠标左键。

最后，拖动鼠标指针到目标单元格，释放鼠标完成移动。

图 3-96　选择"复制"命令

图 3-97　单击"公式"按钮

3.4.2　单元格引用

在工作表中，无论使用公式还是函数计算数据，都要确定计算数据的单元格区域，这就需要使用到单元格引用的相关知识。

根据公式所在单元格的位置发生变化时单元格引用的变化情况，可将引用分为相对引用、绝对引用和混合引用3种类型。

1．相对引用

相对引用是指当把公式复制到新的位置后，公式中引用的单元格的地址随着位置的变化而发生变化。

默认情况下，Excel中使用的是相对引用。

例如：假定学生成绩表中C3单元格中存放的是数学（A3）和语文（B3）成绩之和，其公式为"=A3+B3"，当公式由C3单元格复制到C4单元格后，C4单元格中的公式变为"=A4+B4"。

注意：C3和C4单元格中公式的具体形式没有发生变化，只有被引用的单元格地址发生了变化，若公式自C列继续向下复制，则公式中引用单元格地址的行标会自动加1，通过相对引用和填充柄的自动填充功能，可以很快计算出成绩中所有同学的语文和数学总分，如图3-98所示。

图3-98　"相对引用"示例

2．绝对引用

绝对引用是指当把公式复制到新的位置后，公式中引用的单元格的地址不会随位置的变化而发生变化，即保持不变。若要实现绝对引用功能，则公式中引用的单元格地址的行标和列标前必须加上"$"符号，如公式为"=$A$1+$B$1"，则无论公式复制到何处，其引用的单元格区域均为"A1:B1"，如图3-99所示。

图3-99　"绝对引用"示例

3．混合引用

混合引用是指公式中，既有绝对引用，又有相对引用的引用形式，如"=A$3+B3"。

当公式中使用了混合引用后，若改变公式所在的单元格地址，则相对引用的单元格地址发生改变，而绝对引用的单元格地址不变，如图3-100所示。

图 3-100　"混合引用"示例

4．同一工作簿的不同工作表引用

上面介绍的 3 类引用都是引用同一工作表中的数据。若要引用同一工作簿中不同工作表上的数据，其引用格式为"工作表名称！单元格地址"。例如，当前工作表为 Sheet1，若在 C2 单元格中存放 Sheet2 工作表的 A2 和 B2 单元格的数据之和，则 C2 中的公式为"=Sheet2！A2:B2"，如图 3-101 所示。

图 3-101　同一工作簿的不同工作表引用示例

5．不同工作簿中工作表的引用

若要引用不同工作簿中的数据，其引用格式为"=[工作簿名称]工作表名称！单元格地址"。

例如，全年总成绩存放在全年总成绩工作簿中，其中的总成绩列公式可以为"=[学生成绩表.xlsx]上学期!C2+[学生成绩表.xlsx]下学期!C2"，表示引用工作簿"学生成绩表"中工作表"上学期"的 C2 与"学生成绩表"中工作表"下学期"的 C2 之和到单元格区域 A2，如图 3-102 所示。

图 3-102　不同工作簿中工作表引用示例

3.4.3 函数

Excel 函数是 Excel 系统预先定义、执行计算、分析等处理数据任务的特殊公式。

1. 认识函数

函数包括函数名、括号和参数 3 个要素。其形式为"函数名(参数 1,参数 2,…)",不同函数的参数数目不一样,有些函数没有参数,有些函数有一个参数,也有些函数有多个参数,如图 3-103 所示。

图 3-103   函数的组成

在使用函数时,函数形式中的括号不要录入,其结构为"=SUM(D2:D8,F2:F7)",其中 SUM 为函数名,各参数间用逗号分隔,一个函数只能有唯一的一个名称,它决定了函数的功能和用途。

2. 函数的类型

Excel 2010 函数可以分为 10 类,分别为数据库函数、日期与时间函数、工程函数、财务函数、信息函数、逻辑函数、查询和引用函数、数学和三角函数、统计函数、文本函数。这些函数的类别名称及各自的功能如表 3-3 所示。

表 3-3   函数的分类与功能

分　类	功　能
数据库函数	分析数据清单中的数值是否符合特定的条件
日期与时间函数	在公式中分析、处理日期和时间值
工程函数	主要用于工程分析,可分为对复数进行处理的函数、在不同的数字系统间进行数值转换的函数、在不同的度量系统中进行数值转换的函数 3 种类型
财务函数	主要用于一般的财务计算
信息函数	可用于确定存储在单元格中的数据类型
逻辑函数	用于进行真假值判断,或者进行复合检验,并返回不同的数值
查询和引用函数	用于在数据清单或表格中查找特定数值,或者查找某一单元格的引用
数学和三角函数	处理简单的数学和三角计算
统计函数	用于对数据区域进行统计分析
文本函数	用于在公式中处理文字串
用户自定义函数	在工作表函数无法满足需要时,用户可自定义创建函数

3. 使用函数

在 Excel 2010 中,系统提供了 3 种输入函数的方法,分别是使用函数库输入、通过名称框输入以及手动输入。

（1）使用函数库输入函数

使用函数库输入函数主要是指通过"公式"选项卡的"函数库"组来实现的,如图 3-104 所示。在该组中列出了各类函数,单击各类函数对应的按钮,在弹出的下拉列表中选择需要插入的函数即可。

在"插入函数"对话框中选择需要插入的函数,单击"确定"按钮,在弹出的"函数参数"

对话框中设置参数后，单击"确定"按钮来完成函数的计算，如图 3-105 所示。

图 3-104　"函数库"命令组

图 3-105　通过"插入函数"对话框插入函数

（2）通过名称输入框输入

通过名称框输入函数的方法：在结果单元格中输入"="，然后单击名称框右侧的下拉按钮，在弹出的下拉列表中选择需要的函数选项，如图 3-106 所示。在弹出的"函数参数"对话框中设置需要计算的数据的单元格区域，然后单击"确定"按钮即可。

图 3-106　通过名称框输入函数

◎温馨提示

通过"名称框"打开"插入函数"对话框：

在计算数据的过程中，如果在名称框的下拉列表中没有查到需要的函数，可以选择"其他函数"命令，在打开的"插入函数"对话框中选择需要的函数。

（3）手动输入函数

手动输入函数主要是利用系统提供的公式键入记忆功能，在 Excel 2010 中，默认情况下该功能是启用的，当用户在单元格中输入 "=" 和函数的前一个或者多个字母后，系统自动会弹出一个下拉列表，将匹配查找到的函数显示出来，如图 3-107 所示。此时只需双击函数名即可插入。

图 3-107　手动输入函数

3.4.4　上机练习

① 启动 Excel，在空白工作表中输入以下数据，（见图 3-108），并以 E1.xlsx 为文件名保存在 D 盘中。

	A	B	C	D	E	F
1	化工2班成绩表					
2	制表日期：2012-05-05					
3	姓名	高等数学	大学英语	计算机基础	总分	总评
4	王大伟	78	80	90		
5	李博	89	86	80		
6	程晓霞	79	75	86		
7	马宏军	90	92	88		
8	李枚	96	95	97		
9	丁一平	69	74	79		
10	张珊珊	60	68	75		
11	刘亚萍	72	79	80		
12	最高分					
13	平均分					

图 3-108　学生成绩表

② 先计算每个学生的总分，并求出各科目的最高分和平均分，再利用 IF 函数总评出优秀学生(总分≥270 分)。

③ 在 "总分" 列输入 "优秀率" 3 个字，"总评" 列输入求优秀率的公式 "(优秀率=优秀人数/总人数)"。

④ 将表格的标题改为 "化工 2 班 3 组部分科目成绩表"。

⑤ 先将每个学生的各科成绩及总分转置复制到 A17 起始的区域，形成第二个表格。

⑥ 在第二个表格中只保留总评为 "优秀" 的学生数据。

⑦ 在第一个表格的 "姓名" 后面插入 "性别" 列，输入的数据依次是 "男、男、女、男、女、男、女、女"。

⑧ 存盘退出 Excel。

3.5　数据分析与图表制作

3.5.1　数据排序

排序是进行数据处理的基本操作之一，对于数据清单中的数据用户可以将其按照一定的顺序进行排列。Excel 中的数据排序是根据数值或类型来排列数据，可以按字母或数字、日期顺序等内容进行排序，排序的方式有升序和降序两种。使用特定的排序次序，对单元格中的数值进行重新排列，方便用户的使用与查看。

排序有 3 种方式：简单排序、使用对话框排序、自定义条件排序。

1. 简单排序

简单排序是按照 Excel 默认的升序规律或降序规律对数据进行排序，简单排序的方法主要有 3 种，具体如下：

① 通过"编辑"命令组排序：选择位于序列中的任意单元格后，在"开始"选项卡"编辑"命令组中单击"排序或筛选"按钮，在弹出的下拉列表中选择"升序"或"降序"选项，如图 3-109 所示。

图 3-109　"排序或筛选"下拉列表

② 通过"排序和筛选"命令组排序：单击单元格后，在"数据"选项卡"排序和筛选"命令组中单击"升序" ↓ 或"降序" ↑ 按钮进行排序，如图 3-110 所示。

图 3-110　"排序和筛选"命令组

③ 通过右键快捷菜单排序：选择单元格后，右击，在弹出的快捷菜单中选择"排序"→"升序"或"降序"子命令，如图 3-111 所示。

图 3-111　鼠标右键排序

2. 使用对话框排序

使用对话框对数据进行排序，可以使数据按照多个条件进行排序，主要针对简单排序后仍然有相同数据的情况进行排序。

下面将"销售清单情况"工作簿中对销售数量进行降序排序，当销售数量相同时，按照销售金额的降序排序，如果销售金额也相同，再按照单价的升序排序。操作步骤如下：

① 打开"销售清单"工作簿，选择"数量"序列中的任意单元格，如图 3-112 所示。

② 在"数据"选项卡"排序和筛选"命令组中单击"排序"按钮，弹出"排序"对话框，并将"主要关键字"栏依次设计为"数量"、"数值"和"降序"，如图 3-113 所示。

③ 单击"添加条件"按钮，在"主要关键字"栏下方添加一个"次要关键字"栏，并依次设置为"销售金额"、"数值"和"降序"，如图 3-113 所示。

	A	B	C	D
1	销售地区	销售人员	品名	数量
2	北京	苏珊	按摩椅	13
3	北京	苏珊	显示器	98
4	北京	苏珊	显示器	49
5	北京	苏珊	显示器	76
6	北京	苏珊	显示器	33

图 3-112　销售清单

④ 使用相同的方法，继续添加一个"次要关键字"栏，并依次设置为"单价"、"数值"和"升序"，结果如图 3-114 所示。

图 3-113　"排序"对话框

	A	B	C	D	E	F
1	销售地区	销售人员	品名	数量	单价¥	销售金额¥
26	北京	苏珊	液晶电视	53	5,000	265,000
27	杭州	毕春艳	显示器	53	1,500	79,500
28	北京	李兵	跑步机	52	2,200	114,400
29	北京	李兵	跑步机	52	2,200	114,400
30	北京	赵琦	显示器	52	1,500	78,000
31	山东	杨光	显示器	52	1,500	78,000
32	北京	苏珊	显示器	49	1,500	73,500

图 3-114　排序结果表

3. 自定义条件排序

Excel 中提供的"升序"和"降序"排列虽然经常使用，但当这种排序方式不能满足实际需求时，可使用 Excel 的自动排序功能。

使用自定义条件排序的方法：打开"排序"对话框，如图 3-115 所示，在"次序"下拉列表中选择"自定义序列"选项，弹出"自定义序列"对话框，在"自定义序列"列表框中可选择系统提供的一些序列，也可在"输入序列"列表框中输入需要的序列，最后单击"添加"按钮，如图 3-116 所示。

图 3-115　"排序"对话框　　　　　　图 3-116　"自定义序列"对话框

3.5.2　数据筛选

排序可按照某种顺序重新排列数据，便于查看，当数据较多，而用户只需要查看一部分符合条件的数据时，使用"筛选"功能则更方便。筛选只是将数据清单中满足条件的记录显示出来，不满足条件的记录暂时隐藏起来，当筛选条件删除后，隐藏的数据又会被显示出来。

数据筛选分自动筛选和高级筛选。自动筛选只能对单个字段建立筛选。若条件比较多，只能用"高级筛选"功能筛选所需要的数据。

1．自动筛选

自动筛选是数据筛选方法中最简单的一种，主要通过筛选器进行，它是一种常用的筛选方法。

下面在"销售清单"工作簿中将销售记录中的"按摩机""跑步机"这几条记录筛选出来，使其他记录隐藏。操作步骤如下：

① 打开被操作的工作簿，单击需要筛选的数据清单中的任一单元格。

② 在"数据"选项卡"排序和筛选"命令组中单击"筛选"按钮，使选择的表头中显示 ▾ 按钮。

③ 单击表头中的 ▾ 按钮，弹出筛选器，取消勾选"全选"复选框，如图 3-117 所示。

图 3-117　取消勾选"全选"复选框

④ 筛选结果如图 3-118 所示。

	A	B	C	D	E	F	G	H	I
1	销售地区 ▽	销售人员 ▽	品名 ▽	数量 ▽	单价¥ ▽	销售金额¥ ▽	销售年份 ▽	销售季度 ▽	
6	北京	赵琦	按摩椅	68	800	54,400	2006	1	
8	北京	李兵	跑步机	60	2,200	132,000	2006	3	
11	北京	李兵	跑步机	52	2,200	114,400	2006	1	
12	北京	李兵	跑步机	52	2,200	114,400	2006	1	
16	北京	白露	按摩椅	45	800	36,000	2006	3	
22	北京	李兵	跑步机	30	2,200	66,000	2006	2	
23	北京	白露	按摩椅	28	800	22,400	2006	2	

销售明细表　数据透视表　数据透视表2

就绪　在 74 条记录中找到 24 个　　　　　　　　　　　　　130%

图 3-118　筛选结果

2. 自定义筛选

单击表头中的 ▾ 按钮，在弹出的下拉列表中选择"按颜色筛选"选项，在弹出的下级列表中选择相应命令，可按颜色进行筛选；选择"文本筛选"或"数字筛选"，在弹出的下级列表中选择相应的命令，可按等于、不等于、大于、介于、高于平均值等多种模式进行筛选。

若筛选器中提供的筛选模式不能满足需求，还可以进行自定义筛选。其方法是：单击表头 ▾ 按钮，在弹出的下拉列表中选择"数字筛选"→"自定义筛选"命令，在弹出的"自定义自动筛选方式"对话框中进行设置即可，如图 3-119 所示。

图 3-119　自定义筛选条件

3. 高级筛选

如果要对数据进行更为详细的筛选，可使用高级筛选功能。利用 Excel 提供的高级筛选功能可以筛选出同时满足多个条件的记录。

使用高级筛选功能，必须先建立一个条件区域，用于指定筛选条件。条件区域的第一行是所有作为筛选条件的字段名，它们必须与数据清单中的字段名完全一样，第二行应为条件表达式，同一行上的条件是"与"关系，不同行上的条件为"或"关系。

下面将对表格中的数据进行高级筛选，使表格中只显示同时满足单价大于 10、销售量量大于 500、销售额大于 5 000 这 3 个条件的记录。操作步骤如下：

① 打开"销售清单"工作簿，并在 B77:D78 单元格区域输入筛选条件，如图 3-120 所示。

② 在"数据"选项卡"排序和筛选"命令组中单击"高级"按钮，如图 3-121 所示。在打

开的"高级筛选"对话框的"列表区域"文本框中输入需要被筛选的区域，在"条件区域"文本
框中输入设置的条件，如图 3-122 所示。

图 3-120　输入筛选条件

图 3-121　"高级"按钮

③ 确认无误后，单击"确定"按钮，对数据进行筛选，并将筛选的结果显示在单元格中，
如图 3-123 所示。

图 3-122　"高级筛选"对话框

1	销售地区	销售人员	品名	数量	单价¥	销售金额¥	销售年份	销售季度
2	北京	苏珊	显示器	98	1,500	147,000	2005	3
76								
77		单价¥	数量	销售金额¥				
78		>10	>500	>5000				

图 3-123　"高级筛选"结果

◎温馨提示

　　若显示筛选后被隐藏的记录，在"数据"选项卡"排序和筛选"命令组单击"清除"按钮即可。

3.5.3　数据的分类汇总

　　分类汇总是对数据清单按某个字段进行分类，将字段值相同的连续记录分为一类，并可进行
求和、平均、计数等汇总运算。在分类汇总之前，必须先对数据清单进行排序，以使数据清单中
具有相同值的记录集中在一起，否则分类毫无意义。

1. 创建分类汇总

　　下面以成绩表为例介绍分类汇总的具体操作过程：

　　① 排序。单击数据清单中要分类汇总的数据列（如单击"销售地区"这一列）中任一单元
格，然后在"数据"选项卡"排序和筛选"命令组单击"升序"按钮，将"销售地区"列中的记
录按升序顺序排序。

　　② 分类汇总。完成排序后，在"数据"选项卡"分级显示"命令组中单击"分类汇总"按
钮，弹出"分类汇总"对话框。

　　③ 设置分类条件。在"分类字段"下拉列表中选择"销售地区"分类字段，在"汇总方式"
下拉列表中选择"求和"选项，最后在"选定汇总项"中选择需要汇总的字段"数量"和"销售
金额"复选框，如图 3-124 所示。

④ 单击"确定"按钮，即可得到如图 3-125 所示的分类汇总结果。

图 3-124 "分类汇总"对话框

1 2 3		A	B	C	D	E	F	G	H
		销售地区	销售人员	品名	数量	单价¥	销售金额¥	销售年份	销售季度
	29	北京	李兵	微波炉	5	500	2,500	2006	4
	30	北京	苏丽	液晶电视	1	5,000	5,000	2005	1
	31	北京 汇总			1263		2,678,900		
	32	杭州	毕春艳	液晶电视	92	5,000	460,000	2006	1
	33	杭州	毕春艳	按摩椅	84	800	67,200	2006	4
	34	杭州	毕春艳	显示器	76	1,500	114,000	2006	2
	35	杭州	毕春艳	微波炉	76	500	38,000	2006	3
	36	杭州	毕春艳	显示器	53	1,500	79,500	2006	3
	37	杭州	毕春艳	显示器	49	1,500	73,500	2006	3
	38	杭州	毕春艳	液晶电视	45	5,000	225,000	2006	4
	39	杭州	毕春艳	微波炉	39	500	19,500	2006	2
	40	杭州	毕春艳	液晶电视	24	5,000	120,000	2006	2
	41	杭州	毕春艳	显示器	24	1,500	36,000	2006	1
	42	杭州	毕春艳	微波炉	22	500	11,000	2006	1
	43	杭州	毕春艳	液晶电视	9	5,000	45,000	2006	3
	44	杭州 汇总			593		1,288,700		
	45	南京	高伟	跑步机	85	2,200	187,000	2006	1
	46	南京	高伟	跑步机	74	2,200	162,800	2006	4

图 3-125 分类汇总结果表

2. 隐藏和显示明细数据

创建分类汇总后，为了方便查看汇总的数据，可将各个汇总所包含的明细数据进行隐藏或显示操作、操作步骤如下：

① 隐藏明细数据：对表格创建了分类汇总后，在表格行号左侧将显示出分级树，单击其中的─按钮或在"数据"选项卡"分级显示"命令组中单击"隐藏明细数据"按钮，隐藏相应的数据，如图 3-126 所示。

1 2 3		A	B	C	D	E	F	G	H
	1	销售地区	销售人员	品名	数量	单价¥	销售金额¥	销售年份	销售季度
+	31	北京 汇总			1263		2,678,900		
+	44	杭州 汇总			593		1,288,700		
+	58	南京 汇总			580		1,200,900		
+	70	山东 汇总			456		988,800		
+	80	上海 汇总			367		618,600		
−	81	总计			3259		6,775,900		

图 3-126 隐藏明细数据

② 显示明细数据：当对明细数据进行隐藏操作后，其行号左侧的分级树中的 ✚ 按钮将变为 ─ 按钮，可以单击 ✚ 按钮或在"数据"选项卡"分级显示"命令组中再单击"显示明细数据"按钮显示明细数据。

3. 清除和删除分类汇总

当分类汇总创建完成后，如果需要删除分类汇总创建的分级树，且要保留分类汇总的数据可以清除分级显示；如果需要将工作表还原到分类汇总之前的工作状态则可将其删除。

① 清除分类汇总：在"数据"选项卡"分级显示"命令组中单击"取消组合"下拉按钮，在弹出的下拉列表中选择"清除分级显示"选项，删除分级树。

② 删除分类汇总：在"数据"选项卡"分级显示"命令组单击"分类汇总"按钮，在弹出的"分类汇总"对话框中单击"全部清除"按钮，将创建的分类汇总删除。

3.5.4　数据图表

图表具有较好的视觉效果，展示的数据简洁、直观，可方便用户查看数据的分布、差异和预测趋势，在数据统计中具有广泛的用途。

1．图表类型

在工作表中，选择"插入"选项卡，在"图表"命令组中单击相应的图表类型下拉按钮，共可以看见 11 种标准的图表类型，如图 3-127 所示。

2．创建图表

在 Excel 中，用户可以通过以下两种方法创建：

（1）用图表向导创建图表

① 打开"销售情况"工作簿，选定用来创建图表数据的单元格区域，如图 3-128 所示。

② 在"插入"选项卡"图表"命令组中单击"柱状图"按钮，在弹出的下拉列表中选择"二维柱形图第一个图形"选项，如图 3-129 所示。图表也会同时显示出来，如图 3-130 所示。

图 3-127　11 种图表类型

图 3-128　选择产生图表的单元格区域

图 3-129　"图表"命令组

图 3-130 "向导"创建图表

③ 添加图表标题。选择类型后，即可根据选择的数据表在当前工作表中创建对应的图表。在"布局"选项卡"标签"命令组中单击"图表标题"按钮，在弹出的下拉列表中选择"图表上方"选项。

（2）自动创建图表

方法一：选定需要绘制的数据，按【F11】键即可创建图表，但图表的类型是默认图表类型，且单独作为一个新的工作表插入当前工作表之前。

方法二：选定需要绘制的数据，在"插入"选项卡"图表"命令组中单击右下角的"创建图表"按钮，弹出"插入图表"对话框，选择所需图表类型即可直接生成图表，并嵌入到当前工作表中，如图 3-130 所示。

3. 图表编辑

图表主要包括图表区、绘图区、分类轴、数值轴、标题和系列图例等。将鼠标指针移至相应的对象上时会显示该对象的名称。图表的编辑包括所有对象的移动、修改、删除和缩放等。

（1）图表的移动

图表中图表区及图的各部分位置都不是固定不变的，通过移动图表位置，可以使工作表中各部分的排版更美观。

移动图表的方法：在其中图表的位置，将光标移动到图表区上，然后按住鼠标左键不放，在移动图表的过程中显示一个半透明的白色虚框。释放鼠标，图表区的位置就是可移动到虚线框所示的目标位置，且图表标题、绘图区和图例将一起被移动。

（2）调整图表大小

通常很多用户在编辑工作簿中的单元格时，会出现输入较多内容后不能完全显示数据，在这种情况下，调整图表大小可以让未完全显示的数据都能完全显示，同时图表标题、绘图区及图例的大小随之发生相应变化。不合理情况下，用类似的方法可以对不合理之处进行单独调整，从而达到理想的效果。

调整图表大小的方法：将光标移动到需要调整的图表区右下角的控制点上，当光标变成倾斜45°双向白色箭头形状时，按住鼠标左键不放并拖动，图表将出现虚线框以显示将移动到的位置，释放鼠标，图表区即可被放大，且图表标题、坐标轴、图例等也自动放大，其操作简单易懂。

（3）删除图表

删除图表的方法：先选定图表，再按【Delete】键，即可删除。

3.5.5　数据透视表

数据透视表可以更加直观地查看工作表中的数据，同时对数据进行对比与分析。它能将大量繁杂的数据转换成交互式表格。

数据透视表的创建方法很简单，只需要连接到数据源，并输入报表的位置。

下面将在"销售清单"工作簿中创建"数据透视表"。操作步骤如下：

① 打开工作簿，将光标定位于数据清单的单元格内，如图 3-131 所示。

② 单击"插入"命令组中的"数据透视表"按钮，从下拉列表中选择"数据透视表"选项，如图 3-132 所示。

③ 在弹出的"创建数据透视表"对话框中选择要分析的数据区域中的"选择一个表或区域"，并在"表/区域"空白处选择要做数据透视表的单元格区域，接着在"选择放置数据透视表的位置"选中"新工作表"单选按钮，则数据透视表将建立在一个新的工作表中。如果选中"现有工作表"单选按钮，则要在"位置"文本框中输入数据透视表的起始单元格的位置，单击"确定"按钮，如图 3-133 所示。

	A	B	C	D	E	F	G	H
1	销售地区	销售人员	品名	数量	单价¥	销售金额¥	销售年份	销售季度
2	北京	苏珊	按摩椅	13	800	10,400	2005	2
3	北京	苏珊	显示器	98	1,500	147,000	2005	3
4	北京	苏珊	显示器	49	1,500	73,500	2005	4
5	北京	苏珊	显示器	76	1,500	114,000	2005	1
6	北京	苏珊	显示器	33	1,500	49,500	2005	2
7	北京	苏珊	液晶电视	53	5,000	265,000	2005	3
8	北京	苏珊	液晶电视	47	5,000	235,000	2005	4
9	北京	苏珊	液晶电视	1	5,000	5,000	2005	1
10	北京	白露	液晶电视	43	5,000	215,000	2005	2
11	北京	白露	液晶电视	34	5,000	170,000	2005	3
12	北京	白露	微波炉	27	500	13,500	2005	1
13	北京	白露	微波炉	69	500	34,500	2005	1
14	北京	白露	微波炉	24	500	12,000	2006	1

销售明细表　数据透视表　数据透视表2

图 3-131　"销售清单"源数据

图 3-132　单击"数据透视表"按钮

图 3-133　"创建数据透视表"对话框

④ 出现图 3-134 所示的新数据透视表的选项框，在右侧"数据透视表字段列表"中，勾选需要分析的字段（也可以按照需要，直接按住鼠标左键拖动到需要放置的下面的 4 个位置内，可以看到其中自动有了要分析的表的各个选项），勾选后的数据被全部默认插入在"行标签"中，可根据实际需求拖动至"报表筛选""列标签""行标签""数值"。"报表筛选"的功能和"数据"选项卡中"数据"的"筛选"类似。

⑤ 根据所要分析的内容，将"数据透视表字段列表"左边的字段拖至右边的相应位置。依据图 3-135 所示，在"报表筛选"处的应该是"品名""数量""销售年份""销售地区"，在"行标签"处的是"销售人员""销售季度"，在"列标签"处的是数值，包括"数量""销售金额"。

下面就可以进行比较直观地进行分析，结果如图 3-135 所示。

图 3-134　在新工作表 Sheet4 中的空白数据透视表

图 3-135　生成数据透视表

◎温馨提示

　　在"创建数据透视表"对话框，选择要分析的数据区域中的"选择一个表或区域"，也可以单击![]按钮，暂时隐藏该对话框，然后在工作表中选择区域，再单击![]按钮。

3.5.6　上机练习

　　① 启动 Excel，在空白工作表中输入如图 3-136 所示数据，并以 E3.xlsx 为文件名保存在当前文件夹中。

　　② 对表格中的所有学生的数据，在当前工作表中创建嵌入的条形圆柱图图表，图表标题为"学生成绩表"，如图 3-137 所示。

姓名	高等数学	大学英语	计算机基础
王大伟	78	80	90
李　博	89	86	80
程小霞	79	75	86
马宏军	90	92	88
李　枚	96	95	97

图 3-136　学生成绩表

图 3-137　条形圆柱图图表

③ 对 Sheet1 中创建的嵌入图表按样张进行如下编辑操作：

- 将该图表移动、放大到 A9:G23 区域，并将图表类型改为簇状柱形圆柱图。
- 为图表添加分类轴标题"姓名"及数据值轴标题"分数"。

④ 对 Sheet1 中创建的嵌入图表进行如下格式化操作：

- 将图表区的字体大小设置为 11 号，并选用最粗的圆角边框。
- 将图表标题"学生成绩表"设置为粗体、14 号、单下画线；将分类轴标题"姓名"设置为粗体、11 号；将数值轴标题"分数"设置为粗体、11 号、45 度方向。
- 将图例的字体改为 9 号、边框改为带阴影边框，并将图例移动到图表区的右下角。
- 将数值轴的主要刻度间距改为 10、字体大小设为 8 号；将分类轴的字体大小设置为 8 号。
- 去掉背景墙区域的图案。
- 将"计算机基础"数据标记的字号设置为 16 号、上标效果。

3.6　宏与自动化

Excel 2010 是一个功能相当强大的工具，用户可以使用它操作、分析和显示数据。尽管标准 Excel 用户界面（UI）中提供了丰富的功能集，但用户可能仍想要找到一种更简便的方法来执行烦琐的重复任务，或执行某个 UI 无法解决的任务。Excel 这样的应用程序提供了一种编程语言 Visual Basic for Applications (VBA)，用户可以通过它扩展这些应用程序。

宏是微软公司为 Office 软件包设计的一项特殊功能，保存在 VBA 模块中。用 VBA 语言编辑一个能够在 Excel 环境下独立运行的程序，目的是让用户文档中的一些任务自动化。

3.6.1　"开发工具"选项卡

1. 添加"开发工具"选项卡

若要使用 Excel 2010 中的窗体控件，必须启用"开发工具"选项卡。为此，可执行以下步骤：

① 选择"文件"→"选项"命令，如图 3-138 所示。

② 在弹出的如图 3-139 所示的"Excel 选项"对话框中，单击左侧窗格中的"自定义功能区"选项，选中右侧"主选项卡"下的"开发工具"复选框，单击"确定"按钮，结果如图 3-140 所示。

图 3-138　"文件"选项卡

图 3-139　"Excel 选项"对话框

图 3-140　功能区添加"开发工具"选项卡

2. 宏安全设置

创建和使用宏之前，需要进行宏安全设置，设置后可以控制打开包含宏的工作簿时的行文，操作步骤如下：

① 选择"文件"→"选项"命令。

② 在弹出的"Excel 选项"对话框中，切换到"信任中心"选项，单击"信任中心设置"按钮，如图 3-141 所示。

③ 在弹出的"信任中心"对话框中左侧选择"宏设置"选项，右侧选中"启用所有宏"单选按钮，如图 3-142 所示。

④ 设置完成后单击"确定"按钮。

图 3-141　单击"信任中心设置"按钮

图 3-142　"宏设置"

◎温馨提示

　　选中"启用所有宏"单选按钮后，计算机可能受到恶意代码的攻击，因此不推荐用户永久使用此设置。而"信任对 VBA 工程对象模型的访问"选项仅适用于开发人员。

3.6.2　窗体控件

1. 窗体控件简介

窗体控件是放置于文档中的一些图形对象，可以用来显示、输入数据、执行操作或使文档更易于阅读。这些对象包括文本框、列表框、选项按钮、命令按钮及其他一些对象。

可以在工作表中使用这些控件，而其他用户则可以使用 Excel 2010 来填写工作表窗体，可以为控件附加一个已有的宏，或者编写或录制一个新宏。当窗体的用户单击该控件时，控件将运行该宏。

窗体控件位于"开发工具"选项卡的"控件"命令组中。单击"插入"下拉按钮，在弹出的如图 3-143 所示的"表单控件"中选择需要的表单控件插入到工作表中。

图 3-143　"表单控件"下拉列表

2．添加窗体控件

【例 3-1】添加复选框。

使用复选框在逻辑值 True 和 False 之间切换，下面介绍在工作表中插入复选框的步骤。

① 切换到"开发工具"选项卡的"控件"命令组。单击"插入"下拉按钮，在弹出的如图 3-143 所示的下拉"表单控件/Active 控件"中勾选"复选框"按钮，鼠标指针变成十字形。

② 在工作表中按下鼠标左键，然后拖动鼠标调整复选框的大小，合适后释放鼠标；右击，在弹出的快捷菜单中选择"设置控件格式"命令，如图 3-144 所示。

③ 弹出"设置对象格式"对话框，切换到"控制"选项卡，如图 3-145 所示；单击"单元格链接"文本框右边的 按钮，回到工作表；在工作表中选择控件链接到的单元格，如图 3-146 所示。勾选这个复选框将在这个单元格中显示 TRUE 或 FALSE。

图 3-144　选择"设置控件格式"命令

图 3-145　"控制"选项卡

④ 单击"单元格链接"文本框右边的 按钮，回到"设置对象格式"对话框；双击复选框后可以直接编辑复选框的名称。

此时，一个复选框就添加到工作表中。若勾选复选框，复选框就链接到单元格显示 TRUE，如图 3-147 所示。再单击复选框，单元格就显示 FALSE。

图 3-146　选择复选框链接到单元格　　　　图 3-147　添加了复选框的工作表

【例 3-2】添加下拉列表框

当用户从一个组合框（下拉列表框）中选择某个选项时，下拉列表根据用户选择的项目，返回一个代表该项目的编号到所连接的单元格中。下面介绍如何在"商店销售额"工作表中创建一个下拉列表框。

① 切换到"开发工具"选项卡的"控件"命令组中。单击"插入"上下按钮，在弹出的下拉列表中单击"组合框"按钮，鼠标指针变成十字形。

② 在工作表中按下鼠标左键，然后拖动鼠标调整组合框的大小，合适后释放鼠标；右击，在弹出的快捷菜单中选择"设置控件格式"命令，如图 3-148 所示。

③ 弹出"设置对象格式"对话框，切换到"控件"选项卡，设置"数据源区域"为$A$3:$A$9，设置"单元格链接"为$D$11，单击"确定"按钮，关闭"设置对象格式"对话框。结果如图 3-149 所示。

图 3-148　选择组合框链接到单元格　　　　图 3-149　添加了组合框的工作表

3.6.3　宏

宏（Macro）就是一段定义好的操作。它可以是一段程序代码，也可以是一连串的指令集合。

对于 Excel 2010 来说,宏就是存储在工作簿中的一系列 Excel 2010 要执行的一连串动作。利用宏,可以把这个处理过程简化为选择菜单项执行宏,或者直接使用快捷键。可以将宏理解为 DOS 中的批处理操作,它提供了一系列 Excel 2010 操作的快捷方式。定义宏可以使用户从繁重的重复操作中解脱出来,从而节省时间,提高工作效率,减少工作的失误。

1. 录制宏

宏的创建过程就是一组程序集的建立过程,该程序集的名称即宏的名称,程序集就是一连串的 Excel 2010 命令功能的组合。Excel 2010 逐步执行这些命令,以完成某一系列操作。

在 Excel 2010 中,录制宏有两种不同的方法。如果创建简单的宏,可以使用 Excel 2010 中宏录制器。对于比较复杂的宏,可以使用编写 VBA 代码来创建。

方法一:使用宏录制器创建宏。

① 在工作表中选定要录制的宏所用的单元格或工作范围。

② 在"代码"命令组中单击"录制宏"按钮,打开"录制新宏"对话框,如图 3-150 所示。在"宏名"文本框中,输入宏的名称。如果要通过按键盘上的快捷键来运行宏,应该在"快捷键"文本框中输入一个字母。可按 Ctrl+字母组合键,其中字母可以是键盘上的任意字母键。在"保存在"组合框中,选择存放宏的地址。

③ 如果要添加有关宏的说明,应该在"说明"文本框中输入该说明,完成后单击"确定"按钮。在 Excel 2010 程序界面中,在"开发工具"选项卡的"代码"组中,"录制宏"按钮变为"停止录制"按钮,如图 3-151 所示。

图 3-150 "录制新宏"对话框

图 3-151 "录制宏"变为"停止录制"

④ 执行需要录制的操作。

⑤ 完成后,切换到"开发工具"选项卡,在"代码"命令组中单击"停止录制"按钮。

【例 3-3】录制宏

① 打开工作表,切换到"开发工具"选项卡,在"代码"命令组中单击"使用相对引用"按钮,激活此功能,单击"录制宏"按钮,如图 3-152 所示。

② 弹出"录制新宏"对话框,如图 3-153 所示,对"宏

图 3-152 "使用相对引用"按钮

名""快捷键""保存在""说明"等信息进行设置，设置后单击"确定"按钮。

③ 在工作表的单元格输入"录制新宏"对话框的"说明"处的字符，如图 3-154 所示。

图 3-153　"录制新宏"对话框

图 3-154　单元格内输入"说明"的信息

④ 切换到"开发工具"选项卡，在"代码"命令组中单击"停止录制"按钮即可。

◎温馨提示

工作表的单元格内按【Ctrl+A】组合键，就会自动显示相应的信息，如图 3-155 所示。

图 3-155　"宏"的使用效果

方法二：使用 VBA 编写宏脚本。

Microsoft Visual Basic 中的 Visual Basic 编辑器是一种环境，用于编写新的 VBA 代码和过程，并编辑已有的代码和过程。

在 Excel 中，利用 Microsoft Visual Basic 中的 Visual Basic 编辑器可以编写自己的宏脚本。操作步骤如下：

① 切换到"开发工具"选项卡，在"代码"命令组中单击"Visual Basic"按钮，如图 3-156 所示。

图 3-156　单击"Visual Basic"按钮

② 弹出 Microsoft Visual Basic 编辑窗口，选择"插入"→"模块"命令，如图 3-157 所示。

③ 在模块的代码窗口中输入需要使用的宏脚本，如图 3-158 所示。

④ 编写完脚本后，选择"文件"→"关闭并返回到 Microsoft Excel"命令即可。

图 3-157　Visual Basic 插入模块

图 3-158　Visual Basic 代码窗口

【例 3-4】使用 VBA 创建"插入日期"宏，该宏可以自动地插入日期和时间。

① 切换到"开发工具"选项卡，在"代码"命令组中单击"Visual Basic"按钮。

② 弹出 Microsoft Visual Basic 编辑窗口，选择"插入"→"模块"命令，如图 3-157 所示。

③ 在模块的代码窗口中输入需要使用的宏脚本，编写完成后如图 3-158 所示。

"插入日期"宏脚本如下：

```
Sub 插入日期()
'插入日期Macro
'宏有hdd录制，时间: 2015-04-27
'快捷键: Ctrl+q
ActiveCell.FormulaR1C1="=NOW()"
ActiveCell.Offset(1,0).Range("A1").Select
ActiveCell.FormulaR1C1="hdd"
With Selection
.HorizontalAlignment=x1Left
End With

ActiveCell.Offset(1,0).Range("A1").Select
Selection.NumberFormalLocal="yyyy-mm-dd h:mm"
ActiveCell.Column("A:A").EntireColumn.EntireColumn.AutoFit

End Sub
```

④ 编写完脚本后，选择"文件"→"关闭并返回到 Microsoft Excel"命令即可。

2．运行宏

对已经录制好的宏，并且已经设置了快捷键，可以使用以下几种方法来运行：使用工具栏按钮、使用键盘和快捷键。其中最简单的办法就是使用快捷键。但是，随着宏的数量逐渐增加，有时用户会忘记宏的快捷键组合，或者有的宏可能没有设快捷键，因此，经常会使用"宏"命令来运行宏。操作步骤如下：

① 在工作表中，选定该宏所用的单元格或范围。

② 切换到"开发工具"选项卡，在"代码"命令组中单击"宏"按钮，弹出"宏"对话框，如图 3-159 所示。

③ 在"位置"下拉列表框中，选定要运行的宏所在的位置。单击"宏名"列表中要运行的宏，然后单击"执行"按钮，可以在工作表的任何单元格内，按下设置的组合键（例题 Macro1

的组合键是【Ctrl+A】），运行 Macro1 宏的效果如图 3-160 所示。

图 3-159 "宏"对话框

图 3-160 Macro1 宏运行界面

④ 运行用 VBA 编写的宏"插入日期"，操作步骤如上，进入"宏"对话框，如图 3-161 所示；选择"sheet1 插入日期"宏，单击"执行"按钮，结果如图 3-162 所示。

图 3-161 选择插入日期

图 3-162 "插入日期"运行界面

3. 编辑宏

编辑宏之前，必须熟悉 VBA 代码。下面通过举例子（插入日期）介绍宏的编辑过程。编辑内容：将用户名由 hdd 改为"Office 编写组"，并设置该单元格的格式对齐方式为"水平中间对齐"。操作步骤如下：

① 选择"开发工具"选项卡，在"代码"命令组中单击"宏"按钮，弹出"宏"对话框，选择需要编辑的宏，如图 3-161 所示。

② 在"位置"下拉列表框中，选择"个人宏工作簿"选项。在"宏名"列表框选择"sheet2. 插入日期"选项。

③ 单击"编辑"按钮，打开 Visual Basic 编辑器，如图 3-163 所示。

④ 在"sheet2-[模块 1（代码）]"窗口中，直接修改代码，修改后代码如下：

```
Sub 插入日期()
'插入日期 Macro
'宏有 hdd 录制，时间: 2015-04-27
```

```
'快捷键: Ctrl+q
ActiveCell.FormulaR1C1="=NOW()"
ActiveCell.Offset(1,0).Range("A1").Select
ActiveCell.FormulaR1C1="=office编写组"
With Selection
.HorizontalAlignment=x1Center
End With
ActiveCell.Offset(1,0).Range("A1").Select
Selection.NumberFormalLocal="yyyy-mm-dd h:mm"
ActiveCell.Column("A:A").EntireColumn.EntireColumn.AutoFit
End Sub
```

⑤ 关闭 Visual Basic 编辑器。

⑥ 单击工作表中的任意单元格，然后按住【Ctrl+Q】组合键，执行后的效果如图 3-164 所示。

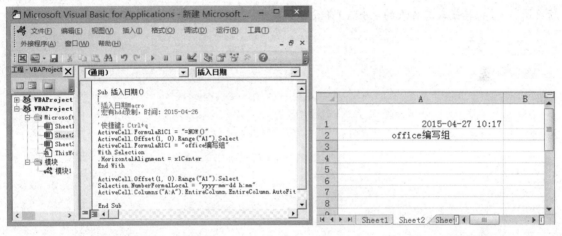

图 3-163　修改"插入日期"宏　　　　　　　图 3-164　运行界面

习　题

1. 利用 Excel 创建 exl.xlsx 文件，具体要求如下：

（1）录入图中的数据，按图 3-165 所示的效果进行排版。

（2）试计算"数量"列的"总计"项及"所占比例"列的内容（所占比例=数量/总计），将所占比例小数位保留三位有效数字，要求：所求数据要通过函数或公式求得。

2. 试通过 Excel 完成下表（见图 3-166），要求根据学生的成绩，在等级这一栏中填写相应的等级。（60 分以下："不及格"；60~70 分："及格"；70~80 分："中"；80~90 分："良"；90~100 分："优秀"）。

	A	B	C
1	某企业人力资源情况表		
2	人员类型	数量	所占比例(%)
3	市场销售	78	
4	研究开发	165	
5	工程管理	76	
6	售后服务	58	
7	总计		

图 3-165　人力资源情况表

	A	B	C
1	学生成绩表		
2	学号	成绩	等级
3	2010001	89	
4	2010002	75	
5	2010003	67	
6	2010004	90	
7	2010005	78	

图 3-166　学生成绩表

3. 利用 Excel 完成如下操作：

（1）录入图中的内容，合并 A1:D1 单元格，设置文字居中显示。

（2）计算"增长比例"列的内容，将工作表命名为"招生情况表"，如图 3-167 所示。

	A	B	C	D
1	招生情况表			
2	专业名称	去年人数	今年人数	增长比例
3	计算机	300	412	
4	数学	200	248	
5	外语	280	391	
6	网络工程	196	325	

图 3-167　招生情况表

（3）选取"专业名称"列和"增长比例"列中的内容，建立"三维簇状柱形图"，x 轴上的项是专业名称，y 轴上的项是增长比例，表示各专业招生人数的增长对比情况，图表标题为"招生情况图"，并将其嵌入工作表的 A8:F19 单元格区域中。

第 4 章 | PowerPoint 2010 演示文稿制作

PowerPoint 2010 是一款专门用于制作演示文稿的应用软件，也是微软公司推出的办公系列软件 Office 家族中的重要成员。PowerPoint 2010 使用户可以轻松地制作包含文字、图形、声音、动画及视频等元素的多媒体演示文稿，并广泛应用于教育教学、工作汇报、产品演示、庆典活动等工作场所。

本章将介绍 PowerPoint（简称 PPT）的设计原则与制作流程，讲解 PowerPoint 2010 的基础操作，版面设计及在文稿的幻灯片中插入文字、图片、表格、音频、视频等对象，图像处理方法，添加动画效果的方法以及幻灯片之间的切换和放映等内容。

4.1 PowerPoint 设计原则与制作流程

应用 PPT 的目的之一是为了让观众知道并了解所要表达的思想，它是有效沟通的工具。现在几乎每个人都在用 PPT，也都在看 PPT，例如，教师用 PPT 上课、销售人员用 PPT 介绍产品……PPT 已成为一种必需品。PPT 是人们沟通的工具，它可以使演讲者理清思路，是为实现交流的目标而服务的。

现在越来越多的人喜欢使用 PPT 进行展示，不仅是因为它便于制作，还因为 PPT 页面中那些丰富的颜色及颇具美感的布局设计都是提升说服力的有力"帮手"。不难想象，在商务合作中，一些公司都会将公司简介放置在方案的最前面，这样对方就会充分了解到合作者，并产生心理影响，对合作的达成起到积极作用。

无论如何，PPT 的制作必须服从于"沟通"这个主要目的，这样才能在信息交流方面获得更好的效果。不要一味追求页面的"美"，而忽略了这个目的。

在做 PPT 之前，首先应弄清楚制作 PPT 的用途，大体分为两种。

1. 阅读用

这种类型的 PPT 是给别人看的，可以用邮件发出并支持转发，所以这种 PPT 中的内容会描述得很清楚，允许有很多小字和注释，或者是纯图文。总之，不需要制作 PPT 的人来解释就可以看懂。一般情况下，这种 PPT 是基层人员做出来给领导看的或者用于平等分享的。我们平常做的分析、分享、总结大部分属于这种类型。故该阅读类型 PPT 类似于讲义，更加注重内容的广度和深度，对于视觉效果要求较低。

2. 演讲用

这种类型的 PPT 是给观众讲解的，内容通常非常简洁。这类幻灯片如果直接下发给听众是毫无意义的，因为 PPT 背后的内涵非常多。这种 PPT 一般需要设计者进行讲述，关键是"讲"，演讲者是中心，PPT 只是辅助。此类 PPT 中通常有大幅的画面，或者使用醒目巨大的文字，较多地使用图形代替文字以期待良好的视觉效果。最常见的是如图 4-1 所示的版面类，通常用于培训、讲课、产品发布等场合。这种 PPT 大多是通过投影仪播放在大屏幕上，幻灯片需要有演说者讲述，对视觉效果要求较高。

图 4-1　演讲使用的 PPT 范例

4.1.1　PowerPoint 的设计原则

我们做演讲的目的是为了使听众接收某种信息，他们对信息接收的程度有许多影响因素，包括信息本身、演讲技巧，当然也包括幻灯片。如果观众发现你的幻灯片非常专业、言简意赅，对你的第一印象就会很好，甚至更容易记住你演讲的信息。

虽然 PPT 为我们提供了令人眼花缭乱的制作手段，但是专业化的幻灯片并不是各种字体、颜色和图片的堆砌。

1. 保持简单

PowerPoint 可方便地显示图形信息，并支持解说与附录功能。幻灯片本身从来不是演示的主角。人们用它来倾听、感受或接收用户传达的信息。幻灯片应力求简洁，不要喧宾夺主应该留有大量的空白空间或实体周围的空间，如图 4-2 所示。不要用妨碍理解的标识或其他不必要的图形或文本框来填充这些空白区域。幻灯片上应尽量避免混乱，以提供直观的视觉信息。

由于演示的对象是观众，因此要限制要点与文本数量，应用文本也要遵循这一原则。最优秀的幻灯片可能根本没有文本。除了 PowerPoint 幻灯片以外，最好还要准备一份书面资料，强调并详细说明演示中的内容。向观众发送说明幻灯片的详细书面宣传材料，比仅用 PowerPoint 幻灯片，更利于观众理解演示的内容。

图 4-2　精练内容的 PPT 范例

　　先看一张如图 4-3 所示的幻灯片。这张幻灯片文字内容偏重，几乎充满了整张幻灯片。设想一下，作为观众，你愿意看到这样的幻灯片吗？这种堆积了大量文字信息的"文档式 PPT"显然是不成功的，也是不受人欢迎的。因此，需要对文字进行提炼——只保留关键词，去掉修饰性形容词、副词等。用关键词组成短句子，直接表达页面主题。对图 4-3 所示的幻灯片进行提炼和修改后得到图 4-4 所示的幻灯片。这种修改最大限度地简化了文本，可以充分利用备注，将每种类型的详细描述放在备注中以便参考。还可以如图 4-5 所示将页面拆成多个页面或如图 4-6 所示编成要点逐条显示。

图 4-3　充满了文字的幻灯片

图 4-4　精炼内容的 PPT 范例

图 4-5　拆成多个页面

图 4-6　要点逐条显示

关于 PPT 的内容和主题，需要注意以下几点：

① 一张幻灯片只表达一个核心主题，不要试图在一张幻灯片中面面俱到。

② 不要把整段文字搬上幻灯片，演示是提纲挈领式的，显示内容越精练越好。

③ 一张幻灯片上的文字，行数最好不要超过 7 行，每行不多于 20 个字。

④ 除了必须放在一起比较的图表外，一张幻灯片一般只放一张图片或者一个表格。

在展示 PPT 内容中，字体和颜色建议如下：

① 标题字体一般设计成 36 号，正文设计成 28 号，最小为 16 号，否则坐在后排的观众根本无法看清楚，如图 4-7 所示。要注意本机预览和幻灯片放映的区别。

② 注意字体色和背景色搭配。蓝底白字或黑底黄字或白底黑字将非常引人注目，如图 4-8 所示。深蓝色和灰色给人以力量和稳定的感觉；红色一般意味着警告或者紧急；绿色代表生命和活力。颜色还影响幻灯片的清晰度。因此，商业应用一般要选择蓝或灰色体系。蓝色、紫色和绿色适合做背景色，而白色、黄色和红色适合做前景色。

图 4-7　PPT 使用文字大小示范

图 4-8　PPT 使用文字配色示范

③ 避免使用过多的字体，减少下画线、斜体和粗体的使用。幻灯片中尽量使用笔画粗细一致的字体，如黑体、Arial、Tahoma。如果采用英文，不要全部采用大写字母。一方面是对听众的不尊敬，也不如小写字母容易辨认。

④ 正文字体应该比标题要小，字体文本框间应注意对齐。文字较多时应注意分区，如图 4-9 所示。

图 4-9　文本大小、对齐与分区示范

2. 逻辑清晰

PPT 的逻辑很重要，没有逻辑的 PPT，特别是大图少字的 PPT，我们将其称为"相册"，只是堆砌而已。但大家也别把逻辑想得特别复杂，在 PPT 设计中，逻辑可以简单理解成一种顺序，即观众可以理解的顺序。因此，在开始制作 PPT 时，首先要想到的是观众是谁，分析观众的背景、观众的立场、兴奋点和兴趣点，揣摩他们能理解的顺序是什么？

在选择陈述逻辑时，用讲故事的形式特别容易受欢迎，整个 PPT 演示可能就是一个故事，或者由几个故事组成的大故事。谁会不喜欢故事呢？一个典型的故事结构如图 4-10 所示。

图 4-10　一个典型的故事结构

学习故事的逻辑，好的方法是看别人精彩的故事，抽取他们的框架，用在我们的 PPT 身上。在讲述故事的过程中，应该运用金字塔原理——学会从结论说起。

例如，下面是一个糟糕的汇报：

老板，我最近在留意原材料的价格，发现很多钢材都涨价了；

还有刚才物流公司也打电话来说提价；

我又比较了几家的价格，但是还是没有办法说服他不涨价；

还有，竞争品牌***最近也涨价了，我看到……；

对了，广告费最近花销也比较快，

如果……可能……"。

假如他学习了金字塔，应该这样陈述：

老板，我认为我们的牌子应该涨价 20%。而且要超过竞争品牌。

因为第一，原材料最近都涨价了 30%，物流成本也上涨了；

第二，竞争品牌全部都调价 10%～20%，我们应该跟进；

第三，广告费超标，我们还应该拉出空间，可以做广告……，

老板，你觉得这个建议是否可行？

金字塔原理就是要有中心思想，一页幻灯片也要突出一个中心思想。

假若是教学的 PPT 课件，那可能得考虑用什么样的逻辑能让学生理解了。在利用 PPT 呈现教学内容时，通常有 3 种误区：一是在 PPT 上写满密密麻麻的文字，课堂上学生看起来十分费劲，信息量过大，重点不明确，称为"教材搬家式"；二是教师在 PPT 上面堆积过多的内容元素，如文字、图片、色彩、动画等，干扰了学生对教学重点、难点内容的注意、理解和记忆；三是教师只将标题和相关的知识点罗列在 PPT 上，淡化思维过程，过分简化教学内容，使 PPT 幻灯成为没有细节、缺乏支持的概要。

◎温馨提示

　　在教学活动中，PPT 是教师和学生之间传递思想和信息的媒体工具。一堂课是否精彩，关键是教师，而不是作为信息传播媒介的 PPT 演示文稿。PPT 可以辅助教师的教学活动，但不能代替教师的教学活动。因此，设计 PPT 时要统筹考虑，以教学内容和教师的讲授为主，PPT 为辅，不能本末倒置，把 PPT 的设计和制作看得比教学内容和学生还重要，也不可将 PPT 演示文稿作为教学内容的主要传递渠道，成为教师的备忘工具和学生的读书器。

假若是商业提案的 PPT，好的逻辑顺序不但可以让客户信服，而且可以让提案顺利通过。一般的商业类提案 PPT 的结构顺序为：业界—竞争—公司—条件—方法—建议—计划。

在设计 PPT 逻辑时，一般是先设定大逻辑，即整个 PPT 的逻辑，然后考虑每个板块的小逻辑。篇章逻辑是整个 PPT 的一条主线，这种逻辑体现在目录中。因此，在 PPT 的设计中，先写好 PPT 的一级、二级目录，将表达的思想、观点写在标题栏中，再以缩略图的形式浏览整体的内容框架，如图 4-11 所示。页面逻辑是指每页幻灯片每个版面内容的整体逻辑，使用的方式有并列、因果、总分、转折等，如图 4-12 所示。

图 4-11　PPT 篇章逻辑设计

图 4-12　PPT 页面逻辑设计

◎温馨提示

还要特别注意的是，PPT 本身的演绎方式是直线型的，假如内容及逻辑层次较多，请在每个板块后总结一下，或者可为每页 PPT 加个小导航，以免迷航。

3. 版面统一，排版合理

版面设计是 PPT 设计的一大关键，失败的版面设计会使作品看上去十分别扭或者杂乱，合理的版面设计则可以帮助我们更好地展示内容，也带给观赏者舒适、美观的视觉感受。幻灯片的内容（特别是一些图案及图片元素）多种多样，但无论如何，都要使它们看起来协调统一，可以利用颜色重复、字体及版式统一起来。版面的各个主要空间分配要保持一致。其余所有的幻灯片都要统一，包括左边距及上下边距，如图 4-13 所示。

图 4-13　边距、字体统一的版面设计

为了能使 PPT 做到统一报告的整体视觉风格，PPT 模板的使用是一个不错的选择，PPT 模板是一个或一组幻灯片的模式或设计图，如图 4-14 所示。使用模板设计可以使幻灯片风格统一有序，也可以简化制作过程，提高制作效率。模板可以包含版式（幻灯片中各元素的排列方式）、主题颜色、主题字体、主题效果、背景样式等。我们可以创建自己的自定义模板，加以存储，供反复使用，也可以上传到网上与他人共享，还可以在很多网站上下载不同类型的模板。

图 4-14　幻灯片模板——统一报告整体风格

◎温馨提示

如何找到精美免费的 PPT 模板？

方法 1：直接在浏览器搜索——直接在浏览器输入"精美 PPT 模板"，在出现的结果中选择网页进行下载。

方法 2：进入专业 PPT 制作网页——这里的 PPT 模板一般很精美、实用，但是需要付费。

方法 3：深度搜索——因为想免费，就要多费点力。推荐一个思路，就是在 QQ 群里搜索，比如以关键字"PPT"搜索，加入群之后，可以在群文件里下载，一般会有人分享一些。

方法 4：论坛贴吧搜索——进入 PPT 贴吧或 Office 2010 贴吧等，能够找到不少人分享的 PPT资源。

方法 5：直接找到作者——找到 PPT 制作者的微博，会提供免费模板。

下面将 PPT 排版总结为 6 个原则：对齐、聚拢、重复、对比、降噪、留白，这可让原本混乱的版面变得生动有序。

① 对齐原则是相关内容必须对齐，次级标题必须缩进，方便读者视线快速移动，一眼看到最重要的信息，如图 4-15 所示。

图 4-15　排版对齐原则示例

② 聚拢原则将内容分成几个区域，相关内容都聚在一个区域中，段间距应该大于段内的行距。使用聚拢操作重新排版的页面如图 4-16 所示。

图 4-16 聚拢原则应用示例

③ 重复原则是在进行多页面排版时，注意各个页面设计上的一致性和连贯性。另外，在内容上，重要信息值得重复出现。利用重复原则重新排版的页面如图 4-17 所示。

图 4-17 重复原则应用示例

④ 对比原则能够加大不同元素的视觉差异。这样方便读者集中注意力阅读某一个子区域。使用对比操作突显页面的段落标题如图 4-18 所示。

图 4-18 对比原则应用示例

⑤ 降噪原则：颜色过多、字数过多、图形过繁，都是分散读者注意力的"噪音"。利用降噪原则重新修改的页面如图 4-19 所示。

⑥ 留白原则是不要把页面排得密密麻麻，要留出一定的空白，这本身就是对页面的分隔。

这样既减少了页面的压迫感，又可以引导读者视线，突出重点内容。留白能够使构图更加均衡，利用留白原则设计的标题幻灯片如图 4-20 所示。

（a）高信噪比　　　　　　（b）低信噪比
图 4-19　降噪原则应用示例

图 4-20　留白原则应用示例

4.1.2　PowerPoint 的制作流程

PPT 制作流程一般可分为以下几个步骤：

1. 设计先于一切

在开始做 PPT 演示文稿之前，非常重要的一步是问自己一些关于目标听众的问题。他们是谁？他们需要什么？怎么给他们？怎么让信息更好地帮助他们？你希望他们听完演说后做些什么？类似的这些问题对于内容是否与听众相关，是否能引起听众的共鸣以及演说成功与否至关重要。

当准确定义了听众之后，开始寻找灵感，将抽象的思想表达清楚，让人们感到具体，这是要花一番工夫的，好的 PPT 是策划出来的，就像宏伟的建筑是规划出来的一样。所有的 PPT 设计师首先是策划师，有的是无意识为之，有的是用心去做，但没有策划的 PPT 必定是失败的作品。不同的演示目的、不同的演示风格、不同的受众对象、不同的使用环境，决定了不同的 PPT 结构、色彩、节奏、动画效果等。这时可以痛快地开展一场头脑风暴，确定方案，对演示文稿的整个构架做一个设计。此时，可以用笔在纸上写出提纲，当然，能简单地画出逻辑结构图最好。之后打开 PPT，不要用任何模板，将提纲按一个标题一页标识出来。

2. 充实内容

有了整篇结构性的 PPT（底版、内容都是空白的，只是每页有一个标题而已），就可以开始去查资料，将适合标题表达的内容写出来或从网上复制过来，稍微修整一下文字，每页的内容做成带"项目编号"的要点。当然，在查阅资料的过程中，可能会发现新的非常有用的资料，却不在你的提纲范围中，则可以进行调整，在合适的位置增加新的页面。

接下来看一下 PPT 中的内容哪些是可以做成图的，如其中带有数字、流程、因果关系、障碍、趋势、时间、并列、顺序等内容时，全都考虑用图画的方式来表现。将表格中的数据信息转变成更直观的图表（饼图、柱图、折线图等），将文字删减、条理化后根据其内在的并列、递进、冲突、总分等逻辑关系制成对应的图表，尝试将复杂的原理通过进程图和示意图等表达，如图 4-21 所示。如果有时内容过多或实在用图无法表现时，就用"表格"来表现，其次才考虑用文字说明。

在充实内容的过程中，应注意以下几个方面：

① 一张幻灯片中，避免文字过多，内容尽量精简。

② 能用图片，就不用表格；能用表格，就不用文字。

③ 图片一定要恰当，无关的、可有可无的图片坚决不要。如图 4-22 所示，不敢相信两个人

在世界地图前握手跟日本的低出生率有什么关系。即使我们讨论的主题是"国际合作",这张图片也是非常老套过时的。这个过程中图是否漂亮不要在意,"糙"点也没关系,关键是用的图是否准确。正确的图片使用如图 4-23 所示。

图 4-21 将文字翻译成图的过程

图 4-22 使用无关主题图片示例

图 4-23 使用相关主题图片示例

3．选择主题和模板

选用合适的 PPT 模板,根据 PPT 呈现出的内容选用不同的色彩搭配,如果觉得 Office 自带的模板不合适,可以在母版视图中调整元素到合适的位置,调整标题、文字的大小和字体,添加背景图、Logo、装饰图等。根据母版的色调,将图进行美化,调整颜色、阴影、立体、线条,美化表格、突出文字等。注意在此过程中,把握整个 PPT 的颜色不要超过 3 个色系,否则 PPT 就显得特别乱而且不美观。

4．美化页面

此步的核心是打破 PPT 制作过程中的各种随意,让一切设置都有理有据。排版是对信息的进一步组织,根据对齐、聚拢、重复、对比、降噪、留白 6 个原则,区分信息的层次和要点,通过点、线、面 3 种要素对页面进行修饰,并通过稳定与变化改善页面版式,使其更有美感。适当放置装饰图(图片可以从网上找),装饰图的使用原则是"符合当页主题,大小、颜色不能喧宾夺主",否则容易分散观众注意力,影响信息传递效果。

在这个环节也可以根据需要适当添加动画,动画是引导读者的重要手段。在美化页面阶段,除了完成对元素动画的设计,经常还要制作自然、无缝的页面切换。在这一步中,必须首先根据 PPT 使用场合考虑是否使用动画,而后谨慎选择动画形式,保证每一个动画都有存在的道理。套用他人的动画可能很省力,但不一定完全适合你的 PPT。必须抵制炫丽动画的诱惑,避免华而不实的动画效果。动画完成后,需要多放映几遍进行仔细的检查,修改顺序错误的动画和看起来稍显做作的动画。

5．预演排练

对于演示型 PPT,这步是绝对不能跳过、非常重要的一步。因为在 PPT 完成之后,演示者需要花大量的时间在每一页 PPT 的备注中写下当页的详细讲稿,然后多次排练、计时、修改讲稿,直到能够熟练、自然地背诵出这些讲稿。特别要注意不能有错字。此外,还需要注意宣讲时的态度、声音、语调,提醒自己克服身体晃动、摇摆,以及其他不得体的行为,设想可能的突发情况并预先想好解决办法。

4.2　PowerPoint 2010 的基础操作

4.2.1　PowerPoint 2010 的启动、保存与退出

1. 启动 PowerPoint 2010

在 Windows 系统中安装 Microsoft Office 2010 成功以后,通常使用以下 3 种方法之一启动 PowerPoint 2010。

(1)从"开始"菜单启动

① 单击"开始"按钮,将鼠标指针指向"所有程序"命令。

② 在弹出的下一级子菜单中,用鼠标指针指向 Microsoft Office 命令。

③ 选择 Microsoft Office PowerPoint2010 命令,即可启动 PowerPoint 2010。

(2)利用已有的 PPT 文件打开

如果在系统中存有 PowerPoint 2010 生成的文件(扩展名为 pptx),在"开始"→"我最近的所有文档"菜单中找到它之后,单击即可打开该文件,同时进入 PowerPoint 2010。

(3)利用快捷方式打开

如果在"开始"菜单或桌面上已经建立了 PowerPoint 2010 的快捷方式,可以直接启动快捷方式将其打开。

2. PowerPoint 2010 的保存

制作完成演示文稿之后,选择"文件"→"保存"命令,如图 4-24 所示。在弹出对话框的"文件名"文本框中,输入 PowerPoint 演示文稿的名称,选择存储位置和保存类型,然后单击"保存"按钮,如图 4-25 所示。

图 4-24　选择"保存"命令

图 4-25　"另存为"对话框

◎温馨提示

默认情况下，PowerPoint 2010 将文件保存为 PowerPoint 演示文稿（pptx）文件格式。因版本原因 PowerPoint 2003 是打不开的。保存类型下拉列表，如图 4-26 所示。

图 4-26   "保存类型"下拉列表

常见的保存类型如表 4-1 所示。

表 4-1   PPT 常用的保存类型

保存类型	扩展名	用途
演示文稿	pptx	典型的 Microsoft PowerPoint 演示文稿，系统默认的保存类型
模板	potx	将演示文稿保存为模板，以便将来制作相同风格的演示文稿
放映	ppsx	可以脱离 PowerPoint 系统，在任意计算机中播放演示文稿
大纲/RTF 文件	rtf	将演示文稿保存为大纲或 rtf 文件，在文字编辑软件能打开，例如 Word 可以打开 rtf 格式的文件

如果在制作 PPT 的过程中，遇到突然断电等突发状况会使辛苦整理的 PPT 内容消失，如何避免这种损失呢？

打开 PPT 2010，选择"文件"选项卡中的"选项"命令，如图 4-27 所示。在"PowerPoint 选项"对话框中选择"保存"选项卡，勾选"保存自动恢复信息时间间隔"，设置自动保存时间间隔，可以将自动保存时间间隔设置为 1 分钟，还可以设置自动保存文档地址，并单击"确定"按钮保存设置，如图 4-28 所示。

图 4-27   单击"选项"按钮

图 4-28   "PowerPoint 选项"对话框

◎温馨提示

养成良好的保存习惯，使用【Ctrl+S】组合键，可以更有效避免损失。

3. 退出 PowerPoint 2010

退出 PowerPoint 2010 的方法非常简单，通常使用以下 3 种方法之一：

① 双击 PowerPoint 2010 窗口标题栏左上角的控制菜单图标。

② 选择"文件"选项卡中的"退出"菜单项。

③ 按【Alt+F4】组合键。

4.2.2　PowerPoint 2010 的界面

启动 PowerPoint 2010 后，将打开 PowerPoint 2010 的工作界面。PowerPoint 2010 的工作界面除了具有 Office 2010 相同的标题栏、功能选项卡、命令组、状态栏等组成部分外，还具有其特有的组成部分，主要包括大纲编辑区、幻灯片编辑区、备注区和视图切换按钮等，如图 4-29 所示。

图 4-29　PowerPoint 2010 的工作界面

1. 标题栏

标题栏在 PowerPoint 2010 窗口的最上端，用来显示 PowerPoint 2010 的名称和正在编辑的演示文稿的名称。标题栏最左边的小图标是窗口控制菜单图标。

2. "文件"菜单

用于执行 PowerPoint 演示文稿的新建、打开、保存和退出等基本操作。

3. 功能选项卡与命令组

PowerPoint 2010 的所有命令集成在几个功能选项卡中，选择某个功能选项卡可切换到相应的命令组。在功能面板中有许多自动适应窗口大小的工具栏，不同的工具栏中又放置了与此相关的命令按钮或列表框。

4．快速访问工具栏

快速访问工具栏按钮位于 PowerPoint 2010 窗口的最左上端，是工作中使用频率比较高的命令，该工具栏上提供了最常用的"保存"按钮、"撤销"按钮和"恢复"按钮，单击对应的按钮可执行相应的操作。如需在快速访问工具栏中添加其他按钮，可单击其后的 ▼ 按钮，选择其中的一项即可在工具栏中设置这些命令的按钮，在项目前面有"✓"的表示已经在工具栏中设置，此时单击它即取消设置。

5．视图切换按钮

分别单击此栏中的 4 个按钮，可以切换到相应的模式，4 种视图为普通视图、幻灯片浏览视图、阅读视图和放映幻灯片视图。

6．幻灯片、大纲视图区

在普通视图模式下，大纲视图窗格有"大纲"和"幻灯片"两种视图方式，通过单击左侧幻灯片预览上方的"大纲"和"幻灯片"两个选项卡切换到相应的模式。"幻灯片"模式是调整和修饰幻灯片的最好显示模式。此时，在大纲视图窗格中显示的是幻灯片缩略图，并且在每一张幻灯片前面都有序号和动画播放按钮。单击某个幻灯片的缩略图，在幻灯片编辑区就出现该幻灯片，用户可以进行编辑等操作。

7．幻灯片编辑区

在普通视图模式下，中间部分是"幻灯片编辑区"，用于查看每张幻灯片的整体效果，可以进行输入文本、编辑文本、插入各种媒体和编辑各种效果，幻灯片编辑区是进行幻灯片处理和操作的主要环境。

8．备注区

备注区位于幻灯片编辑区下方，可供幻灯片制作者或幻灯片演讲者查阅该幻灯片信息或在播放演示文稿时对需要的幻灯片添加说明和注释。

9．状态栏

状态栏位于工作界面最下方，用于显示演示文稿中所选的当前幻灯片以及幻灯片总张数、幻灯片采用的模板类型、视图切换按钮以及页面显示比例等。

4.2.3　PowerPoint 2010 的视图

PowerPoint 2010 为用户提供了普通视图、幻灯片浏览视图、幻灯片放映视图和备注页视图 4 种不同的视图方式，使用户在不同的工作需求条件下，都能拥有一个舒适的工作环境。每种视图包含特定的工作区、功能区和其他工具。在不同的视图中，用户可以对演示文稿进行编辑和加工，同时这些改动也会反映到其他视图中。

1．普通视图

单击"视图"选项卡中的"普通视图"按钮，或者单击"视图切换"按钮 🔳，进入普通视图方式中，如图 4–30 所示。普通视图是最主要的编辑视图，可用于撰写或设计演示文稿。在该视图中，可以看到整张幻灯片。如果要显示其他幻灯片，可以直接拖动垂直滚动条上的滚动块，系统会提示切换的幻灯片编号和标题。当已经指到所需要的幻灯片时，松开鼠标，即可切换到该幻灯片中。

图 4-30　PowerPoint 2010 的普通视图

2. 幻灯片浏览视图

在"视图"选项卡中单击"幻灯片浏览"按钮，或者单击"视图切换"按钮 ，进入幻灯片浏览视图中，如图 4-31 所示。在幻灯片浏览视图中，各个幻灯片将按次序排列，用户可以看到整个演示文稿的内容，浏览各幻灯片及其相对位置。在该视图中，也可以对演示文稿进行编辑，包括改变幻灯片的背景设计和配色方案、重新排列幻灯片、添加或删除幻灯片、复制幻灯片及制作现有幻灯片的副本。但在该视图中，不能编辑幻灯片中的具体内容，类似的工作只能在普通视图中进行。

图 4-31　PowerPoint 2010 的幻灯片浏览视图

3．幻灯片放映视图

在"幻灯片放映"选项卡的"开始放映幻灯片"命令组中根据需要选择"从头开始"或者"从当前幻灯片开始"；也可以单击状态栏右下角的"视图切换"按钮，进入幻灯片放映视图中，如图 4-32 所示。该视图占据整个计算机屏幕。该模式主要用于预览幻灯片在制作完成后的放映效果，以便及时对在放映过程中不满意的地方进行修改，测试插入的动画、更改声音等效果，还可以在放映过程中标注出重点，观察每张幻灯片的切换效果等，按【Esc】键可退出。

图 4-32　PowerPoint 2010 的放映视图

4．备注页视图

在"视图"选项卡中单击"备注页"按钮，进入备注页视图，如图 4-33 所示，用户可以添加演讲者的备注信息或与幻灯片相关的说明内容。备注视图与普通视图相似，只是没有"幻灯片/大纲"窗格，在此视图下编辑幻灯片，在备注页视图方式中完全显示当前幻灯片的备注信息。

图 4-33　PowerPoint 2010 的备注页视图

4.2.4　创建演示文稿

为了满足各种办公需要，PowerPoint 2010 提供了多种创建演示文稿的方法，如创建空白演示文稿、利用模板创建演示文稿、使用主题创建演示文稿以及使用 Office.com 上的模板创建演示文稿等，下面就对这些创建方法进行讲解。

1．新建空白演示文稿

启动 PowerPoint 2010 后，系统会自动新建一个空白演示文稿。除此之外，用户还可通过命令或快捷菜单创建空白演示文稿。操作步骤如下：

① 通过快捷菜单创建：在桌面空白处右击，在弹出的快捷菜单中选择"新建"→
"Microsoft PowerPoint 演示文稿"命令，在桌面上将新建一个空白演示文稿，如图 4-34 所示。

图 4-34　桌面右键选择"新建"命令

② 通过命令创建：启动 PowerPoint 2010 后，选择"文件"选项卡中的"新建"命令，在"可
用的模板和主题"栏中单击"空白演示文稿"图标，再单击"创建"按钮📄，即可创建一个空白
演示文稿，如图 4-35 所示。

图 4-35　选择"空白演示文稿"

◎温馨提示

　启动 PowerPoint 2010 后，按【Ctrl+N】组合键可快速新建一个空白演示文稿

2. 使用设计模板新建演示文稿

对于时间不宽裕或者不知如何制作演示文稿的用户，可利用 PowerPoint 2010 提供的模板进行
创建，其方法与通过命令创建空白演示文稿的方法类似。启动 PowerPoint 2010，选择"文件"选
项卡中的"新建"命令，在"可用的模板和主题"栏中单击"样本模板"按钮，在打开的页面中

选择所需的模板，单击"创建"按钮 ⬜，如图 4-36 所示。返回 PowerPoint 2010 工作界面，即可看到新建的演示文稿效果，如图 4-37 所示。

图 4-36　选择样本模板

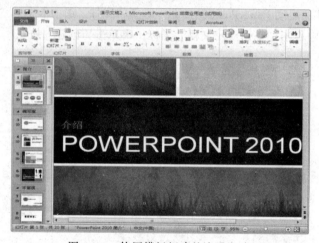

图 4-37　使用模板新建的演示文稿

◎温馨提示

　　使用主题创建演示文稿可使没有专业设计水平的用户设计出专业的演示文稿效果。其方法是：选择"文件"选项卡中的"新建"命令，在"可用的模板和主题"栏中单击"主题"按钮，选择需要的主题，最后单击"创建"按钮 ⬜，即可创建一个有背景颜色的演示文稿。

3. 使用 Office.com 上的模板创建演示文稿

　　如果 PowerPoint 中自带的模板不能满足用户的需要，就可使用 Office.com 上的模板来快速创建演示文稿。其方法是：选择"文件"选项卡中的"新建"命令，在任务窗格下方的"Office.com 模板"栏中按类别列出"业务"、"教育"等多个模板，比如选择"业务"类文件夹图标，如图 4-38 所示，然后选择需要的模板样式，单击"下载"按钮，在弹出的"正在下载模板"对话框中将显示下载的进度，如图 4-39 所示。下载完成后，将自动根据下载的模板创建演示文稿。

◎温馨提示

使用 Office.com 上的模板来创建演示文稿的前提是必须联网，因为需要从 Office.com 上下载模板后才能创建。

图 4-38　选择"业务"类型模板

图 4-39　下载模板

4.2.5　打开演示文稿

当需要对现有的演示文稿进行编辑和查看时，需要将其打开。打开演示文稿的方式有多种，如果未启动 PowerPoint 2010，可直接双击需打开的演示文稿图标。启动 PowerPoint 2010 后，可分为以下 3 种情况来打开演示文稿。

1．打开一般演示文稿

启动 PowerPoint 2010 后，选择"文件"选项卡中的"打开"命令，弹出"打开"对话框，选择需要打开的演示文稿，单击"打开"按钮，即可将其打开。

2．打开最近使用的演示文稿

PowerPoint 2010 提供了记录最近打开演示文稿保存路径的功能。如果想打开刚关闭的演示文稿，可选择"文件"选项卡中的"最近所用文件"命令，在打开的页面中将显示最近使用的演示文稿名称和保存路径，如图 4-40 所示。然后选择需打开的演示文稿完成操作。

图 4-40　最近使用的演示文稿

3. 以只读方式打开演示文稿

以只读方式打开演示文稿只能进行浏览，不能更改演示文稿中的内容。其打开方法是：选择"文件"选项卡中的"打开"命令，单击"打开"下拉按钮，在弹出的下拉列表中选择"以只读方式打开"选项，如图 4-41 所示。此时，打开的演示文稿标题栏中将显示"只读"字样，如图 4-42 所示。

图 4-41　选择打开方式　　　　　　图 4-42　打开的演示文稿只读效果

◎温馨提示

　　在编辑演示文稿的过程中，如果遇到断电或因某种故障重启计算机，而导致演示文稿未及时保存，这时可使用"打开并修复"功能恢复演示文稿。其方法是：在"打开"对话框中选择要打开的演示文稿，单击"打开"下拉按钮，在弹出的下拉列表中选择"打开并修复"选项。

4.2.6　新建幻灯片

演示文稿是由多张幻灯片组成的，用户可以根据需要在演示文稿的任意位置新建幻灯片。常用的新建幻灯片的方法主要有如下两种：

1. 通过快捷菜单新建幻灯片

启动 PowerPoint 2010，在新建的空白演示文稿的"幻灯片/大纲"窗格空白处右击，在弹出的快捷菜单中选择"新建幻灯片"命令，如图 4-43 所示。

图 4-43　新建幻灯片

2．通过选择版式新建幻灯片

版式用于定义幻灯片中内容的显示位置，用户可根据需要向里面放置文本、图片以及表格等内容。通过选择版式新建幻灯片的方法是：启动 PowerPoint 2010，在"开始"选项卡"幻灯片"命令组中单击"新建幻灯片"下拉按钮，在弹出的下拉列表中选择任意新建幻灯片的版式，新建一张带有"比较"版式的幻灯片，如图 4-44 所示。

图 4-44　选择幻灯片版式

4.2.7　选择幻灯片

在幻灯片中输入内容之前，首先要掌握选择幻灯片的方法。根据实际情况不同，选择幻灯片的方法也有所区别，主要有以下 4 种：

1．选择单张幻灯片

在"幻灯片/大纲"窗格或幻灯片浏览视图中，单击幻灯片缩略图，可选择单张幻灯片，如图 4-45 所示。

图 4-45　选择单张幻灯片

2. 选择多张连续的幻灯片

在"幻灯片/大纲"窗格或幻灯片浏览视图中，单击要连续选择的第 1 张幻灯片，按住【Shift】键不放，再单击需选择的最后一张幻灯片，释放【Shift】键后两张幻灯片之间的所有幻灯片均被选择，如图 4-46 所示。

图 4-46　选择多张连续的幻灯片

3. 选择多张不连续的幻灯片

在"幻灯片/大纲"窗格或幻灯片浏览视图中，单击要选择的第 1 张幻灯片，按住【Ctrl】键不放，再依次单击需选择的幻灯片，可选择多张不连续的幻灯片，如图 4-47 所示。

图 4-47　选择多张不连续的幻灯片

4. 选择全部幻灯片

在"幻灯片/大纲"窗格或幻灯片浏览视图中，按【Ctrl+A】组合键，可选择当前演示文稿中所有的幻灯片，如图 4-48 所示。

◎温馨提示

　　若在选择的多张幻灯片中选择了不需要的幻灯片，可在不取消其他幻灯片的情况下，取消选择不需要的幻灯片。其方法是：选择多张幻灯片后，按住【Ctrl】键不放，单击需要取消选择的幻灯片。

图 4-48　选择全部幻灯片

　　制作的演示文稿可根据需要对各幻灯片的顺序进行调整。在制作演示文稿的过程中，若制作的幻灯片与某张幻灯片非常相似，可复制该幻灯片后再对其进行编辑，这样既能节省时间又能提高工作效率。

　　① 通过鼠标拖动移动和复制幻灯片。选择需要移动的幻灯片，按住鼠标左键不放，拖动到目标位置后，释放鼠标完成移动操作。选择幻灯片后，按住【Ctrl】键的同时拖动到目标位置可实现幻灯片的复制。

　　② 通过菜单命令移动和复制幻灯片。选择需移动或复制的幻灯片，在其上右击，在弹出的快捷菜单中选择"剪切"或"复制"命令，然后将鼠标定位到目标位置右击，在弹出的快捷菜单中选择"粘贴"命令，完成移动或复制幻灯片。

　　③ 在不同文档间复制幻灯片。在某一文档选中幻灯片，右击，选择"复制"命令，在另一文档合适的位置右击，选择"粘贴选项"中的"使用目标主题"命令，如图 4-49 所示。

图 4-49　在不同文档间复制幻灯片

◎温馨提示

　　选择需要移动或复制的幻灯片，按【Ctrl+X】或【Ctrl+C】组合键，然后在目标位置按【Ctrl+V】组合键，也可移动或复制幻灯片。

　　④ 删除幻灯片。在"幻灯片/大纲"窗格和幻灯片浏览视图中可对演示文稿中多余的幻灯片进行删除。其方法是：选择需删除的幻灯片后，按【Delete】键或右击，在弹出的快捷菜单中选择"删除幻灯片"命令。

◎温馨提示

　　在操作幻灯片的过程中如果发现当前操作有误，可单击快速访问工具栏中的 按钮返回上一步操作；或者按【Ctrl+Z】组合键。

4.3　幻灯片版面设置

4.3.1　创建与使用幻灯片模板

　　为演示文稿设置好统一的风格和版式后，可将其保存为模板文件，这样方便以后制作演示文稿。

1．创建模板

　　创建模板就是将设置好的演示文稿另存为模板文件。其方法是：打开设置好的演示文稿，选择"文件"选项卡中的"保存并发送"命令，在"文件类型"栏中选择"更改文件类型"选项，在"更改文件类型"栏中双击"模板"选项，如图 4–50 所示。弹出"另存为"对话框，选择模板的保存位置，单击"保存"按钮，如图 4–51 所示。

图 4–50　更改文件类型

图 4–51　保存模板

2．使用自定义模板

　　在新建演示文稿时可直接使用创建的模板，但在使用前，需将创建的模板复制到默认的"我的模板"文件夹中。使用自定义模板的方法：选择"文件"选项卡中的"新建"命令，在"可用的模板和主题"栏中单击"我的模板"按钮,如图 4-52 所示。弹出"新建演示文稿"对话框,在"个人模板"选项卡中选择所需的模板,如图 4-53 所示。单击"确定"按钮,PowerPoint 将根据自定义模板创建演示文稿。

图 4-52　选择"我的模板"选项

图 4-53　使用自定义模板

◎温馨提示

　　如果该模板不是自己保存的而是在网上下载的,可将下载的模板放到 C:\Documents and Settings\Administrator\Application Data\Microsoft\Templates 中,使用自定义模板时可以在"个人模板"中找到。

3. 修改模板

在日常使用中,经常会碰到在网上下载的模板或者系统中提供的模板不太符合要求时,就需要修改模板。

◎温馨提示

　　母版是一类特殊幻灯片,它能控制基于它的所有幻灯片,对母版的任何修改会体现在很多幻灯片上,所以每张幻灯片的相同内容往往用母版来做,提高效率。

　　模板:演示文稿中的特殊一类,扩展名为.potx。用于提供样式文稿的格式、配色方案、母版样式及产生特效的字体样式等。应用设计模板可快速生成风格统一的演示文稿。

① 打开 PPT 模板文件,然后分别单击"视图"选项卡中的"幻灯片母版"按钮,如下图 4-54 所示,进入母版操作视图。

图 4-54　单击"幻灯片母版"按钮

图 4-55　为幻灯片母版添加图片 logo

② 进入母版菜单界面，单击左侧第一张幻灯片母版，单击"插入"选项卡中的"图片"按钮，选择"大连科技学院 logo.jpg"，调整位置将其放入版面右上角，调整位置后单击"关闭模板视图"按钮 ，如图 4-55 所示。返回普通视图中，可以看到所有幻灯片设置的 logo 已经生效。使用幻灯片浏览视图查看设计效果，如图 4-56 所示。

图 4-56　添加 logo 完成效果

4.3.2　设置主题与配色方案

模板是一张幻灯片或一组幻灯片的图案或蓝图，其扩展名为.potx。模板可以包含版式、主题颜色、主题字体、主题效果和背景样式，甚至还可以包含内容。而主题是将设置好的颜色、字体和背景效果整合到一起，一个主题中只包含这 3 个部分。

PowerPoint 模板和主题的最大区别是：PowerPoint 模板中可包含多种元素，如图片、文字、图表、表格、动画等，而主题中则不包含这些元素。

1．为演示文稿应用主题

在 PowerPoint 2010 中预设了多种主题样式，用户可根据需要选择所需的主题样式，这样可快速为演示文稿设置统一的外观。其方法是：打开演示文稿，在"设计"选项卡"主题"命令组中选择所需的主题样式，如图 4-57 所示。

图 4-57　预设的主题样式

◎温馨提示

　　若想将主题样式只应用于选定的幻灯片，首先选择需应用主题样式的幻灯片，再在选择的主题样式上右击，在弹出的快捷菜单中选择"应用于选定幻灯片"命令即可，如图 4-58 所示。此时，会看到只有选中的幻灯片被应用了主题效果，而其他幻灯片的主题并没有改变。

图 4-58　样式应用于选定幻灯片

2．主题颜色设置

　　PowerPoint 2010 为每种设计模板提供了几十种内置的主题颜色，用户可以根据需要选择不同的颜色来设计演示文稿。这些颜色是预先设置好的协调色，自动应用于幻灯片的背景、文本线条、阴影、标题文本、填充、强调和超链接。PowerPoint 2010 的背景样式功能可以控制母版中的背景图片是否显示，以及控制幻灯片背景颜色的显示样式。

　　改变幻灯片的主题颜色的做法如下：应用设计模板后，在"设计"选项卡中单击"主题"组中的"颜色"按钮，将打开主题颜色菜单，如图 4-59 所示。

图 4-59　改变幻灯片的主题颜色

◎温馨提示

　　有时从一份 PPT 复制一部分到另一份 PPT 后发现图表上的颜色变了，原因是两份文件的主题颜色设置不一样，复制到另一份 PPT 文件后便默认改为相同的主题颜色。解决方案是将两份文件 PPT 主题的颜色改成相同。修改 PowerPoint 2010 主题颜色设置：单击"设计"选项卡"主题"组中的"颜色"按钮。

　　经常在做 PPT 幻灯片时会遇到这样一个问题，给文字加超链接后发现超链接的文字颜色不能更改，这种效果与主题的色彩搭配会影响美观效果，有没有什么办法修改超链接文字颜色呢？

　　在"设计"选项卡中单击"主题"组中的"颜色"按钮，将打开主题颜色菜单，单击"新建主题颜色"按钮，在弹出的"新建主题颜色"对话框中可以更改超链接的文字颜色，如图 4-60 所示。

图 4-60　"新建主题颜色"对话框

4.3.3　设置幻灯片版式

　　在 PowerPoint 中，所谓版式，可以理解为"已经按一定的格式预置好的幻灯片模板"，它主要是由幻灯片的占位符（一种用来提示如何在幻灯片中添加内容的符号，最大特点是其只在编辑状态下才显示，而在幻灯片放映的版式下是看不到的）和一些修饰元素构成。

　　使用版式的好处主要有以下几点：

　　① 提高了 PowerPoint 操作的自动化程度，直接通过占位符就可以在幻灯片中插入指定的内容。

　　② 实现了 PowerPoint 内容与外观的分离，通过修改幻灯片版式的占位符格式（如字体、字号、样式等）就可以修改使用了此版式的幻灯片的内容格式。

　　③ 方便统一幻灯片的风格，使用幻灯片版式的幻灯片外观直接受主题影响，利用幻灯片的主题，可以统一管理 PowerPoint 的外观。

1. 更改幻灯片版式

　　PowerPoint 中已经内置了许多常用的幻灯片的版式，如标题幻灯片、标题图片幻灯片、标题内容幻灯片、两栏内容幻灯片等。实际上，如果经常使用一种固定的布局幻灯片，可以将它设计成一种幻灯片的版式。在 PowerPoint 以及自己下载的 PPT 主题中，所包含的样式是固定的，如果里面的版式与想要的版式不符，就可以自己动手来设计想要的主题版式。

启动 PowerPoint 时，将会显示要作为演示文稿封面的幻灯片。将作为封面的幻灯片称为"标题幻灯片"。如有必要，可将此版式更改为另一个版式。单击"开始"选项卡"幻灯片"中的"版式"按钮，然后即可选择需要的版式，如图 4-61 所示。

图 4-61　更改幻灯片版式

2．自己设计版式

在有些人看来，使用这些内置的版式没有个性，不够艺术，产生的效果也不理想，因此，可以重新设计自己需要或喜欢的版式。

① 选择"视图"选项卡，单击"母版视图"组中的"幻灯片母版"按钮，进入幻灯片的母版视图，如图 4-62 所示。

图 4-62　进入幻灯片母版视图

② 添加幻灯片自定义版式和命名，如图 4-63 所示。

③ 设计和编辑幻灯片自定义版式，在自定义版式中添加内容（占位符），编辑幻灯片自定义版式，如图 4-64 所示。可以为幻灯片版式中的占位符设置格式及样式，设置方法和设置幻灯片普通内容相同，建议在占位符中提供使用说明文字，以起到明确的指示作用。

图 4-63   重命名自定义版式　　　　　　　图 4-64   添加文本占位符

④ 应用幻灯片自定义版式，退出幻灯片的母版视图，向作品添加幻灯片时，可选择自定义的版式，如图 4-65 所示。

图 4-65   应用自定义版式

◎温馨提示

　　PPT 页面的布局并没有硬性规定，只要这些元素在页面上排列的结果能够取得较为和谐的视觉效果，这就是成功的。初学者可能对如何布局这些页面中的对象没有任何想法或构思，建议多看看别人的作品或者从一些经典的网页中来寻找一些灵感，使自己的 PPT 页面也能为别人带来赏心悦目的感觉。

4.3.4　设置幻灯片的背景

　　一个好的 PPT 要吸引人，不仅需要内容充实、明确，外表的装潢也是很重要的。如同 PPT 的背景，一个漂亮、清新或淡雅的背景图片，能够提升 PPT 的整体阅览效果。而 PowerPoint 2010 新建幻灯片之后，它的背景色默认是白色的。幻灯片之所以能够吸引人们的眼球是因为它的图片精美，版式奇妙。

1．添加背景

在打开的文档中，右击任意幻灯片页面的空白处，选择"设置背景格式"命令，如图 4-66 所示；或者选择"设计"选项卡"背景样式"下拉列表中的"设置背景格式"命令，如图 4-67 所示。

图 4-66　选择"设置背景格式"命令

图 4-67　选择"设置背景格式"选项

在弹出的"设置背景格式"对话框中，选择左侧的"填充"，就可以看到有"纯色填充""渐变填充""图片或纹理填充""图案填充"4 种填充模式，如图 4-68 所示。在幻灯片中不仅可以插入自己喜爱的图片背景，还可以将背景设为纯色或渐变色。如果希望插入漂亮的背景图片，选择"图片或纹理填充"，如图 4-69 所示，在"插入自"有两个按钮，一个是自"文件"，可选择来自本地计算机中的图片；另一个是自"剪贴画"，可搜索来自"Office.com"提供的背景图片，此步操作需要联网。

图 4-68　选择"渐变填充"

图 4-69　选择"图片或纹理填充"

单击"文件"按钮，弹出"插入图片"对话框，选择图片的存放路径，如图 4-70 所示。选择后单击"插入"按钮即可插入选择的图片。

图 4-70 "插入图片"对话框

返回"设置背景格式"对话框中，之前的步骤只是为本张幻灯片插入了 PPT 背景图片，如果想要全部幻灯片应用同张 PPT 背景图片，可单击"设置背景格式"对话框中的"全部应用"按钮，如图 4-71 所示。

2．修改背景

在网上下载的 PPT 模板有时会有其他公司的 LOGO 或者水印图片背景、文字等信息，如何将其修改成自己的信息？有时直接更换图片或者修改背景是行不通的，这时必须进入前文介绍的"幻灯片母版"模式来修改。进入"视图"选项卡，单击"幻灯片母版"按钮即可对模板中的内容进行修改、编辑和删除。修改时，选择"幻灯片母版"选项中的"背景"→"背景样式"的"设置背景格式"选项，可进行修改；如图 4-72 所示。修改完毕后，返回"幻灯片母版"选项卡中，单击"关闭母版视图"按钮即可。

图 4-71 单击"全部应用"按钮

图 4-72 母版下设置背景

◎温馨提示

作为 PPT 的背景，不能太花哨，否则会喧宾夺主。

4.3.5　上机练习

制作 5 张幻灯片，将第一张幻灯片背景（即标题幻灯片）使用图案填充（任选一种图案即可）。其余 4 张幻灯片背景设置为"水滴"纹理效果。编辑幻灯片母版，在标题幻灯片版式中添加"太阳"形状，放置在页面中央。进入母版视图，编辑内容幻灯片版式，在左上角添加"笑脸"形状。设置完毕后关闭母版视图，如图 4-73 所示。尝试为每张幻灯片设置不同版式。

图 4-73　上机练习操作效果

◎温馨提示

所有的 Office 用户都知道"编辑""撤销"命令。在默认情况下 PowerPoint 2010 最多允许撤销 20 次操作，能增加更多的撤销操作数吗？

实际上可以把撤销操作数上限提高到 150 次。选择"文件"→"选项"命令，然后单击左侧的"高级"选项，如图 4-74 所示。在"编辑选项"区域的"最多可取消操作数"字段输入想要的数值（从 3 到 150 均可），然后单击"确定"按钮。需要注意的是，当增加 PowerPoint 的最多可取消操作数时，它所占用的 PC 内存也会随之增加。

图 4-74　"PowerPoint 选项"对话框

4.4　对象的添加

4.4.1　编辑文本

1. 输入文本

① 用占位符输入文本，占位符带有虚线或影线标记边框，能容纳标题和正文以及图表、表格和图片等对象，在占位符中输入文本之后，还可以对其进行格式设置。

◎温馨提示

　在应用了版式之后，占位符不能添加，只能删除。

② 用文本框输入文本。

③ 如图 4-75 所示，文本框与占位符的区别如下：

- 文本占位符是由幻灯片的版式和母版确定，而文本框是通过绘图工具或"插入"选项卡插入的。
- 占位符中的文本可以在大纲视图中显示出来，而文本框中的文本却不能在大纲视图中显示。
- 当其中的文本太多或太少时，占位符可以自动调整文本的字号，使之与占位符的大小相适应，而同样情况下文本框却不能自行调节字号的大小。
- 文本框可以和其他自选图形、自绘图形、图片等对象组合成一个更为复杂的对象，占位符却不能进行这样的组合。

2. 设置文本格式

对幻灯片中的文本的字体、字号、颜色等格式进行设置，可以使演示文稿中的文字更加醒目且更富有吸引力。另外，通过设置项目符号、段落对齐方式和段落行间距，使文本看起来条理有序。

（1）设置文字格式

利用"开始"选项卡能够对文字进行格式设置。选中文字后可以在"字体"命令组中设置文字格式，单击"字体"命令组右下角的对话框启动器按钮（见图 4-76），可弹出"字体"对话框。

图 4-75　文本占位符和文本框　　　　图 4-76　单击启动器按钮

◎温馨提示

　　需要强调的是，拿到一篇文章，在做幻灯片之前首先要分析一下文章的结构，大标题、小标题、内容等总共分几个层次，尽量压缩文字，多用图、表。文章中不同层次的文字尽可能用不同的字体、字号和颜色，这样幻灯片的层次会更加清晰。

　　（2）设置文本的段落格式

　　利用"开始"选项卡能够对文字进行段落设置。选中文字后，可以在"段落"命令组中设置段落格式，单击"段落"命令组右下角的对话框启动器按钮，可弹出"段落"对话框。还可以设置项目符号/编号，如图 4-77 所示。

图 4-77　单击"段落"组的对话框启动器按钮

4.4.2　插入艺术字

　　艺术字通常用在编排报头、广告、请柬及文档标题等特殊位置，在演示文稿中一般用于制作幻灯片标题，插入艺术字后，可以改变其样式、大小、位置等。下面介绍如何插入艺术字并改变其位置。

　　首先启动 Microsoft PowerPoint 2010，选择"插入"选项卡，单击"文本"命令组中的"艺术字"下拉按钮，如图 4-78 所示。在弹出的下拉列表中选择艺术字样式，每一个样式都有名字，如选择第三行第四个"渐变填充—蓝色，强调文字 1"。

图 4-78　"艺术字"下拉按钮

　　在"请在此放置您的文字"处录入所需要的文字，如图 4-79 所示。如果需要编辑艺术字字体大小，可在"开始"选项卡"字体"命令组中根据需要设置字体、字号、颜色等。

图 4-79　插入艺术字

如果需要改变艺术字的位置，首先选中艺术字（注意是整个艺术字在选中状态，而不是艺术字中的文字的编辑状态，如图 4-80 所示），鼠标指针指向艺术字外边框处，当指针变成 4 个箭头按住鼠标左键不放，拖动即可改变艺术字位置。

图 4-80　艺术字选中状态（左），艺术字编辑状态（右）

如果需要改变艺术字位置：如水平 5.8 厘米，垂直 4.3 厘米，自左上角；需选中艺术字，右击，在弹出的快捷菜单中选择"设置形状格式"命令，如图 4-81 所示。在"设置形状格式"对话框中，选择"位置"，就可以对艺术字在幻灯片中的位置进行准确的定位。具体操作如图 4-82 所示。

图 4-81　选择"设置形状格式"命令

图 4-82　"设置形状格式"对话框

4.4.3　插入自选图形

自选图形是一组现成的形状，包括如矩形和圆这样的基本形状，以及各种连接符、箭头汇总、流程图符号、星与旗帜及标注等。自选图形的组合使用可以在幻灯片上制作出一些特殊的效果。

首先打开需要插入自选图形的 PPT 文档。打开 PPT 文档后，新建一个幻灯片，单击"插入"选项卡"插图"命令组中的"形状"按钮，找到"椭圆"形状，如图 4-83 所示。

图 4-83　"插入"选项卡"形状"

可以设置椭圆自选图形的样式，选中自选图形，在"绘图工具-格式"选项卡"形状样式"命令组中可以分别设置形状填充、形状轮廓、形状效果。单击快翻按钮 ▼ 可以快速设置图形的形状样式，如图 4-84 所示。如果需要为自选图形添加文本，可选中自选图形，右击选择"编辑文字"命令，如图 4-85 所示。此时输入所需文本即可看到如图 4-86 所示的完成效果。

图 4-84　"形状样式"命令组　　　图 4-85　选择"编辑文字"命令　　　图 4-86　自选图形编辑文字效果

如果需要调整自选图形叠放次序，选中自选图形，单击"绘图工具-格式"选项卡"排列"命令组中的"上移一层"（置于顶层）/"下移一层"（置于底层）按钮，如图 4-87 所示。图 4-88 所示为乌云遮住太阳效果。

图 4-87　"排列"命令组　　　　　　　　图 4-88　乌云遮住太阳效果

右击该图形，选择"设置形状格式"命令，弹出"设置形状格式"对话框，如图 4-89 所示，可以设置该图形的外观，外边线条形状、颜色、阴影等格式。

图 4-89　"设置形状格式"对话框

4.4.4　插入表格

与页面文字相比较，表格采用行列化的形式，更能体现内容的对应性及内在的联系。表格的结构适合表现比较性、逻辑性、抽象性强的内容。在 PPT 中插入与设置表格是制作 PPT 时比较常用的技巧，下面介绍如何在 PowerPoint 2010 中插入与设置表格。

1. 创建表格

首先在"插入"选项卡中单击"表格"按钮，可以自动创建表格（最多创建 8 行 10 列的表格），或者直接输入插入表格的行数和列数插入表格，如图 4-90 所示。

图 4-90　创建表格功能

当插入的表格并不是完全规则时，也可以直接在幻灯片中绘制表格。绘制表格的方法很简单，在"插入"选项卡中选择"表格"→"绘制表格"命令，鼠标指针将变为笔的形状，此时可以在幻灯片中绘制需要的表格。

◎温馨提示

绘制斜线表头。

首先选定需要绘制斜线表头的表格单元格。在"表格工具-设计"选项卡中单击"表格样式"命令组中的 按钮，选择斜线表头的格式即可，如图 4-91 所示。

图 4-91　绘制斜线表头

2．插入、删除表格的行和列

首先将光标定位到相应单元格，选择"表格工具–布局"选项卡，在"行和列"命令组中单击"在上方插入/在下方插入"按钮，如图 4-92 所示。

如果需要删除行/列，首先将光标定位到相应单元格，选择"表格工具–布局"选项卡，在"行和列"组中单击"删除"→"删除行/列"按钮，如图 4-93 所示。

图 4-92　插入表格行/列　　　　　　　　　　　　　图 4-93　删除表格行/列

3．设置表格行高和列宽

如果需要设置表格行高和列宽可以使用如下两种方法：

① 将鼠标指针放在行或列的分隔线上，当光标变为双向箭头时，即可粗略地调整行高或列宽。

② 选中表格行或列，在"表格工具–布局"选项卡的"单元格大小"命令组中，可以精确设置高度/宽度，如图 4-94 所示。

图 4-94　"单元格大小"命令组

套用表格格式功能可以根据预设的格式，将制作的报表格式化，产生美观的报表，从而节省使用者将报表格式化的许多时间，同时使表格符合数据库表单的要求。具体做法是：将光标定位在表格内，选择"表格工具–设计"选项卡，在"表格样式"命令组中可以通过快翻按钮迅速设置表格的底纹/边框，如图 4-95 所示。

图 4-95　"表格样式"命令组

4.4.5　插入 SmartArt

使用 SmartArt 可以设计出精美的图形，如人力资源部门人员可以利用 SmartArt 在 PowerPoint 中非常轻松地插入组织结构、业务流程等图示，加上增强的动画设计工具，还可以让死板的培训课程变得活泼起来。在 Office 办公组件的 Word、Excel 和 PowerPoint 中都可以直接调用一些 SmartArt 图形。应用时要注意将 SmartArt 图形与图表加以区分，图表是针对数据的一种图示表示方式，而 SmartArt 图形则是一种逻辑和抽象信息的可视化表示，通常是针对一些文本信息的。

下面就以在 PPT 幻灯片文稿中插入公司销售业务流程图为例，介绍具体的实现过程。

首先启动 PowerPoint 2010，新建一个名为"新员工培训"的演示文稿，然后选择"插入"选项卡，单击"添加幻灯片"按钮，新建一个幻灯片，用来存放公司业务流程图，并在其中输入幻灯片标题：公司销售业务流程图。

由于这次需要在幻灯片中编辑一张关于公司销售业务流程的图示，因此单击"插入"选项卡中的 SmartArt 按钮，弹出选择"SmartArt 图形"对话框，选择"流程"类别中的"交替流"图形，然后单击"确定"按钮，如图 4-96 所示。这样，就在幻灯片中插入一个业务流程图模板，同时在流程图的右侧会显示一个名为"在此处键入文字"文本窗格，在其中可以输入流程图中各个环节形状的标题以及相关说明文字。当然，也可以直接在环节形状中直接输入相应的文字，而且也能够显示在这个文本窗格中，如图 4-97 所示。

图 4-96　"选择 SmartArt 图形"对话框

图 4-97　插入 SmartArt 流程图

通常每个流程图的环节形状都附带一个说明形状框，并可以在其中输入文字，但是新增的形状，并不能在说明形状框中输入文字，这时候可以在左侧的文本窗格单击需要添加说明文字的环节。

在编辑流程图过程中，如果觉得文本窗格影响操作，可以单击右上角的"关闭"按钮 ⊠，从而取消这个窗格的显示。需要显示这个窗格时，右击流程图，在弹出的快捷菜单中选择"显示文本窗格"命令即可，而且在播放幻灯片时，这个文本窗格不会显示。

在默认情况下，业务流程图中只存在 3 个环节形状，但如果公司的业务流程包括 6 个环节形状，即业务洽谈→签订合同→客户付款→发货→客户收货→信息反馈，因此还需要添加 3 个环节。添加新形状时，单击"SmartArt 工具-设计"选项卡中的"添加形状"→"在后面添加形状"按钮，即可在现有业务流程图的后面新增一个形状，如图 4-98 所示。重复此操作，添加其余的形状，然后在流程图中的各个环节形状或者文本窗格中输入业务流程的各个环节名称。

图 4-98　添加形状

虽然在每个环节形状中输入了标题，但是这样介绍公司的销售业务流程图，有点太简单，必须对每个业务环节做进一步的说明。例如，对于"业务洽谈"环节需要添加"需做详细的文字记录、部门经理需同意"等说明文字，可以在流程图中文本窗格的"业务洽谈"环节下面的次级文本框输入描述文字。

销售业务流程图制作基本完成后，还可进行修饰。操作步骤如下：

单击"SmartArt 工具-设计"选项卡中的"更改颜色"按钮（见图 4-99），从弹出的颜色列表框中，为流程图选择一种颜色方案，如彩色强调文字颜色，这样就会发现所做的销售业务流程图立刻亮丽起来。

图 4-99　SmartArt 更改颜色

在幻灯片中选定某个 SmartArt 图示后，会在功能区中显示一个"SmartArt 工具"选项卡，在其下面具有"设计""格式"两个选项卡。

4.4.6　插入声音

恰到好处的声音可以使幻灯片具有更出色的表现力。在某些场合，声音需要连续播放，如相册中的背景音乐，伴随着声音出现一幅幅图片，在幻灯片切换时需要声音保持连续。操作步骤如下：

首先在第一张幻灯片中，选择"插入"选项卡"媒体"命令组中的"音频"→"文件中的音频"选项（见图 4-100），在弹出的对话框中找到音乐路径，选择音乐，然后单击"插入"按钮，在幻灯片中间会出现一个小喇叭。此时，可以查看"播放音频"对话框，可以看到文件显示"包含在演示文稿中"，如图 4-101 所示。这是 PowerPoint 2010 的新功能，可直接内嵌 MP3 音频文件，不用担心音频文件丢失问题。可以在如图 4-102 所示的"播放"选项卡中设置播放参数。

图 4-100　单击"文件中的音频"按钮　　　　图 4-101　"播放音频"对话框

图 4-102　"播放"选项卡

◎温馨提示

在 PowerPoint 2010 中插入音频及视频很方便，较以前的版本做了些改进。

① 能够完全嵌入音频格式，以前版本中只支持 WAV 格式文件的嵌入，其他格式的音频文件均是链接，必须一起打包音频文件。

② 对于 PowerPoint 2010 来说，可直接内嵌 MP3 音频文件，不用担心音频文件丢失问题。

③ 随意地剪裁音频文件，可以设置为淡入淡出，音频不会感到突兀。

如果需要音频从头播放到尾，中间不间断，可选择"动画"选项卡，单击"高级动画"命令组中的"动画窗格"按钮，弹出"动画窗格"任务窗格，单击歌曲信息右边的下拉按钮，选择"效果选项"，如图 4-103 所示。然后，将停止播放设置为在"在 × 张幻灯片后"，如图 4-104 所示。如果想让歌曲一直连续不断地播放，输入最后一张幻灯片的编号即可。如果此时希望插入音乐在第 3 张幻灯片后停止，可以输入"在 3 张幻灯片后"，设置完成后单击"确定"按钮，会发现再也不会因为幻灯片的切换导致重新播放歌曲。

图 4-103　"动画窗格"任务窗格

图 4-104　"播放音频"对话框

◎温馨提示

　　PowerPoint 2010 插入的 MP3 音频文件比较缓慢，而且不能在兼容模式下使用，对方也必须是 PowerPoint 2010 嵌入的 MP3 音频文件才可以完全播放。如果将文件另存为兼容文件，音频文件会自动转换成图片，无法播放。

4.4.7　插入视频

　　视频跟 PPT 的兼容性一直是让人头痛的问题。在 PowerPoint 2003 和 2007 中，只能插入视频，发给别人时，还要把视频和 PPT 打包一起发给别人。从 PowerPoint 2010 开始，可以安全嵌入视频，不必担心在传递演示文稿时会丢失文件。如果要限制演示文稿的大小，可以链接到本地驱动器上的视频文件或上传到网站（例如优酷或土豆）的视频文件（在 PowerPoint 2010 中嵌入的视频，在以前版本中并不能正常观看）。

1．插入视频

　　在"插入"选项卡中的"媒体"命令组中，选择"视频"→"文件中的视频"选项，如图 4-105 所示。在"插入视频"对话框中，找到并单击要嵌入的视频，然后单击"插入"按钮。PowerPoint 2010 支持的视频格式有 swf（flash 动画）、avi、mpg、wmv 等，其他格式的视频需要转化格式才能插入到幻灯片，如"格式工厂"。选择"视频工具-格式"选项卡，在"视频样式"命令组中可以设置视频样式，如图 4-106 所示。

图 4-105　插入文件中的视频

图 4-106　"视频工具-格式"选项卡

2. 从演示文稿链接到视频文件

可以从 Microsoft PowerPoint 2010 演示文稿中链接到外部视频文件或电影文件。通过链接视频，可以减小演示文稿的文件大小。若要在 PowerPoint 演示文稿中添加指向视频的链接，可执行下列操作：

在"插入"选项卡上的"媒体"命令组中，单击"视频"下拉按钮，选择"文件中的视频"命令，找到并单击要链接到的文件。单击"插入"下拉按钮，选择"链接到文件"选项，如图 4-107 所示。

图 4-107   "插入视频文件"对话框—链接到文件

4.4.8 上机练习

① 文本操作练习，按下列步骤制作 4 页幻灯片文档：

- 插入第一张版式为标题的幻灯片，第二张版式为标题、文本和内容的幻灯片，第三张和第四张版式为垂直排列标题和文本的幻灯片。
- 在各张幻灯片上输入文本信息，第四张幻灯片上的文本分为两级文本。
- 在第一张幻灯片上插入图片"岳麓书院"。
- 应用设计模板古瓶荷花（如未找到该模板，请使用与其风格相配的其他模板，可从网上下载）。
- 将母版文本设为华文行楷，一级文本字号设为 28 号，二级文本字号设为 24 号。

最终效果如图 4-108 所示。

图 4-108　制作完成效果

② 对象添加综合练习，按下列步骤制作 4 页幻灯片文档：

- 制作标题幻灯片，添加艺术字（文字内容可以自拟，艺术字样式自选，以良好视觉效果为准）。
- 插入第二张幻灯片，使用自选图形制作一张创意图画。
- 插入第三张幻灯片，为该幻灯片添加一个张表格（内容为本门课程课程表），美化表格。
- 插入第四张幻灯片，为该幻灯片添加一种 SmartArt，要求这种 SmartArt 能准确表达出班级班委的设置情况，美化该 SmartArt。
- 选择一首喜欢的音乐作为背景音乐插入，要求设置音乐播放直到幻灯片放映结束。

4.5　幻灯片中的图像处理

4.5.1　插入与调整图片

1. 插入图片

在幻灯片的编辑过程中，用户可以在幻灯片中插入剪贴画和来自其他文件的图片，以丰富幻灯片的视觉效果。

在幻灯片中插入图片的具体操作步骤如下：

① 单击"插入"选项卡"图像"命令组中的"图片"按钮，弹出"插入图片"对话框，如图 4-109 所示。

图 4-109　"插入图片"对话框

② 在"查找范围"下拉列表中选择图片所在的位置；在文件列表中选择需要插入的图片；在"文件类型"下拉列表中选择要打开的图片的类型。如果此时希望插入多张图片，可以按住【Ctrl】键选中多张图片，或者使用鼠标选中一个区域，如图 4-110 所示。

③ 设置完成后，单击"插入"按钮即可。

图 4-110　选择多张图片

2. 调整图片大小、位置与旋转

如果需要调整图片大小，首先选中图片，在"图片工具-格式"选项卡的"大小"命令组中可以对高度/宽度进行精确设置，如图 4-111 所示。

图 4-111　调整图像大小

如果需要调整插入图片的位置，首先选中图片，当光标变为双向十字箭头形状时，直接拖动即可移动图片位置。如果需要旋转图片，则通过如图 4-112 所示的旋转控制点对图片进行旋转。

图 4-112　图片旋转

4.5.2　设置图片背景的透明色

如果将一张纯色白色背景的 LOGO 图片插入到 PPT 中，而 PPT 的背景是蓝色的，那么，图片的融合度不高，如图 4-113 所示。如何将图片修改为透明背景呢？

单击图片，出现"图片工具-格式"选项卡，单击"颜色"按钮，在下拉列表中选择"设置透明色"选项，如图 4-114 所示。

图 4-113　图像需要设置背景透明

图 4-114　"图片工具/格式"设置透明色

此时会发现鼠标指针变成"铅笔"样式，再单击图片上的背景颜色处，就会发现背景变透明，如图 4-115 所示。

图 4-115　图像背景透明色设置完成效果

◎温馨提示

设置图片背景透明化，只适用于背景色为单一的纯色，如果颜色过于复杂，采用"删除背景"功能较好。

4.5.3　图片的裁剪

裁剪操作通过减少垂直或水平边缘来删除或屏蔽不希望显示的图片区域。裁剪通常用来隐藏或修整部分图片，以便进行强调或删除不需要的部分。例如，经常在网上下载的图片会有水印的LOGO，可以通过裁剪功能将其去除。

首先插入一张图片，选择"图片工具–格式"选项卡，单击"裁剪"旋钮，如图 4-116 所示。然后拖动图片裁剪边线，直到选取需要的图片大小的位置，如图 4-117 所示。单击空白位置，这时图片的样式就是裁剪后的样子，可以轻松地将右下角图片中的水印效果去除。

图 4-116　单击"裁剪"按钮

图 4-117　拖动图片裁剪边线

裁剪功能经过增强后，可以轻松地裁剪为特定形状、经过裁剪来适应或填充形状。在"图片工具–格式"选项卡，选择"裁剪"→"裁剪为形状"选项，在"基本形状"栏中选择"正五边形"，如图 4-118 所示，设置完成效果如图 4-119 所示。

图 4-118　裁剪为形状

图 4-119　裁剪后的形状效果

4.5.4　剪贴画的使用

剪贴画是 PPT 中一个非常重要的图形来源，我们需要的一些元素（包括树、太阳、云朵、雨滴、小草等）都来自于剪贴画。单击"插入"选项卡"图像"命令组中的"剪贴画"按钮，页面右侧会出现"剪贴画"窗格。例如，在"搜索文字"文本框中输入关键词"人"进行搜索，点选一张图，这张图就会自动加入到 PPT 当前页面，可把该剪贴画尺寸调大一些，如图 4-120 所示。

如果现在只需要这个人的外形，可去掉背景：选中图片，右击，选择"取消组合"命令，如图 4-121 所示。此时，会弹出一个对话框，如图 4-122 所示，询问"这是一张导入图片，而不是组合。是否将其转换为 Microsoft Office 图形对象？"，单击"是"按钮。

图 4-120　"插入"选项卡——剪贴画

图 4-121　剪切画进行"取消组合"

图 4-122　询问是否转换为图形对象

转换结束后，在图形上右击，选择"取消组合"命令，会看到这张图片是由这么多的小图片拼成的，如图 4-123 所示。此时，可以将不需要的背景删掉，即得到一个干净的人物，再将单个人组合起来，如图 4-124 所示。

图 4-123　打散剪贴画

图 4-124　重新组合单人剪切画

　　如果想制作一个剪影，则选中此幅剪贴画，在"绘图工具-格式"选项卡中单击"形状填充"按钮，如图 4-125 所示。如果使用最传统的黑色填充，就能得到剪影效果，如图 4-126 所示。

图 4-125　形状填充

图 4-126　剪影效果

4.5.5　快速应用图片样式与艺术效果

　　PPT 中的图片排版设计容易显得太"平"，特别是要在一页幻灯片上编排多张图片时，如何才能将这些图片排列得美丽而精彩？实际上，使用 PowerPoint 2010 中的"图片样式"功能，可以为不同的图片应用不同的样式，通过更改图片的边框、方向等选项在视觉上形成立体效果。

　　PowerPoint 2010 中内置的图片样式非常丰富，而且它支持即时查看功能，可以方便用户快速找到合适的图片样式。

　　选中要设置样式的图片，在"图片工具-格式"选项卡的"图片样式"命令组中单击"其他"按钮，展开整个"图表样式"列表，然后用鼠标指向列表中的样式，幻灯片中的图片会显示应用该样式的预览效果，确定某个样式后，单击该样式选项即可，如图 4-127 所示。

图 4-127　图片样式

此外，PowerPoint 2010 的图像处理整合了很多 PS 的功能，使用起来非常简单，还可以自行调节图像处理效果的强弱。操作方式如下：首先插入图片，这里将图片调整为和幻灯片一样大小。选择图片，在"图片工具-格式"选项卡的"调整"命令组中单击"艺术效果"按钮，选择一个艺术效果，如图 4-128 所示。这时，如果再选择另一种艺术效果，以前设置的艺术效果就会消失，只保留了最近一次的艺术效果。

图 4-128　艺术效果

4.5.6　电子相册的制作

照片能够很好地保存我们对以前生活的美好记忆，也能记录平时的点点滴滴。

启动 PowerPoint 2010，选择"插入"选项卡，选择"相册"→"新建相册"选项（见图 4-129），弹出"相册"对话框，单击"文件/磁盘"按钮，选取本地的几张相片，单击"插入"按钮。通过上下箭头可以调整相片出现的顺序，也可以进行删除。下方相册版式模块中可以设置同时显示的张数，以及相框的样式，如图 4-130 所示。单击"创建"按钮，新的相册生成，会自动产生一个白色背景的封面，只有简单的几个字。封面的设计不能大意，否则会影响到相册的第一感觉。

图 4-129　新建相册　　　　　　　　　图 4-130　"相册"对话框

4.5.7　使用屏幕截图

PowerPoint 2010 内置的屏幕截图功能，用起来很方便。在"插入"选项卡的"图像"命令组中单击"屏幕截图"下拉按钮，会出现"可用视窗"和"屏幕剪辑"，如图 4-131 所示。选择"可用视窗"可插入任何未最小化到任务栏程序的图片，选择"屏幕剪辑"可通过拖动插入屏幕任何部分的图片。

图 4-131　"屏幕截图"下拉列表

4.5.8　上机练习

① 剪贴画练习。按如图 4-132 所示的样例，将"女子打高尔夫球"剪贴画修改为黑色剪影效果。

图 4-132　将"剪贴画"修改为黑色剪影效果

②　图片的裁剪练习与透明色设置练习。按照如图 4-133 所示的样例，下载几张图片进行裁剪与透明背景色设置。

图 4-133　对图像进行裁剪与透明色设置案例

③　电子相册制作练习。选择 20 张自己的照片，制作电子相册，注意使用图片样式功能美化相册。

4.6　幻灯片的动画设置

动画是 PPT 设计中饱受争议的内容，有人认为在学术报告或商务演讲中，动画会分散听众的注意力，将听众视线从主题转移到动画上，对于演讲本身会得不偿失。然而，在形象或产品宣传、课件等一类 PPT 中，适当的动画效果可以避免观众发生视觉疲劳，避免打瞌睡，还可以为 PPT 增色不少。

动画可以吸引人的注意力，所以恰当地利用动画可将观众引向问题的关键点；同时正是由于动画的这种吸引力，很可能会将观众的视线吸引到这些动画本身，而不是想要表达的内容上。所以，无论 PPT 动画设计得多么精美，如果在一场演示完成后，观众却不知演示的主要内容，那么，此 PPT 肯定是失败的。如果舍弃内容，再华丽的动画也会失去意义。

其实，大部分 PPT 大师认为 PPT 的动画并不一定非要多复杂，简洁而又能恰到好处地对内容进行展示烘托，使动画为 PPT 的内容服务。但真正要做到这一点，并不是很容易的，需要日积月累。想要设计出真正的好动画，除了反复历练之外，可以从以下几个方面着手：自定义动画有进入、强调、退出、动作路径效果，还可以设置一定的效果选项和动作按钮。

◎温馨提示

巧用开场动画，吸引观众注意、引出演示主题。

在演示者登上讲台的一刻，也许观众还在回味前一个演示，也许还在思考没有完成的工作，也许还在与邻座侃侃而谈……如果用话筒提醒大家肃静就太没创意了。怎么办？放上一套精彩而简短的开场动画，再配以富有节奏感的开场音乐，一下子就能紧抓观众眼球，而且顺利地将其带入演示的主题。

4.6.1　进入动画

动画是演示文稿的精华，在画中尤其以"进入"动画最为常用。对象从无到有采用"进入"动画效果。在触发动画之前，被设置为"进入"动画的对象是不出现的，在触发之后，采用何种方式出现呢？这就是"进入"动画要解决的问题。

PowerPoint 中的进入动画效果非常丰富，其中基本型有 16 种动作，如"出现""百叶窗""飞入"等；细微型共有 4 种，如"淡出""旋转""缩放""展开"；温和型共 7 种，如"翻转式由远及近""基本缩放"等；华丽型有 10 种，包括"弹跳""浮动""螺旋飞入"等。如果是标题文字，可以选择比较夸张的华丽型动画效果。

下面以设置"回旋"的进入动画为例，介绍一下具体的设置过程。

选中需要设置动画的对象，选择"动画"选项卡，单击"添加动画"按钮，其中有"进入"类别，此时并没有列出"回旋"进入动画（见图 4-134），需要选择"更多进入效果"选项，弹出如图 4-135 所示的对话框。此时选择"温和型"栏中的"回旋"进入动画效果。

图 4-134　进入动画

图 4-135　"添加进入效果"对话框

4.6.2　强调动画

"进入"动画可以使对象从无到有，而"强调"动画可以使对象从"有"到"有"，前面的"有"是对象的初始状态，后面的"有"是对象的变化状态。这样两个状态上的变化，起到了将对象强调突出的目的。

下面以设置"放大/缩小"的强调动画为例，介绍具体的设置过程。

① 在"动画"选项卡中单击"添加动画"→"强调"栏中的"放大/缩小"按钮（见图 4-136），或选择"更多强调效果"选项，再选择"放大/缩小"强调动画。系统默认对强调的物件进行放大效果演示。

② 在"动画"选项卡"高级动画"命令组中单击"动画窗格"按钮（见图 4-137），再双击右侧动画窗格中动画标签可以设置强调动画方案，如图 4-138 所示。打开"放大/缩小"对话框，切换到"效果"选项卡，可以修改"尺寸"栏中的比例，当选择的比例大于 100%时，既为放大结果，如图 4-139 所示。

图 4-136 "动画"选项卡—放大/缩小　　　　图 4-137 "动画"选项卡—动画窗格

③ 如果一张幻灯片中的多个对象都设置了动画，并且希望将第二个动画设置在上一个动画之后自动播放，具体操作方法：在"动画窗格"任务窗格中，选中第二个强调动画图标，右击，选择"从上一项之后开始"命令即可，如图 4-140 所示。

图 4-138 "动画窗格"任务窗格　　　　图 4-139 "放大/缩小"对话框

图 4-140 设置动画播放顺序

◎温馨提示

　　无论是多么华丽的进入效果，作为 PPT 的片头，似乎还是不够分量。没关系，这才是第一步，除了添加进入效果外，还可以继续为标题添加强调动画效果，使之更醒目，吸引观众注意。

4.6.3 退出动画

"进入"动画可以使对象从无到有，而"退出"动画正好相反，它可以使对象从"有"到"无"。触发后的动画效果与"进入"效果正好相反，对象在没有触发动画之前是存在屏幕上，而当其被触发后，则从屏幕上以某种设置的效果消失。操作步骤如下：

①　选中相应的对象，在"动画"选项卡中单击"添加动画"下拉列表中"退出"按钮（见图 4–141）或选择"更多退出效果"选项，再选择"消失"退出动画。

②　在"动画窗格"任务窗格中双击该条退出动画标签，弹出"消失"对话框，切换到"计时"选项卡，把"开始"选项设置为"之后"，并设置一个"延迟"时间（如 2 秒），确定返回，让"退出"动画在"进入"动画之后 2 秒自动播放，如图 4–142 所示。

图 4–141　选择"退出"动画

图 4–142　"消失"对话框

4.6.4　动作路径

动作路径动画的实质是通过引导线，使对象沿着引导线运动。如果对 PowerPoint 2010 演示文稿中内置的动画路径不满意，还可以自定义动画路径。下面以演示"布朗运动"为例，介绍具体的实现过程。

①　单击"插入"选项卡"插图"命令组中的"形状"按钮，在幻灯片中画出一个（或多个）小"质点"。

②　分别选中相应的"质点"，单击"动画"选项卡中的"添加动画"按钮，单击"动作路径"栏中的"自定义路径"按钮（此时鼠标变成一支笔），如图 4–143 所示。

③　自"质点"处开始，随意绘制曲线，如图 4–144 所示。

图 4–143　自定义路径

图 4–144　"自定义路径"的自由曲线效果

④　双击设置的动画方案，弹出"自定义路径"对话框，切换到"计时"选项卡，将"重复"项设置为"直到幻灯片末尾"，如图 4–145 所示。

4.6.5　删除动画

在使用 PowerPoint 2010 过程中，如果编辑了很多动画效果，但是发现有些问题，希望推倒重来，就需要清空所有动画效果。

打开用 PowerPoint 2010 编辑好的文件，最好是插入动画的文件，在"动画"选项卡中单击"动画窗格"按钮，右侧就出现了动画列表，把需要删除动画效果选定后右击，选择"删除"命令，即可轻松地清除该条动画标签，如图 4-146 所示。

图 4-145　"自定义路径"对话框

图 4-146　删除动画

◎温馨提示

删除多个特定动画效果。

按住【Ctrl】键，然后在"动画任务"窗格中，选择要删除的动画效果右击，选择"删除"命令。如果需要取消整个幻灯片的动画效果，可单击"幻灯片放映"选项卡"设置"命令组中的"设置幻灯片放映"按钮，弹出"设置放映方式"对话框，勾选"放映时不加动画"复制框即可，如图 4-147 所示。

图 4-147　"设置放映方式"对话框

4.6.6　调整动画顺序

在 PowerPoint 演示文稿中设置好动画后，如果发现播放的顺序不理想，该怎样快速调整呢？下面以将第三个动画方案调整到第二个顺序播放为例，介绍一下具体的操作过程。

在默认情况下，系统会按照添加动画的先后顺序播放，也可以在"动画窗格"任务窗格中调整顺序。

在"动画窗格"任务窗格中选中要调整的效果，单击"向上"或"向下"按钮进行调整，如图 4-148 所示。

图 4-148　"动画窗格"任务窗格

4.6.7 使用动画刷

制作 PPT 时，添加动画是比较烦琐的事情，尤其还要逐个调节时间及速度。PowerPoint 2010 新增了"动画刷"功能，可以像用"格式刷"那样，只需要轻轻一"刷"就可以把原有对象上的动画复制到新的目标对象上，非常方便。具体操作如下：选择已经添加了动画的上面的卡通车时，再单击"动画刷"按钮，然后单击下面的卡通车，动画即被复制，如图 4-149 所示。

图 4-149　复制动画

◎温馨提示

PowerPoint 2010 放弃了很多动画效果。在以前版本中设置的动画，PowerPoint 2010 中依然存在。

4.6.8 上机练习

① 制作一个演示文稿，其中有两张幻灯片，第一张幻灯片背景的填充效果设置为"预设——碧海青天"，在第一张幻灯片中输入自己的班级和姓名，并将其设置成为艺术字，为艺术字添加进入动画、强调动画和退出动画。添加第二张幻灯片，要求插入一个文本框，设置内容为"我的动画"，要求设置沿指定的自由曲线运动。

② 使用 PPT 动画实现小球跳动效果的制作（提示：使用动作路径）。

③ 使用 PPT 动画实现水注入杯中效果（提示：使用进入动画—擦除效果，注意擦除方向的选择）。

④ 使用 PPT 动画实现生字书写笔顺效果。

⑤ 制作有 5 张幻灯片的演示文稿，每张一个文本框和一个动画效果。具体要求如下：

- 第一张幻灯片输入文字"盒状非常快"，添加与文字说明相应的进入动画，在效果选项中把"内"改成"外"，并设置字体、颜色、字号。

- 第二张幻灯片输入文字"菱形外中速"，添加与文字说明相应的进入动画，在效果选项中把"内"改成"外"，速度设为中速，设置文本格式。

- 第三张幻灯片输入文字"棋盘之前慢速"，添加与文字说明相应的进入动画，在效果选项中把"单击鼠标"改为"之前"，速度慢速，设置文本格式。

- 第四张输入文字："出现效果"，添加与文字说明相应的进入动画，在"添加效果 – 进入 – 其他效果"中找到"出现"，设置文本格式。
- 第五张输入文字"颜色打字机"，添加与文字说明相应的进入动画，同样在"其他效果"中找到，并设置文本格式。
- 给第一张中的文本框加上"风声"的音效，单击右边的"下拉按钮 – 效果选项"，选择风声。
- 给第二张幻灯片的文本框加上"电压"的音效，选中文本框后，在右边的效果选项中设置。
- 给第三张幻灯片的文本框加上"推动"的音效。
- 给第四张幻灯片的文本框加上"疾驰"的音效。
- 给第五张幻灯片的文本框加上"打字机"的音效，把速度设为"非常快"。

4.7　幻灯片的切换与放映

4.7.1　设置放映方式

将制作好的演示文稿展示给观众之前，需要对要放映的幻灯片设置其放映方式。PowerPoint 2010 提供了演讲者放映、观众自行浏览和在展台浏览 3 种放映幻灯片的方式，用户可以根据需要进行选择。

1．演讲者放映

选择此项是全屏幕幻灯片放映方式，也是最常用的方式，用于演讲者播放演示文稿，以幻灯片的放映来配合演讲者的演讲。在这种方式下，演讲者完全控制放映的过程和节奏，演讲者在播放演示文稿时可以随时暂停演示文稿添加其他细节，还可右击，在弹出的快捷菜单的"指针选项"中将鼠标指针设置成绘图笔，在幻灯片上边勾画边重点演讲。

2．观众自行浏览

幻灯片在 PowerPoint 窗口中放映。通过按【PageUp】【PageDown】键来前后浏览幻灯片或动画，也可以通过移动窗口中的滚动条来浏览幻灯片，要结束放映可以按【Esc】键或右击，在弹出的菜单中选择"结束放映"命令。

3．在展台浏览

在展台浏览是 3 种放映类型中最简单的方式，这种方式将自动全屏放映幻灯片，并且循环放映演示文稿。在放映过程中，除了通过超链接或动作按钮来进行切换以外，其他的功能都不能使用，如果要停止放映，只能按【Esc】键来终止。

设置放映方式的操作步骤如下：

① 选择"幻灯片放映"选项卡，单击"设置"命令组中的"设置幻灯片放映"按钮，如图 4-150 所示，弹出"设置放映方式"对话框，如图 4-151 所示。

② 在该对话框的"放映类型"选区中设置放映类型；在"放映幻灯片"选区中设置具体放映演示文稿中的哪几张幻灯片；在"放映选项"选区中选择是否让幻灯片中所添加的旁白和动画在放映时出现；在"换片方式"选区中设置幻灯片的切换方式。

③ 设置完成后，单击"确定"按钮即可。

图 4-150　单击"设置幻灯片放映"按钮

图 4-151　"设置放映方式"对话框

◎温馨提示

　　隐藏鼠标指针按【Ctrl+H】组合键，显示鼠标指针按【Ctrl+A】组合键。

4.7.2　PPT 放映中如何显示备注内容

　　有时幻灯片需要借助备注提示，有什么方法可以做到投影幕上不显示，而在演讲者的计算机却可以看到呢？这里推荐一个方法如下：

　　① 硬件连接，把笔记本式计算机与投影仪连接好（否则有些选项不能设置），打开投影仪。

　　② 对笔记本式计算机进行"双屏显示"设置，在桌面空白处右击，在弹出的快捷菜单中选择"属性"命令，在弹出的"显示属性"对话框中选择"设置"选项卡。

　　③ 在显示属性中可以看到 2 个监视器。选择 2 号监视器并勾选"将 Windows 桌面扩展到该监视器上"复选框，同时设置适当的分辨率，如图 4-152 所示。

　　④ 打开制作好的 PPT 文件，设置一下放映方式。选择"幻灯片放映"选项卡，单击"设置"命令组中的"设置幻灯片放映"按钮，选择"放映类型"为"演讲者放映"，并在"多监视器"设置中将"幻灯片放映显示"选择为"监视器 2"，并勾选"显示演示者视图"复选框，单击"确定"按钮返回，如图 4-153 所示。

图 4-152　"显示 属性"对话框

图 4-153　"设置放映方式"对话框

⑤ 按【F5】键播放幻灯片，这次的播放界面上方可以看到当前播放页面，下方为幻灯片添加的备注，以及下一张 PPT 的大致内容，左侧还可以看到多张幻灯片的预览。而最重要的是，这一切都不会显示在外面的大屏幕上，观众看到的仅仅是上方的当前幻灯片的播放页面。

4.7.3　设置幻灯片切换方式

在 PowerPoint 2010 中，可以在两张幻灯片之间设置一种过渡效果，即幻灯片切换效果，这样可以使两张幻灯片的衔接更加自然和谐。

设置幻灯片切换效果的操作步骤如下：

① 选中要设置切换效果的幻灯片。

② 单击"切换"选项卡"切换到此幻灯片"命令组中的"其他"按钮▼，效果如图 4-154 所示，可以选择任意一种切换效果。

③ 在"切换"选项卡"计时"命令组的"声音"选区中设置切换速度和声音；在"换片方式"选区中设置换片方式，如图 4-155 所示。设置完成后单击"播放"按钮，即可预览切换效果。

图 4-154　设置换片方式

图 4-155　"计时"组

> ◎温馨提示
>
> 如果在放映过程中需要临时跳到某一张幻灯片，如果记得是第几张，例如是第 6 张，输入"6"然后按【Enter】键，就会跳到第 6 张幻灯片。或者右击，选择"定位"命令来完成跳页。

4.7.4　排练计时和录制旁白

1. 排练计时

在演示文稿的放映方面，PowerPoint 2010 还提供了"排练计时"功能。排练计时可跟踪每张幻灯片的显示时间并相应地设置计时，为演示文稿估计一个放映时间，用于自动放映。排练计时之后，所有的原件都会按照指定的时间依次播放动画效果。

例如：市场部的刘经理制作了产品市场宣传幻灯片，希望利用排练计时功能给自己的演讲彩排，应该怎样做？

① 在演示文稿中，切换到"幻灯片放映"选项卡，在"设置"命令组中单击"排练计时"

按钮 ，如图 4-156 所示。

② 此时，PowerPoint 2010 立刻进入全屏放映模式。屏幕左上角显示一个"预演"工具栏，借助它可以准确记录演示当前幻灯片时所使用的时间（工具栏左侧显示的时间），以及从开始放映到目前为止总共使用的时间（工具栏右侧显示的时间），如图 4-157 所示。

图 4-156　单击"排练计时"按钮

图 4-157　"预演"工具栏

③ 现在，就可以按照预先设想的演讲时间控制方案，一边看着屏幕上的幻灯片内容，一边尽情地练习演讲。另外，在练习演讲的过程中，还可以利用"预演"工具栏中的其他工具进行时间控制，具体如下：

- 如果觉得当前幻灯片的整体演讲时间过短或过长，可以单击"重复"按钮，将当前幻灯片的已用时间清零，同时从总时间中将这个时间扣除，并重新开始练习对该幻灯片的演讲和计时。

- 如果对当前幻灯片前半部分演讲的时间控制比较满意，但需要暂停一下，来对后半部分的讲解方式进行思考或对语言进行整理，可以单击"暂停"按钮，计时会立即停止。然后，待准备工作就绪，就可以再次单击该按钮继续练习。

- 如果当前幻灯片的演讲练习非常成功，就可以单击"下一项"按钮或幻灯片的任意位置，进行下一张幻灯片的演讲练习。演讲完成时，会显示提示信息，单击"是"按钮可将排练时间保留下来，如图 4-158 所示。

图 4-158　幻灯片放映提示信息对话框

④ 此时，PowerPoint 2010 已经记录下放映每张幻灯片所用的时长。通过单击状态栏中的"幻灯片浏览"按钮，切换到幻灯片浏览视图，在该视图下，即可清晰地看到演示每张幻灯片所使用的时间，如图 4-159 所示。

图 4-159　排练计时效果浏览

2. 录制旁白

录制 PPT 可以在确保版权的情况下实现资源的共享，尤其是加上笔迹和旁白的 PPT，更可以直接成为用于学习的教程。一般情况下，PPT 的录制可能是借助一些专门的视频录制软件实现，但在 PowerPoint 2010 助 PPT 本身具备的录制功能轻松实现。为幻灯片添加旁白的具体操作步骤如下：

① 选择需要录制旁白的幻灯片，在"幻灯片放映"选项卡的"设置"命令组中单击"录制幻灯片演示"→"从头开始录制"按钮，在弹出的对话框中用户可以选择想要录制的内容，如图 4-160 所示。

② 单击"开始录制"按钮，随即将进入幻灯片放映模式，这时可以一边放映幻灯片，一边通过麦克风录制旁白。若要暂停录制旁白，可右击幻灯片，选择快捷菜单中的"暂停旁白"命令。若要继续录制，则可以再次右击幻灯片，选择快捷菜单中的"继续旁白"命令。

图 4-160　"录制幻灯片演示"对话框

③ 录制完成后按【Esc】键退出放映，系统会提示用户旁白已经保存到幻灯片中，并询问用户是否需要保存幻灯片的排练时间，单击"是"按钮，自动切换到幻灯片浏览视图，此时可以看到播放此幻灯片旁白所需的时间。

4.7.5　幻灯片上做标记

利用 PowerPoint 2010 放映幻灯片时，为了让效果更直观，有时需要现场在幻灯片上做些标记，这时应该按照如下操作步骤来做：

① 在放映时右击，在弹出的快捷菜单中选择"指针选项"命令，在打开的子菜单依次选择"圆珠笔"/"毡尖笔"/"荧光笔"，如图 4-161 所示。

② 如果对绘图笔颜色不满意，还可在右击幻灯片时弹出的快捷菜单中选择"指针选项"→"墨迹颜色"命令，就可以挑一种喜欢的颜色，如图 4-162 所示。

图 4-161　指针选项　　　　　　　　　　图 4-162　选择墨迹颜色

◎温馨提示

在播放的 PPT 中使用画笔标记的快捷键是【Ctrl+P】，擦除所画内容的快捷键是【E】键。

③ 做这些标记不会修改幻灯片本身的内容，在右键弹出的菜单中选择"指针选项"→"擦除幻灯片上的所有墨迹"命令，幻灯片即复原。

④ 当不需要进行绘图笔操作时，可以再次在屏幕上右击，选择"指针选项"→"自动"命令，即可把鼠标指针恢复为箭头状。

4.7.6 上机练习

① 选择一个自己做得比较满意的演示文稿，练习使用排练计时功能，记录演示每个幻灯片所需的时间，然后在向观众演示时使用记录的时间自动播放幻灯片，在放映过程中可在幻灯片上添加标记。

② 制作倒计时效果。首先创建 5 张幻灯片，内容分别为 5、4、3、2、1，设置字号、颜色、幻灯片背景，之后设置所有幻灯片切换效果为"水平百叶窗""间隔 1 秒换页"，并伴有"疾驰"声响。

③ 利用 PowerPoint 制作一份电子报刊（以下题目任选其一）：

题目：①古诗赏析，②动画故事（成语故事），③书目节选。

制作要求：

- 幻灯片不少于 5 张，图案或图片、过渡色、艺术字、设置自定义动画、动画效果和切换、每张幻灯片应有超链接或动作按钮，方便浏览。
- 在作品上写上班级、姓名、作品题目，位置摆放要合理、美观。
- 上网搜集下载图片、文字资料。
- 保存所做的文稿，文件名为"班级＋自己姓名"，保存位置为"d:\年班＋自己姓名"文件夹。

习 题

1. 制作一个自我介绍的演示文稿，要求有 5 张以上幻灯片，要有文本、图片、表格、声音，要求使用各不相同的幻灯片版式和背景，要有必需的动画。

2. 建立演示文稿《回乡偶书》，整体效果如图 4-163 所示。

（1）插入第一张版式为只有标题的幻灯片，第二张版式为标题和文本的幻灯片，第三张版式为垂直排列标题和文本的幻灯片，第四张版式为标题和文本的幻灯片。

（2）在第一张幻灯片上插入自选图形（星与旗帜下的横卷形）。

（3）设置所有幻灯片的背景为褐色大理石。

（4）将幻灯片的配色方案设置标题为白色，文本和线条为黄色。

（5）将母版标题格式设为宋体，44 号，加粗。

（6）设置文本格式设为华文细黑，32 号，加粗，行距为 2 行，项目符号为 ⌘（windings 字符集中），橘红色。

（7）在母版的右下角插入剪贴画。

（8）设置第一张幻灯片的各个自选图形的填充颜色为无，字体为隶书，48 号。在自选图形上加入到对应幻灯片的链接。

（9）设置动画效果：第一个自选图形自左侧切入，随后第二个自选图形自动自右侧切入，第三个自选图形自动自底部切入。

图 4-163　《回乡偶书》完成效果图

3. 制作演示文稿《公司宣传》，具体排版要求如下：

（1）将背景设为蓝色面巾纸纹理效果。

（2）编辑幻灯片母版：

① 在左上角插入自选图形：月亮和星星，适当旋转，将填充颜色设为浅绿色（153，204，0），线条颜色设为黄色。

② 插入圆角矩形，填充颜色设为无，线条颜色设为深黄，线条粗细设为 1 磅。

③ 将母版标题样式设为华文行楷，36 号；文本样式设为宋体，14 号，项目符号设为➢。将标题移到圆角矩形之上，文本移到圆角矩形之中。

④ 在母版中插入圆角矩形，放置左侧合适位置。填充颜色设为浅绿色（153，204，0），无线条颜色，设置阴影效果：阴影样式 17，三维旋转样式设置（透视：左透视）。添加文本：最新信息，设为华文行楷，24 号，黑色。用同样的方法将其余的圆角矩形及文字添加上去。

（3）插入第一张版式为标题和文本的幻灯片，输入标题“最新信息”，文本内容如下：

新世纪广告公司自成立以来，遵循“高层次、高素质、高标准”的发展轨迹，一直在向最优秀的广告代理与平面设计企业的方向努力，并提出了“广告急先锋”的自身定位，追求最新的广告理念，学习最新的广告技巧，并力争使每一项业务均不落俗套，超前创新。

最近公司成立了电子多媒体及互联网广告部，主要代理主页制作、光碟制作、互联网广告、代办上网等业务，以专业的工作水准、良好的创作能力、优惠的价格为客户提供多项科技前卫的广告服务。

电话：2366××××，2366××××

地址：北京市海淀区××大厦十层

E-mail 地址：service@new-century.com

（4）插入第二张幻灯片版式为，输入标题“业务报价”，文本及表格内容如下：

新世纪广告公司拥有专业的影视广告设备，包括非线性脱机编辑系统，BATACOM 后期编辑设备、三维动画制作工作站、视频工作站、字幕编辑机及大型录音室。本公司将以独特的创意、完整的策划创意、专业的工作水平为您提供优良的服务。（文本无项目符号设置）

业务报价如表 4-2 所示。

表 4-2 业务报价表

策划、脚本、创意费		3 000 元至 10 000 元
拍摄		400 元/天
节目编辑		100 元/15 秒
配音		30 元/1 分钟
字幕		60 元/100 字
刻录		100 元/张（带镀膜：150 元/张）
光盘批量印刷：		
母版费		1 800 元/张
三色以下丝网印刷		2 元/张
柯式印刷		2.7 元/张
菲林 （光盘盘面）	设计	500 元/张
	输出	200 元/张
三维动画制作		800 元至 1 500 元/秒（视难度而定）

（5）插入第三张幻灯片，输入标题"组织结构"，输入如图 4-164 所示的组织结构图：董事长图框设置阴影效果，海绿色；总裁图框填充设置为蓝色；其余图框填充设置为黄色。

（6）插入第四张幻灯片，输入标题"公司业绩"，建立图表，图表数据如表 4-3 所示。

（7）在幻灯片母版中，将圆角矩形链接到对应的幻灯片。

（8）设置显示幻灯片的页脚为"日期和时间"自动更新。

（9）将文件保存，取名"操作题 3"。

图 4-164   组织结构图

表 4-3 公司业务表

	2001	2002	2003	2004
主营业务额	1500000	2000000	2200000	2500000
其他业务额	500000	800000	1200000	1500000
利润	250000	300000	320000	400000

完成效果如图 4-165 所示。

图 4-165 习题 3 完成效果图

第 5 章 | Access 2010 数据库管理

随着计算机和互联网技术的不断发展，人们面临要存储、分析和处理的信息也越来越多，越来越复杂。在计算机中信息是通过数据来表示的，数据是信息的表现形式。数据可以是数字、字符、声音、图像、视频等多种形式。

数据库技术产生于 20 世纪 60 年代末 70 年代初，是计算机领域的重要分支之一。数据库技术主要研究如何利用计算机对数据进行科学有效的分类、组织、编码及存储，从而实现对数据的高效检索与维护，并提高数据的低冗余、高共享、高安全性。Access 2010 是由微软公司推出的一个小型的数据库管理系统软件。本章将主要介绍数据库的基础知识、数据库的基本操作和 Access 2010 数据库管理系统软件的使用方法。

5.1 数据库基础知识

5.1.1 数据库管理技术的发展

数据（Data）是对客观事物特征和性质的符号表示，是对现实世界的抽象，这些符号包括文字、图形、声音、视频等。

数据处理是对各种类型的数据进行收集、存储、分类、计算、加工、检索和传送的过程。数据管理技术经过 50 多年的发展大概可以划分为 3 个阶段：人工管理阶段、文件系统阶段和数据库系统阶段。

1. 人工管理阶段

人工管理阶段主要指 20 世纪 50 年代中期以前。这个时期计算机主要用于科学计算，计算机的硬件及软件条件相对比较落后。人工管理阶段数据主要是通过人工进行收集、整理及存储和处理，因此在数据管理方面存在很多缺陷，主要表现在数据不能保存、冗余大、不共享、无独立性、无结构。

2. 文件系统阶段

文件系统阶段主要指20 世纪 50 年代末到 60 年代中期,计算机硬件和软件都有了一定的发展,计算机也不再局限于科学计算，而是越来越多地应用到数据管理领域。这个阶段的数据管理主要由文件管理系统完成，相对人工管理阶段数据在管理方面提高了有效性且可以长期保持，但仍然存在数据共享性差、冗余度大、独立性差等缺陷。

3. 数据库系统阶段

20 世纪 60 年代末数据管理技术进入数据库系统阶段。该阶段出现了大量的专门数据管理软件，应用于数据管理工作，即数据库管理系统。Access 2010 是由微软公司开发的一种小型的数据库管理软件。与人工管理阶段和文件系统阶段相比，数据库系统阶段存在数据冗余度小、共享性高、独立性强、具有结构化、安全性高等优点。

5.1.2　数据库相关概念

1. 数据

数据（Data）是信息的载体，是描述事物的属性及特征的符号，可以是文字、图形、声音、视频等形式。

2. 数据库

数据库（DataBase，DB）顾名思义是指存储数据的仓库，是长期存储在计算机中的、有组织的、大量的、可共享的数据的集合。

3. 数据库管理系统

数据库管理系统（DataBase Management System，DBMS）是位于用户与操作系统之间的数据管理软件。数据库管理系统主要包括数据定义、数据操作、数据的组织、存储与管理以及数据库的建设与维护等功能。

4. 数据库系统

数据库系统（DataBase System，DBS）是指由计算机硬件系统、计算机软件系统、数据库管理系统以及相关的软件和数据库管理员、用户等组成的系统。

数据库系统的特点：

① 数据冗余度低。
② 数据共享性高。
③ 数据独立性高。
④ 使用特定的数据模型。
⑤ 具有统一的数据控制功能。

5. 数据库应用系统

数据库应用系统（DataBase Application System，DBAS）是利用数据库管理系统软件开发的，应用于特定公司或部门的某种需求的应用程序软件。

◎温馨提示

通常在不引起歧义的情况下，数据库管理系统常称为数据库。

5.2　数　据　模　型

模型是对现实世界特征的模拟与抽象，而数据模型是将复杂的现实世界抽象并转化为计算机能够识别的形式。数据库是利用数据模型实现对抽象并转化后的现实世界数据信息进行存储和处理。作为数据模型，应满足三方面的基本要求：

① 对现实世界进行真实的模拟和抽象。
② 容易为人所理解。

③ 便于在计算机中实现。

5.2.1 数据模型的组成

数据模型通常包括数据结构、数据操作和完整性约束 3 个要素。

① 数据结构：对计算机中数据的组织方式以及数据之间的关系进行描述，是数据库静态特征的描述。

② 数据操作：数据库中各类数据对象所允许执行的操作集合，包括操作方法和操作规则等，是数据库动态特征的描述。

③ 完整性约束：数据库中数据状态及状态变化过程中遵循的一组完整性约束条件（规则）的集合，是数据库中数据正确性和一致性的保障。

5.2.2 数据模型的分类

数据模型按照数据抽象的层次不同和面向的对象不同可以分为概念数据模型、逻辑数据模型和物理数据模型 3 种。

① 概念数据模型：主要面向用户，是用户和数据库设计人员之间沟通的手段。概念数据模型的特点是：用户容易理解，对现实世界特征的数据抽象，与具体的 DBMS 无关。常用的概念数据模型是实体–联系模型，简称为 E–R 模型。

② 逻辑数据模型：数据库设计人员利用 DBMS 设计数据库系统时所搭建的数据模型。常用的逻辑数据模型包括网状数据模型、层次数据模型、关系数据模型和面向对象数据模型等。目前，使用最广泛的逻辑数据模型是关系模型。逻辑数据模型特点是：与用户无关，DBMS 可以识别与支持。

③ 物理数据模型：描述的是数据在计算机内组织结构的数据模型，是最底层的数据模型。特点是：与 DBMS 有关，与操作系统和硬件密切相关。

5.2.3 实体–联系（E–R）模型

E–R 模型是常用的概念数据模型，是用于数据库设计人员与用户之间沟通的主要模型，便于数据库设计人员了解用户的具体需要。E–R 模型中涉及的基本概念主要有实体、属性、实体集、实体型、关键字、域、联系等。

① 实体：客观存在且可以相互区别于彼此的个体为实体，如一名学生、一门课程、一座城市等都是实体。

② 属性：每个实体都具备若干特征，通过特征对其进行描述，我们将实体的特征称为实体的属性。例如，每个学生实体都具有学号、姓名、性别、出生年月等属性。

③ 实体集：具有相同属性的一类实体的集合称为实体集。例如，全体学生、所有课程都是实体集。

④ 实体型：用于描述实体集中所有实体所共同具有的属性特征。例如，学生（学号，姓名，性别，出生年月）就是一个实体型。

⑤ 关键字：能够唯一标识一个实体的属性或属性集称为实体型的关键字。例如，每个学生实体的学号属性值互不相同，可以用于唯一标识一个学生实体，因此学号是学生实体型的关键字。

⑥ 域：实体属性的取值范围被称作域，是一个集合。例如，性别的域为{男，女}。

⑦ 联系：客观世界中任何个体都不是孤立的，彼此间存在着一定的关系。在 E-R 模型中将实体之间的关系称为联系，以反映客观事物之间的关系，两个实体集之间的联系包括一对一（1:1），一对多（1:n）和多对多（m:n）3 种。

- 一对一联系（1:1）：如果对于实体集 A 中的每个实体，实体集 B 中至多有一个（也可以没有）实体与之对应，反之亦然，则称实体集 A 与实体集 B 是一对一联系，如图 5-1（a）所示。例如，班级和班长之间的联系是一对一联系。

- 一对多联系（1:n）：如果对于实体集 A 中的每个实体，实体集 B 中有 n 个实体（n≥0）与之对应；反之，对于实体集 B 中的每个实体，实体集 A 中至多有一个实体与之对应，则称实体集 A 与实体集 B 是一对多联系，如图 5-1（b）所示。例如，班级和学生之间属于一对多联系。

- 多对多联系（m:n）：如果对于实体集 A 中的每个实体，实体集 B 中有 n 个实体（n≥0）与之对应；反之依然，则称实体集 A 与实体集 B 是多对多联系，如图 5-1（c）所示。例如，学生和课程之间属于多对多联系。

（a）1:1 联系　　　　　（b）1:n 联系　　　　　（c）m:n 联系

图 5-1　两个实体集之间的联系

◎ 温馨提示

　　1:1 联系属于特殊的 1:n 联系，1:n 联系属于特殊的 m:n 联系。

5.2.4　关系数据模型

当前数据库管理系统中应用广泛的逻辑数据模型是关系模型。关系模型即二维表，用一张张二维表描述实体集以及实体集之间的联系。采用关系模型搭建的数据库称为关系数据库。下面介绍关系数据模型中几个重要的概念。

① 关系：在关系模型中，一个关系就是一张二维表，每个关系都有一个关系名。

② 元组：将二维表中的行称为元组，每一行是一个元组，代表一个实体。

③ 属性：将二维表中的列称为属性，每一列有一个属性名。

④ 域：属性的取值范围称为该属性的域。

⑤ 关键字：在二维表中，值可以唯一标识一个元组的属性或属性组称为关键字。

⑥ 外关键字：如果一个属性或属性组不是关系 A 的关键字，但是关系 B 的关键字，则称该属性或属性组为关系 A 的外关键字或外码。

⑦ 候选码：一个关系中可能包括多个属性或属性组的值均可以唯一标识一个元组，则这些

属性或属性组称为候选码。选择一个作为主键，主键的属性称为主属性。

5.2.5　关系运算

在关系数据库中，关系的基本运算有两类：传统的集合运算和专门的关系运算。

1. 传统的集合运算

设有两个关系 R 和 S，它们具有相同的结构（即包括相同的属性），则关系 R 和 S 可做如下 3 种运算：

（1）并

关系 R 和 S 的并是由属于关系 R 或关系 S 的元组构成的集合，并运算符为 $\cup$。

（2）交

关系 R 和 S 的交是由关系 R 和关系 S 共同具有的元组组成的集合，交运算符为 $\cap$。

（3）差

关系 R 和 S 的差是由属于关系 R 但不属于关系 S 的元组组成的集合。差运算符为 "－"。

关系 R 和 S 的并、交和差操作结果仍为关系，且结构与关系 R 和 S 相同，如图 5-2 所示。

图 5-2　传统的集合运算

2. 专门的集合运算

（1）选择

选择运算是从给定关系中选出满足指定条件的元组构成的关系。从关系 R 中选出满足条件 F 的元组构成一个新关系，即对关系 R 做选择操作，选择条件为 F，记作 $\delta_F(R)$。

（2）投影

投影运算是从给定关系中选出某些属性列构成的关系。从关系 R 中选择 A 属性列构成一个新的关系，即对关系 R 做投影操作，投影到 A 属性列，记作 $\prod_A(R)$。

（3）连接

连接运算是从两个关系中选出同名属性列间满足指定关系的两个元组合并，合并后的结果作为结果关系中的一个元组。若关系 R 和 S 都包括属性列 A，则关系 R 和 S 做连接条件为 $R.A=S.A$ 的连接操作，记作 $R \underset{R.A=S.A}{\bowtie} S$。

图 5-3 所示为专门的集合运算。

R

A	B	C
a_1	b_1	c_1
a_1	b_2	c_2
a_2	b_2	c_1

（a）关系 R

S

A	D	E
a_1	d_1	e_1
a_2	d_1	e_2
a_3	d_2	e_1

（b）关系 S

$\delta(R)$
$A=a_1$

A	B	C
a_1	b_1	c_1
a_1	b_2	c_2

（c）$\underset{A=a_1}{\delta}(R)$ 结果

$\underset{A}{\prod}(R)$

A
a_1
a_2

（d）$\underset{A,B}{\prod}(R)$ 结果

$R \underset{R.A=S.A}{\bowtie} S$

$R.A$	B	C	$S.A$	D	E
a_1	b_1	c_1	a_1	d_1	e_1
a_1	b_2	c_2	a_1	d_1	e_1
a_2	b_2	c_1	a_2	d_1	e_2

（e）$R \underset{R.A=S.A}{\bowtie} S$ 结果

图 5-3　专门的集合运算

◎温馨提示

投影操作时，投影的属性列名可以用对应的属性列号替代。例如关系 R，$\underset{A,B}{\prod}(R)$ 也可以记作 $\underset{1,2}{\prod}(R)$。

5.2.6　数据库设计的基本步骤

数据库设计是一项涉及多样学科的综合性技术，是一项庞大的工程项目。数据库设计的基本步骤一般可以分为如下 6 步：

1. 需求分析

收集与分析用户的需求，将用户的需求整理为数据字典，再用数据流图描述处理需求。

2. 概念结构设计

对需求进行综合归纳与抽象，形成一个独立于具体 DBMS 的概念模型（通常用 E-R 图表示）。

3. 逻辑结构设计

将概念模型转换为某一个 DBMS 所支持的数据模型（如关系模型），并对其进行优化。

4. 数据库物理设计

为逻辑数据模型选取一个最佳应用环境的物理结构（包括存储结构和存取方法）。

5. 数据库实施

运用 DBMS 提供的语言（如 SQL）及其宿主语言（如 C 语言），根据逻辑结构和物理结构建立具体的数据库，编码与调试应用程序，并组织数据入库。

6. 数据库运行与维护

在数据库应用系统运行过程中，还需要不断地检测、修改与维护。

5.3　Access 2010 数据库的创建与维护

5.3.1　Access 2010 的启动与退出

1. Access 2010 的启动

Access 2010办公软件的启动方式和其他的 Office 办公软件启动方式相同，常用的启动方式有 3 种：

① 依次选择"开始"→"所有程序"→"Microsoft Office"→"Microsoft Access 2010"命令。

② 在系统桌面上右击，选择"新建"→"Microsoft Access 文档"命令。

③ 当 Office 安装后，可以在桌面创建"Access 2010 快捷方式"，通过快捷方式启动 Access 2010 应用程序。

2. Access 2010 的退出

Access 2010办公软件的退出方式和其他的 Office 办公软件退出方式相同，退出 Access 2010 应用程序的方法主要有以下几种：

① 单击 Access 2010 标题栏右上角的"关闭"按钮▣。

② 在 Access 2010 工作界面中按【Alt+F4】组合键，可以直接关闭软件。

③ 在 Access 2010 标题栏上右击，在弹出的菜单中选择"关闭"命令。

④ 在 Access 2010 标题栏左上角双击图标按钮。

5.3.2　Access 2010 操作界面介绍

启动 Access 2010 数据库后，进入的是一个创建数据库界面，如图 5-4 所示。

图 5-4　Access 2010 启动后进入的创建数据库界面

当用户新建一个数据库或打开一个已有数据库表时，才真正进入 Access 2010 数据库工作界面，如图 5-5 所示。

图 5-5　Access 2010 数据库工作界面

Access 2010 应用程序的工作界面和 Office 2010 其他办公软件的主界面基本相同，包括快速启动栏、选项卡、导航窗格和选项卡文档区。Access 2010 的快速启动栏与选项卡的功能特点和 Office 2010 其他办公软件的相同，不再赘述。下面介绍导航窗格和选项卡文档区的功能特点。

① 导航窗格：在 Access 2010 操作过程中起引导作用，数据库中包含的所有对象名称（数据库包括的主要对象在下一节中介绍）都罗列在导航窗格中。双击导航窗格中任意对象即可在选项卡文档区中打开并显示该对象。

② 选项卡文档：显示当前选中的数据库对象，并以选项卡的形式罗列该对象所包含的子文档。

5.3.3　Access 2010 数据库的基本对象

Access 2010 数据库中主要包含表、窗体、查询和报表等对象，这些集成在一起构成一个完整的数据库。

1. 表

表（Table）是数据库中最重要的对象之一，用于存储数据库中的数据。数据库中的表是二维表，由行和列构成，其中行称为记录，列称为字段。数据库中大部分操作都是在表的基础上完成的。在一个数据库系统中可以包含多个表，表与表之间通过字段建立一对一、一对多或多对多联系。

2. 窗体

窗体（Form）是数据库与用户进行交互操作的界面，通过窗体用户可以实现对 Access 数据库数据输入、查询、修改、删除等操作。窗体在外观上和一般的窗口一样，且用户可以根据自己的需要设置窗体的外观、行为和位置等特性。

3. 查询

查询（Query）是 Access 数据库中进行数据处理的最基本的操作之一。通过查询操作，用户可以从大量的数据中筛选出其所需要的数据信息。

4. 报表

报表（Report）是 Access 数据库数据输出的一种对象，利用报表可以设置数据的内容大小和外观，可以实现数据的排序和汇总，并将这种格式的信息显示到屏幕或输出到打印机。

5.3.4　Access 2010 数据库的创建

Access 2010 数据库的创建方法主要有两种：通过模板创建数据库和创建空数据库。

Access 2010 提供了教职员、学生、营销项目等 12 种不同的数据库模板，用户可以使用模板快速地创建一个数据库应用系统。

【例 5-1】利用 Access 2010 中的模板，创建一个"学生"数据库。

操作方法及步骤：

① 启动 Access 2010 数据库。

② 单击"样本模板"按钮，从系统提供的模板中选取"学生"模板，并单击"创建"按钮，进入图 5-6 所示的界面。

图 5-6　Access 2010 数据库"学生"模板界面

③ 创建"学生"数据库中的表、查询、窗、报表等对象。

④ 双击"学生"表，可输入学生信息。

Access 2010 数据库中模板种类有限，并不能满足所有的用户需求。此时，用户可以通过创建空白数据库设计实现满足特定需求的数据库。新创建的空白数据库中不包含任何数据库对象和具体的数据信息，用户需要根据自己的实际需求添加表、查询、窗体、报表等对象。

【例 5-2】在 Access 2010 中创建一个"学生成绩管理"空白数据库。

操作方法及步骤：

① 启动 Access 2010。

② 单击"空数据库"按钮，在右侧窗格的"文件名"中输入文件名"学生成绩管理"，单击图标并设置文件的保持路径为"E:\"，单击"创建"按钮，如图 5-7 所示。

图 5-7　创建数据库的界面

③ "学生成绩管理"空白数据库创建成功，并在数据库中自动创建了一个名为"表 1"的数据库表，如图 5-8 所示。

图 5-8　"学生成绩管理"初始界面

下面将以"学生成绩管理"数据库为例，介绍 Access 2010 数据库应用系统的开发过程。

5.3.5 表

表是 Access 数据库的最基本对象，主要用于存储数据库中的数据。在 Access 2010 数据库中，表有 4 种视图：设计视图、数据表视图、数据透视图视图和数据库透视表视图。

① 设计视图：在数据库设计初始阶段使用，用于数据库表结构的创建与修改。

② 数据表视图：用于数据库表中数据内容的录入、修改及浏览。

③ 数据透视图视图：主要用于将数据库表中的数据以图的形式显示、浏览。

④ 数据透视表视图：将数据库表中的数据按照不同的方式进行组织与分析。

1．表的结构

在"学生成绩管理"数据库中主要涉及 3 个数据表：学生表、课程表和成绩表。

在前面介绍过，Access 2010 数据库中将表的行称为记录，列称为字段。在一个数据库系统中每个表都有一个唯一的表名。数据库表的设计可分为表的结构设计和表的内容录入两个方面。表的基本结构主要包括字段名称、字段数据类型、主关键字、外部关键字等组成要素。

（1）字段名称

字段名称即数据库表的列名，用于描述对象所具有的某一个属性，如学生表中包括学号、姓名、性别等字段名称。

（2）字段数据类型

由于不同类型的数据所具有的性质不同，在计算机中占用的存储空间也互不相同，因此将数据按其各自特点划分为不同的类型，称为数据类型。Access 2010 数据库表中字段是用于存储对象的某一属性信息，因此表的同一列数据具有相同的数据类型。Access 2010 中为表字段提供了 11 种数据类型，如表 5-1 所示。

表 5-1　Access 2010 中表字段数据类型说明表

序号	类　型		说　明	字段长度/字节	备　注
1	文本		常为文字、数字或两者组合的形式，如姓名、电话等	≤255	表示文本大小
2	备注		与文本类型相同，但通常用于存储更多的信息	≤65 535	
3	数字	字节	用于表示一个整数	1	表示范围在 0～255 之间的整数
		整型		2	表示范围在 -32 768～32 768 之间的整数
		长整型		4	表示范围在 -2 147 483 648～2 147 483 647 之间的整数
		单精度型		5	表示范围在 -3.4×10^{38}～3.4×10^{38} 之间的实数
		双精度型	用于表示一个实数	8	表示范围在 -1.797×10^{38}～1.797×10^{38} 之间的实数
		小数		12	表示范围在 -9.999×10^{27}～9.999×10^{27} 之间的实数

续表

序号	类　型	说　明	字段长度/字节	备　注
4	日期/时间	用于表示日期或时间	8	年份在100～9999范围内的日期或时间
5	货币	用于表示货币类型	8	计算过程中不进行四舍五入
6	自动编号	为每条记录提供一个唯一编号	4/8	通常被设置为表的主关键字
7	是/否	用于存储是否或真假等布尔值	1	
8	OLE 对象	表中链接或嵌入的对象，如Word、图片等		
9	超链接	用于存储超链接，可以是 UNC 或 URL		UNC 格式约定：文件路径格式，如\\path\filename URL 格式约定：网址形式，如http://www.baidu.com
10	附件	将多个文件以附件的形式存储在数据库表字段中		文件名不超过 255 个字符
11	查阅向导	通过列表框或组合框的形式从另一个表或字段列表中选择一个值	4	

（3）主关键字

在同一个数据库表中用于区别于其他记录的单个字段或几个字段的组合，称为主关键字，简称主键。

（4）外部关键字

表 B 包含表 A 的关键字，但却不是表 B 的关键字，则称为表 B 的外部关键字。在数据库中主要通过主关键字和外部关键字建立两个表之间的联系。

2. 表的创建

在 Access 2010 中，创建表的方法有很多，包括通过设计视图创建表、通过数据表视图创建表、通过输入数据直接创建表和使用"导入表"创建表等。下面主要介绍通过设计视图创建表和利用表向导创建表的方法。

（1）通过设计视图创建表

通过设计视图创建表是最常用的表创建方法，下面结合例 5-3 介绍该方法的操作过程。

【例 5-3】在"学生成绩管理"数据库中通过设计视图创建学生表（学生表的结构如表 5-2 所示）。

表 5-2　学生表的结构设置

字 段 名 称	数 据 类 型	大　小
学号	文本	10
姓名	文本	20
性别	文本	2
出生年月	日期/时间	

操作方法及步骤：

① 打开"学生成绩管理"数据库，在"创建"选项卡中单击"表设计"按钮，进入表的设计视图，并按照表 5-2 设计学生表的结构。学生表设计视图界面如图 5-9 所示。

图 5-9　学生表设计视图界面

② 设置表的主键。在"学号"字段上右击，选择快捷菜单中的"主键"命令。也可以通过选中"学号"字段后，单击"设计"选项卡中的"主键"按钮，将"学号"字段设置为该表的主键。

③ 单击"保存"按钮，设置表名为"学生表"，单击"确定"按钮完成学生表的结构设计。

④ 双击导航栏中的"学生表"，打开该表可以进行表内容的录入。

（2）通过数据表视图创建表

数据表视图是表创建的另一种方法，下面以课程表为例介绍数据表视图创建表的方法。

【例 5-4】在"学生成绩"数据库中通过数据表视图创建课程表（课程表的结构如表 5-3 所示）。

表 5-3　课程表的结构设置

字 段 名 称	数 据 类 型	大　　小
课程编号	文本	10
课程名称	文本	50
学分	数字	

操作方法及步骤：

① 打开"学生成绩管理"数据库，在"创建"选项卡中单击"表"按钮，系统将自动创建一个名为"表 1"的表，如图 5-10 所示。

图 5-10　通过表设计视图创建"课程表"（1）

② 选择窗口中的 ID 列，并单击"字段"选项卡中的"名称和标题"按钮，弹出"输入字段属性"对话框。

③ 在"输入字段属性"对话框的"名称"文本框中输入字段名称"课程编号"，单击"确定"按钮。

④ 在"字段"选项卡中，设置字段"课程编号"的数据类型和大小，如图 5-11 所示。

图 5-11　通过表设计视图创建"课程表"（2）

⑤ 单击窗口中的"单击以添加"下拉按钮，在弹出的下拉列表中选择"文本"，然后，按照③和④设置课程表的"课程名"字段和"学分"字段。

⑥ 选中"课程编号"和"学号"，设置为"课程表"的主键（"课程编号"和"学号"的组合构成该表的主键）。

⑦ 单击"保存"按钮，并设置表名为"课程表"。

⑧ 双击导航栏中的"课程表"，打开该表并录入内容。

同样，可以创建"学生成绩管理"数据库中的成绩表，其结构如表 5-4 所示。

表 5-4　成绩表的结构

字 段 名 称	数 据 类 型	大　小
学号	文本	10
课程编号	文本	10
成绩	数字	

5.3.6　创建表间关系

数据库中的表与表之间并不是相互独立的，而是存在一定的联系。数据库中表之间通过主码（即主键）与外码建立一对一、一对多或多对多的联系，且彼此间遵循参照完整性。例如，"学生成绩管理"数据库的"学生表"中包含了全校的所有学生，因此"成绩表"中的学号值必定存在于"学生表"中，两表间的"学号"字段遵循参照完整性。另外，"学生表"中的每个学生可能选修多门课程，有多个成绩，所以"学生表"和"成绩表"存在一对多的联系。同样，"课程表"和"成绩表"之间通过字段"课程编号"存在一对多的联系。下面以"学生成绩管理"数据库为例，介绍"学生表"、"成绩表"和"课程表"间关系建立的方法。

① 打开"学生成绩管理"数据库，单击"数据库工具"选项卡中的"关系"按钮，弹出"显示表"对话框，如图 5-12 所示。

② 利用"显示表"对话框将"学生表"、"成绩表"和"课程表"添加到关系窗口中，如图 5-13 所示。

图 5-12 创建表间关系 1—添加存在关系的表

图 5-13 创建表间关系 2——显示存在关系的表中信息

③ 通过主码与外码创建表与表间的关系。选择"学生表"中的主码"学号"，将其拖至"成绩表"的外码"学号"上，弹出"编辑关系"对话框，如图 5-14 所示。

④ 在"编辑关系"对话框中勾选"实施参照完整性"复选框，单击"创建"按钮，得到关系窗口，如图 5-15 所示。

图 5-14 创建表间关系 3——编辑两个表
之间的关系

图 5-15 创建表间关系 4——建立"学生表"和
"成绩表"间的 1:n 关系

同样，可以将"课程表"添加到"学生成绩管理"数据库关系中，并建立"课程表"与"成绩表"间关系，如图 5–16 所示。

图 5–16　"学生成绩管理"数据库中三表间关系

⑤ 单击"设计"选项卡"关系"命令组中的"关闭"按钮，并保存"学生成绩管理"中已创建的表间关系。

通常情况下，若数据库中包含两张以上数据表，应在创建表后建立表之间的关系。数据表间的关系是保证数据库中数据参照完整性及查询等操作结果正确的保障。

5.3.7　数据库的查询操作

查询操作是数据库的最重要的操作之一，是根据给定的条件从一个或多个数据库表中检索出满足条件的记录，从而构成一个新的数据集合，以方便用户对数据库进行查看和分析。

在 Access 2010 中，根据对数据源操作方式和操作结果不同，可以分为 5 种查询：选择查询、交叉表查询、参数查询、操作查询和 SQL 查询。下面主要介绍选择查询和 SQL 查询方法。

1．选择查询

选择查询是最常见的查询方式，它是按照规则从一个或多个表，甚至是其他的查询结果中检索满足条件的记录，再将结果按照所需顺序显示出来。

在 Access 中，可以用"查询设计器"和"查询向导"两种方式创建选择查询，但无论使用哪种方式创建选择查询，其操作步骤如下：

① 选择查询数据源。数据源可以是单表或者多表，也可以是一个查询结果。

② 若查询操作涉及多个数据表，需要建立表之间的联系。

③ 确定目标字段。从数据源中选取所关心的结果字段。

④ 设置查询条件。查询条件可以是简单的，也可以是计数、求平均值等统计条件。

⑤ 运行并查看结果。

【例 5-5】利用查询设计器查询学生成绩情况，并显示学生的学号、姓名、课程名称及成绩信息。

操作方法及步骤：

① 打开"学生成绩管理"数据库，在"创建"选项卡的"查询"命令组中单击"查询设计"按钮，打开"查询计视图"窗口及"显示表"对话框。

② 选择查询数据源。在"显示表"对话框中选择"表"选项卡，然后双击"学生表""课程表"及"成绩表"，关闭该对话框。

③ 确定目标字段。在"查询设计视图"窗口的"字段"栏中添加目标字段，即学号、姓名、课程名及成绩，如图 5-17 所示。

④ 单击"保存"按钮，在"另存为"对话框中，设置查询名称为"学生成绩查看"。

⑤ 运行查询并查看结果。单击"运行"按钮，即可查看到"学生成绩查看"结果，如图 5-18 所示。

图 5-17　利用查询设计器查询学生成绩的设计界面

图 5-18　利用查询设计器查询学生成绩的结果界面

例 5-5 中的查询操作属于无条件的多表查询，查看了所有学生的选课及成绩情况，而在实际中，查询操作往往是带有具体筛选条件的，如查询考试不及格的学生学号、姓名、课程名及成绩。在 Access 2010 中，数据库的查询条件一般由函数、运算符、常量和字段值等构成的表达式描述。下面将介绍 Access 2010 数据库中常用的函数、运算符及表达式形式。

（1）函数

和 Excel 2010 一样，Access 2010 也提供了大量的内部函数，这些函数具有特定的含义和使用格式。按照类型划分为数值函数、文本函数和日期函数等。常用的 Access 2010 内部函数及说明如表 5-5 所示。

表 5-5　常用的 Access 2010 内部函数及说明

类　型	函 数 名	函 数 格 式	说　　明	示　　例
算术函数	绝对值	Abs(<数值表达式>)	返回数值表达式的绝对值	Abs(−3.14)=3.14
	取整	Int(<数值表达式>)	返回不超过数值表达式值的最大整数	Int(6.5)=6 Int(−6.5)=−7
		Fix(<数值表达式>)	截取数值表达式值的整数部分	Fix(6.5)=6 Fix(−6.5)=−6
		Round(<数值表达式>[,N])	数值表达式的值四舍五入保留 N 位小数，N 可以缺省，省略时为 0	Round(3.14,1)=3.2 Round(3.14)=3
	平方根	Sqr(<数值表达式>)	返回数值表达式的平方根值	Sqr(9)=3
	符号	Sgn(<数值表达式>)	当数值表达式值为正数时，返回 1；等于时 0，返回 0；负数时，返回−1	Sgn(−3)=−1 Sgn(3)=1 Sgn(0)=0
文本函数	字符串长度	Len(<字符串表达式>)	返回字符串表达式的字符个数，当字符表达式是 Null 值时，返回 Null 值	Len("hello!")'返回值为 6 Len("数据库")'返回值为 3
	字符串截取	Left(<字符串表达式>,<N>)	从字符串左边起截取 N 个字符构成的子串	Left("abcdef",2) '返回值为"ab"
		Right(<字符串表达式>,<N>)	从字符串右边起截取 N 个字符构成的子串	Right("abcdef",2) '返回值为"ef"
		Mid(<字符串表达式>,<N1>,[<N2>])	从字符串左边第 N1 个字符起截取 N2 个字符所构成的字符串。N2 可以省略，省略时等价于 Left(<字符串表达式>,<N1>)	Mid("abcdef",2,3) '返回值为"bcd" Mid("abcdef",2) '返回值为"bcdef"
	删除空格	Ltrim(<字符表达式>)	返回字符串去掉左边空格后的字符串	Ltrim(" abc ") '结果为"abc "
		Rtrim(<字符表达式>)	返回字符串去掉右边空格后的字符串	Rtrim(" abc ") '结果为" abc"
		Trim(<字符表达式>)	返回删除前导和尾随空格符后的字符串	Trim(" abc ") '结果为"abc"
日期／时间函数	截取日期的各个分量值	Day(<日期表达式>)	返回日期表达式日期的整数(1～31)	Day(#2010-9-18#) '返回值为 18
		Month(<日期表达式>)	返回日期表达式月份的整数(1～12)	Month(#2010-9-18#) '返回值为 9
		Year(<日期表达式>)	返回日期表达式年份的整数	Year(#2010-9-18#) '返回值为 2010
		Weekday(<日期表达式>)	返回 1～7 的整数，表示星期几	Weekday (#2010-9-18#) '返回值为 6
	获取系统时间	Date()	返回当前系统日期	
		Time()	返回当前系统时间	
		Now()	返回当前系统日期和时间	

续表

类　型	函数名	函数格式	说　　明	示　例
SQL聚合类函数	总计	Sum(<字符表达式>)	返回字符表达式中值的总和。字符表达式可以是一个字段名、含字段名的表达式等形式	
	平均值	Avg(<字符表达式>)	返回字符表达式中值的平均值。字符表达式形式同上	
	计数	Count(<字符表达式>)	返回字符表达式中值的个数，即统计记录个数。字符表达式形式同上	
	最大值	Max(<字符表达式>)	返回字符表达式中值的最大值。字符表达式形式同上	
	最小值	Min(<字符表达式>)	返回字符表达式中的最小值。字符表达式形式同上	

（2）运算符

运算符是构成表达式的基本元素，在 Access 2010 中提供了算术运算符、连接运算符、关系运算符和逻辑运算符。四类运算符的功能说明如表 5-6 所示。

表 5-6　Access 2010 中常用运算符及其说明

类　型	运　算　符	含　　义	示　　例	结果
算术运算符	+	加	1+3	4
	−	减运算或求负运算	4−1	3
	*	乘	3*4	12
	/	除	9/3	3
	^	乘方	3^2	9
	\	整除	17\4	4
	mod	取余	17 mod 4	1
连接运算符	&	字符串连接	"abc"&"d"	abcd
	+	当表达式都是字符串时与&相同；当表达式是数值表达式时，则为加法算术运算	"abc"+"d"	abcd
			12+3	15
关系运算符	=	相等	2=3	False
	>	大于	2>1	True
	>=	大于等于	"A">="B"	True
	<	小于	1<2	True
	<=	小于等于	6<=5	False
	<>	不等于	3<>6	True
	Is(Not) Null	Is Null 表示为空，Is Not Null 表示不为空		
	Like	判断字符串是否符合某一样式，若符合，其结果为 True，否则结果为 False	"Is" Like "Is"	True
	Between A and B	判断表达式的值是否在指定 A 和 B 的范围内，A 和 B 可以是数字型、日期型或文本型	3 Between 1 and 10	True
	In(string1,string2,...)	确定某个字符串值是否在一组字符串值内	In("A,B,C")等价于"A" Or "B" Or "C"	

续表

类　型	运　算　符	含　　　义	示　　　例	结果
逻辑运算符	And	与（同时、并且）	1<2 And 2>3	False
	Or	或（或者）	1<2 Or 2>3	True
	Not	非（取反）	Not 3>1	False
	Xor	异或	1<2 Xor 2>1	True

（3）表达式

在 Access 2010 中常用表达式描述查询条件，表达式的编辑可以借助表达式生成器完成。

【例 5-6】查询学生学号、姓名及年龄信息。

操作方法及步骤：

① 打开"学生成绩"数据库，在"创建"选项卡的"查询"命令组中单击"查询设计"按钮，打开"查询设计视图"窗口及"显示表"对话框。

② 选择查询数据源。在"显示表"对话框中选择"表"选项卡，然后双击"学生表"，关闭该对话框。

③ 确定目标字段。在"查询设计视图"窗口的"字段"栏中添加目标字段，即学号、姓名，将光标定位到字段的第 3 列，并单击"查询设置"命令组中的"生成器"按钮，弹出"表达式生成器"对话框后输入条件表达式："年龄: Year(Date( ))-Year([学生表]![出生年月])"，如图 5-19 所示。

图 5-19　"表达式生成器"对话框

④ 单击"保存"按钮，在"另存为"对话框中设置查询名称为"学生基本信息"。

⑤ 运行查询并查看结果。单击"运行"按钮，即可查看到"学生基本信息"结果，如图 5-20 所示。

图 5-20　利用表达式生成器查询学生信息的结果界面

2. SQL 查询

SQL 是结构化查询语言（Structured Query Language）的缩写，美国国家标准局 ANSI 在 1986 年将 SQL 作为关系数据库系统的标准语言，后被国际标准化组织（ISO）采纳为国际标准。现在很多大型数据库都实现了 SQL 语言查询。

SQL 查询语句基本结构如下：

```
SELECT <目标列名表>
     FROM <数据源表>
     [WHERE <查询条件>]
     [GROUP BY<分组列>]
     [HAVING <组选择条件>]
     [ORDER BY <排序列>[ASC | DESC]]
```

说明：

① SELECT <目标列名表>：用于指定查询结果表中包含哪些列，若显示所有列信息时可以用"*"替代。

② FROM <数据源表>：用于指定查询中所用到的数据库表或视图，多个表或视图名间用逗号隔开。

③ [WHERE <查询条件>]：用于指定多个数据源表间的连接条件和记录筛选条件。

④ [GROUP BY <分组列>]：对于满足 WHERE 指定条件的结果进行分组，分组依据是 GROUP BY 指出的"分组列"字段值，值相同的为一组。

⑤ [HAVING <组选择条件>]：与 GROUP BY 子句一起使用，用于对 GROUP BY 子句得到的结果再次按照"组选择条件"筛选出满足条件的组。

⑥ [ORDER BY <排序列>[ASC|DESC]]，用于指定筛选结果按照<排序列>进行某种方式排序显示，ASC 表示升序，DESC 表示降序，默认为升序。

◎温馨提示

> 最简单的 SQL 查询语句只包括 SELECT 和 FROM，其他均可省略。

【例 5-7】查询学分为"2"的课程编号、课程名及学分信息。

操作方法及步骤：

① 打开"学生成绩管理"数据库，在"创建"选项卡的"查询"命令组中单击"查询设计"按钮，打开"查询设计视图"窗口及"显示表"对话框，选择"课程表"后关闭"显示表"对话框。

② 打开"设计"选项卡，选择"结果"命令组"视图"中的"SQL 视图"选项，在 SQL 视图中输入查询语句如下：

```
SELECT 课程编号, 课程名, 学分
     FROM 课程表
     WHERE 学分=2
```

如图 5-21 所示。

③ 单击"运行"按钮，即可查看查询结果，如图 5-22 所示。

图 5-21　SQL 查询的设计界面

图 5-22　利用 SQL 查询学分为"2"的课程结果界面

◎温馨提示

　　① 例 5-7 中"SELECT 课程编号，课程名，学分"可以用"SELECT *"替代。

　　② WHERE 引出的条件值如果是文本类型，需要用一对单引号将常量值括起来，如查询条件为课程名"Office 办公软件应用"，则 WHERE 子句为：WHERE 课程名="Office 办公软件应用"。

5.3.8　窗体

窗体又称表单，是人机交互的一个重要接口，也是 Access 2010 数据库中重要的对象之一。Access 2010 数据库中，用户通过窗体可以方便地完成数据输入、编辑、统计显示和查询等操作。创建窗体的方法有利用窗体向导、在设计视图中创建和快速创建简易窗体 3 种。下面主要介绍利用窗体向导创建窗体的方法。

【例 5-8】利用窗体向导创建"学生基本信息窗体"。

操作方法及步骤：

① 打开"学生成绩"数据库，在"创建"选项卡中单击"窗体"命令组中的"窗体向导"按钮，在"窗体向导"对话框的"表/查询"中选择"学生表"，在"可用字段"中选择所有字段，如图 5-23 所示。

图 5-23　设置数据源和目标字段

② 单击"下一步"按钮进入图 5-24 所示的对话框，选中"纵栏表"单选按钮。

图 5-24　设置窗体布局

③ 单击"下一步"按钮进入如图 5-25 所示的对话框，设置窗体标题为"学生基本信息窗体"。

图 5-25 设置窗体标题

④ 单击"完成"按钮，完成窗体的创建，如图 5-26 所示。

图 5-26 窗体创建结果

5.3.9 报表

报表是 Access 2010 数据库的重要对象之一，利用报表用户可以将数据库中的数据按其需要的格式进行组织及打印输出。在 Access 2010 中创建报表主要包括 3 种方式：利用报表向导创建、在设计视图中创建和自动创建报表。下面介绍利用报表向导创建报表的方法。

【例 5-9】利用报表向导创建"学生基本信息报表"。

操作方法及步骤：

① 打开"学生成绩"数据库，在"创建"选项卡中单击"报表向导"按钮，在"报表向导"对话框的"表/查询"中选择"成绩表"，在"可用字段"中选择"学号""课程编号""成绩"，如图 5-27 所示。

② 单击"下一步"按钮进入图 5-28 所示的对话框，在"报表向导"对话框的"是否添加分组级别"列表中选择"课程编号"，并单击" > "按钮，再选中"学号"字段及"成绩"字段并单击" > "按钮，设置报表的分组显示信息。

图 5-27　设置数据源和目标字段

图 5-28　设置报表的分组信息

③ 单击"下一步"按钮进入图 5-29 所示的对话框，设置报表的排序方式及排序字段。报表向导设置中最多可设置 4 个排序字段，且"排序"按钮可在"升序"和"降序"之间相互切换。

图 5-29　设置报表排序方式

④ 单击"下一步"按钮进入图 5-30 所示的对话框，布局选择"递阶"方式，方向选择"纵向"，单击"下一步"按钮，进入图 5-31 所示的对话框。

图 5-30　设置报表布局方式

图 5-31　设置报表标题

⑤ 在图 5-31 所示的对话框中，设置报表标题"学生成绩报表"，单击"完成"按钮，完成报表的创建，如图 5-32 所示。

图 5-32　"学生成绩报表"结果显示界面

5.3.10　上机练习

① 创建一个图书管理数据库，其中包括图书基本信息表，表的结构如表 5-7 所示。

表 5-7　图书表的结构

字 段 名 称	数 据 类 型	大　　小
图书号	文本	10
书名	文本	50
作者	文本	20
出版社	文本	30
单价	货币	

② 从上题创建的图书管理数据库中，查询图书单价高于 30 的图书基本信息。

习　　题

1. 创建数据库和表并输入数据。

（1）创建数据库"客户.mdb"。

（2）建立"订单"表的结构，如表 5-8 所示。

表 5-8　"订单"表结构

字 段 名 称	字 段 类 型	字 段 大 小	是 否 主 键
订单 ID	文本	6	是
产品 ID	文本	5	
单价	货币		
数量	数字	整型	
折扣	数字	单精度型	

（3）向"订单"表中输入数据，如表 5-9 所示。

表 5-9　"订单"表中的数据

订单 ID	产品 ID	单　价	数　量	折　扣
061223	A1821	88.60	1500	5.25
061325	A2553	160.00	8540	8.30
058803	A1821	88.60	150	5.50
055614	B1006	640.00	620	0

2. 创建数据库和表并输入数据。

（1）在 E 盘下，创建数据库名"学生信息管理.mdb"。

（2）在该数据库文件中建立表"学生"，表结构如表 5-10 所示。

表 5-10　"学生"表结构

字 段 名 称	字 段 类 型	字 段 大 小	是 否 主 键
学号	文本	10	是
姓名	文本	10	
性别	文本	2	
年龄	数字	整数	
入学时间	日期/时间		
奖励情况	文本	100	
出生地	备注		

（3）设置"学号"字段为主键。

（4）设置"年龄"字段的有效性规则为"年龄大于 18 并且小于 22"。

（5）在"学生"表中输入如表 5-11 所示的数据。

表 5-11　"学生"表中的数据

学 号	姓 名	性 别	年 龄	入学时间	奖励情况	出生地
1301010105	高晓东	男	20	2013-9-1	无	辽宁
1301010110	刘想	女	19	2013-9-1	无	山东
1401010101	张三	男	18	2014-9-1	无	北京
1401010102	李四	男	18	2014-9-1	无	辽宁
1401010103	王明	女	19	2014-9-1	无	山东
1401010104	李晓娟	女	17	2014-9-1	院优秀三好学生	山西
1401010105	高亚平	男	19	2014-9-1	无	江苏
1401010106	吴丽	女	18	2014-9-1	无	湖南
1401010107	宋强	男	19	2014-9-1	院优秀干部	辽宁

（6）在该数据库中创建窗体名为"学生籍贯窗体"，在窗体中显示学生的姓名和出生地信息。

（7）创建查询操作，查询年龄为 18 岁的学生基本信息。

3.　创建数据库和表并输入数据。

（1）创建数据库"医院管理系统.mdb"。

（2）建立"医生"表、"患者"表和"诊断"表的结构，如表 5-12～表 5-14 所示。

表 5-12　"医生"表结构

字 段 名 称	字 段 类 型	字 段 大 小	是 否 主 键
医生 ID	文本	4	是
姓名	文本	10	
性别	文本	2	
职称	文本	10	
科室	文本	20	

表 5-13 "患者"表结构

字 段 名 称	字 段 类 型	字 段 大 小	是 否 主 键
患者 ID	文本	4	是
姓名	文本	10	
性别	文本	2	
联系电话	文本	11	

表 5-14 "诊断"表结构

字 段 名 称	字 段 类 型	字 段 大 小	是 否 主 键
医生 ID	文本	4	是
患者 ID	文本	4	是
诊断内容	文本	200	

（3）向"医生"表、"患者"表和"诊断"表中输入数据，如表 5-15～表 5-17 所示。

表 5-15 "医生"表中的数据

医生 ID	姓 名	性 别	职 称	科 室
1201	张三	男	执业医师	急诊科
1202	李四	女	主治医师	耳鼻喉科
1203	王五	女	副主任医师	外科
1204	赵六	男	主任医师	内科

表 5-16 "患者"表中的数据

患者 ID	姓 名	性 别	联系电话
5101	李莉	女	134××××6758
5102	张明	男	
5103	刘环	男	
5104	王丹	女	

表 5-17 "诊断"表中的数据

医生 ID	患者 ID	诊断内容
1201	5102	
1202	5103	
1203	5101	
1204	5104	

（4）建立"医生"表、"患者"表和"诊断"表的关系。

（5）查询所有男医生的基本信息。

（6）创建报表，显示患者姓名、主治医生姓名和诊断内容。

第6章 | Word 2010 综合案例

本章通过如下案例，使读者进一步熟悉 Word 文档的制作技巧。熟练掌握如何在文档中进行文档管理、编辑排版、表格处理、图形处理等技巧。

6.1 Word 综合案例 1——"C 语言概述"文档格式化

6.1.1 案例描述

在如图 6-1 所示的"C 语言概述"文档添加如下操作：

① 将标题段文字设置为三号绿色、华文行楷（西文使用中文字体）、加粗、居中、加橙色方框、段后间距 0.5 行。

② 设置正文第一段和第二段（"C 语言是国际上……C 语言的主要特点如下:"）首行缩进 2 字符，为正文第三段至第七段（"语言简洁……和各种操作系统。"）添加项目符号"☆"。

③ 设置页面左、右边距各为 3.1 厘米。

④ 第一段首字下沉 3 行，字体为楷体。

⑤ 将"C"替换成"VFP"。

⑥ 将最后一段加边框，应用于文字，宽度 1.5 磅，三维阴影。

6.1.2 操作步骤解析

① 启动 Word，单击自定义快速访问工具栏中的"新建"按钮，新建一个名为"C 语言概述"的文档，输入本文内容，如图 6-1 所示。

C 语言概述

C 语言是国际上广泛流行的、很有发展前途的计算机高级语言。它适合于作为系统描述语言，即用来编写系统软件，也可用来编写应用软件。

C 语言之所以能存在和发展，并具生命力，有其不同于其他语言的特点。C 语言的主要特点如下:

语言简洁、紧凑，使用方便、灵活。

运算符丰富。

数据结构丰富。

具有结构化的控制语句（如 if…else 语句、while 语句、do…while 语句、switch 语句、for 语句）。

用 C 语言编写的程序可移植性好（与汇编语言比）。基本上不作修改就能用于各种型号的计算机和各种操作系统。

其设计目标是提供一种能以简易的方式编译、处理低级存储器、产生少量的机器码以及不需要任何运行环境支持便能运行的编程语言。

图 6-1　输入文字

② 选取标题"C 语言概述",切换至"开始"选项卡,在"字体"命令组中单击右下方的对话框启动器按钮,弹出"字体"对话框,此时默认为"字体"选项卡。在"中文字体"下拉列表中选择"华文行楷",在"字形"列表中选择"加粗",在"字号"列表中选择"三号",在"字体颜色"下拉列表中选择"绿色",然后单击"确定"按钮,如图 6-2 所示。

③ 选取标题"C 语言概述",切换至"开始"选项卡,在"段落"命令组中单击"居中"按钮。

④ 选取标题"C 语言概述",切换至"页面布局"选项卡,在"页面背景"中单击"页面边框"按钮,弹出"边框和底纹"对话框,选择"边框"选项卡,在"设置"中选择"方框",在"颜色"中选择"橙色",在"应用于"中选择"文字",单击"确定"按钮,如图 6-3 所示。

图 6-2　设置字体

图 6-3　设置边框

⑤ 选取标题"C 语言概述",切换至"页面布局"选项卡,将"段落"命令组中的"间距"的"段后"设为"0.5 行",如图 6-4 所示。

⑥ 选中第一段,按住【Ctrl】键的同时选中第二段,切换至"开始"选项卡,在"段落"命令组中单击右下角的对话框启动器按钮,弹出"段落"对话框,此时默认为"缩进和间距"选项卡,在"缩进"选项中,选择"特殊格式"中的"首行缩进"后,默认"磅值"为"2 字符",单击"确定"按钮,如图 6-5 所示。

图 6-5　设置段落

图 6-4　设置间距

⑦ 选中第三段，按住【Ctrl】键依次选中第四段、第五段直到第七段，右击，在弹出的快捷菜单中选择"项目符号"命令，然后在弹出的列表框中选择"☆"符号，如图 6-6 所示。

⑧ 切换至"页面布局"选项卡，单击"页面设置"命令组"页边距"下拉列表中的"自定义边距"按钮，在弹出对话框的"页边距"选项中设置"左""右"都为"3.1 厘米"后，单击"确定"按钮，如图 6-7 所示。

⑨ 选中第一段，切换至"插入"选项卡，在"文本"命令组中单击"首字下沉"下拉列表中的"首字下沉选项"按钮，弹出"首字下沉"对话框，在"位置"中选择"下沉"，在"选项"中选择"字体"为"楷体"，"下沉行数"为"3 行"，单击"确定"按钮，如图 6-8 所示。

图 6-6　添加项目符号

图 6-7　"页面设置"对话框

图 6-8　"首字下沉"对话框

⑩ 按【Ctrl+H】组合键打开"查找和替换"对话框，选择"替换"选项卡，在"查找内容"文本框中输入"C"，在"替换为"文本框中输入"VFP"后，单击"全部替换"按钮（见图 6-9），出现如图 6-10 所示替换提示对话框，单击"确定"按钮。

图 6-9　替换设置

图 6-10　替换提示

⑪ 选中最后一段，切换至"页面布局"选项卡，在"页面背景"中单击"页面边框"按钮，弹出"边框和底纹"对话框，选择"边框"选项卡，在"设置"中选择"三维"，在"宽度"中选择"1.5 磅"，在"应用于"中选择"文字"，单击"确定"按钮，如图 6-11 所示。

图 6-11　设置边框

⑫ 通过以上的操作，最终效果如 6-12 所示。

图 6-12　案例 1 最终效果

6.2　Word 综合案例 2——设计"大连科技学院简介"文档

6.2.1　案例描述

① 选中正文（从"在浪漫之都滨城大连"至"向着全国同类一流院校的目标迈进。"），设置字体为宋体，字号小四，行距为 1.5 倍行距，首行缩进 2 个字符。

② 将"本科院系及其专业（部分）"的字体设置为幼圆，字号小三，字形加粗，对齐方式设

置为居中，段前间距设置为 0.5 行。

③ 选中"机械工程系"至"日语"，对齐方式设置为居中，将其分为三栏，中间有分隔线。

④ 将各院系名称的字体设置为华文行楷，字号小三号，深蓝色。在各院系名称前插入项目符号❀（Windings 字体下的符号），位置缩进 0.2 厘米。

⑤ 将联系地址和咨询电话设置为右对齐，字符底纹，字形加粗。

⑥ 在文档首页眉处输入"大连科技学院欢迎你"。在页脚处输入页号，居中。

⑦ 插入竖排文本框，在文本框内输入"简介"，字体为黑体，字号为一号。在文本框内输入"大连科技学院"，字体为华文行楷，字号小初，底端对齐。

⑧ 设置文本高度为 10.5 厘米，宽度为 4 厘米（锁定纵横比），版式为四周型，距正文上、下边距为 0.8 厘米，无颜色，无轮廓。

⑨ 将图片文件移动到文档的右上角，设置图片版式为四周型。

⑩ 设置页面颜色为浅绿，图案为 90%。

6.2.2　操作步骤解析

① 新建 Word 文档，录入文本如 6–13 所示。

　　在浪漫之都滨城大连，在钟灵毓秀、风光旖旎的月亮湾畔，镶嵌有一颗璀璨的明珠——大连科技学院。学院成立于 2002 年 7 月，时为大连交通大学信息工程学院。2011 年 4 月，经教育部批准转设为独立设置的省属普通本科高等学校。

　　校址位于辽东半岛最南端的大连旅顺经济开发区大学城内。校区位于国家自然保护区老铁山北麓延伸带之上，环视渤黄两海，驻足世界和平公园之东，毗邻沈海高速公路与烟大火车轮渡交汇之地。校园占地面积约 36.6 万平方米，现有教学行政用房面积 9.5 万平方米，专任教师 414 人，其中副高级职称以上 103 人，教学仪器设备价值 3784.50 万元，图书 59 万册。建有各类实验室 32 个，校外实习实训基地 49 个。学院校园正在扩建中，扩建完成后，总建筑面积将达到 31 万平方米。

　　学院下设机械工程系、电气工程系、信息科学系、管理工程系、外语系、艺术系、基础部、国际合作与交流学院、软件技术学院（专科）等 9 个教学系部院，设置有 31 个本科专业（方向），8 个高职（专科）专业，涉及工、管、文、法、艺等五大学科门类。

　　大连科技学院将秉承"以人为本、依法治校、质量立校、特色兴校、开放办学"的办学理念，不断深化教育教学改革，不断加强内涵建设，努力打造专科、本科、工程硕士为一体的应用型人才培养教育体系，向着全国同类一流院校的目标迈进。

　　本科院系及其专业（部分）

　　机械工程系

　　设计制造及其自动化

　　机械电子工程

　　电气工程系

　　电气工程及其自动化

　　　自动化

图 6–13　输入文字

信息科学系

计算机科学与技术

物联网工程

管理工程系

会计学

物流管理

艺术系

工业设计（普通类）

产品设计（艺术类）

外语系

英语

日语

联系地址：大连市旅顺经济开发区滨港路 999-26 号

咨询电话：0411-86245×××

图 6-13　输入文字（续）

② 将光标置于文档最前，按住鼠标左键不动，拖动鼠标至第四段段尾，切换至"开始"选项卡，在"字体"命令组中将"字体"修改为"宋体"，"字号"修改为"小四"，如图 6-14 所示。右击，选择"段落"命令，弹出"段落"对话框，选择"缩进和间距"选项卡，在"特殊格式"中选择"首行缩进"，同时"磅值"自动为"2 字符"，"行距"中选择"1.5 倍行距"，单击"确定"按钮，如图 6-15 所示。

图 6-14　设置字体

图 6-15　设置段落

③ 选中文字（本科院系及其专业（部分）），切换至"开始"选项卡，在"字体"命令组中将"字体"修改为"幼圆"，"字号"修改为"小三"，单击"加粗"按钮，如图 6-16 所示，在"段落"命令组中单击"居中"按钮；切换至"页面布局"选项卡，在"段落"命令组中将"间距"的"段前"修改为"0.5 行"，如图 6-17 所示。

图 6-16　设置字体

图 6-17　设置段落

④ 选中"机械工程系"至"日语"文字，切换至"开始"选项卡，在"段落"命令组中单击"居中"按钮。切换至"页面布局"选项卡，在"页面设置"命令组中单击"分栏"下拉列表中的"更多分栏"按钮，弹出"分栏"对话框，在"预设"选项中选择"三栏"，勾选"分隔线"复选框，单击"确定"按钮，如图 6-18 所示。

⑤ 通过【Ctrl】键和鼠标组合选中各个院系，切换至"开始"选项卡，在"字体"命令组中将"字体"修改为"华文行楷"，"字号"为"小三"，在"颜色"下拉列表中选择"深蓝"。将光标置于机械工程系前，切换至"插入"选项卡，在"符号"命令组中，选择"符号"下拉列表中的"其他符号"选项，弹出"符号"对话框，在"字体"文本框中输入 Wingdings，在其下的符号中找到"❋"符号，单击"插入"按钮，如图 6-19 所示。选中"❋"符号，按【Ctrl+C】组合键复制此符号，依次按【Ctrl+V】组合键复制于其他院系前。

图 6-18　设置分栏

图 6-19　添加符号

⑥ 选中文档中的最后两行，切换至"开始"选项卡，在"字体"命令组中单击"加粗"按钮和"字符底纹"按钮，在"段落"命令组中单击"文本右对齐"按钮。

⑦ 切换至"插入"选项卡，在"页眉和页脚"命令组中选择"页眉"下拉列表中的"空白"选项，在"输入文字"中输入"大连科技学院欢迎你"，如图 6-20 所示。在"设计"选项卡下的"导航"命令组中，单击"转至页脚"按钮（见图 6-21），此时在光标闪烁的地方输入"1"，随后选中数字"1"，切换至"开始"选项卡，在"段落"组中单击"居中"按钮，双击上方空白处，退出页眉和页脚状态。

⑧ 切换至"插入"选项卡，在"文本"命令组中选择"文本框"下拉列表中的"简单文本框"样式，输入文字"简介大连科技学院"；选中该文字，切换至"格式"命令组中，在"文本"命令

组中选择"文字方向"下拉列表中的"垂直"选项。在文字"大连科技学院"与"简介"之间通过【Enter】键添加分隔符。选中文字"简介",切换至"开始"选项卡,在"字体"命令组中将"字体"修改为"黑体","字号"为"一号";选中文字"大连科技学院",将"字体"修改为"华文行楷","字号"为"小初",在"段落"命令组中单击"文本右对齐"按钮,如图 6-22 所示。

图 6-20　编辑页眉

图 6-21　单击"转至页脚"按钮

图 6-22　设置格式

⑨ 切换至"格式"选项卡,在"大小"命令组中将"高度"修改为"10.5 厘米","宽度"修改为"4 厘米",如图 6-23 所示,单击右下角的对话框启动器按钮,弹出"布局"对话框,选择"文字环绕"选项卡,选择"四周型",在"距正文"选项中,将"上"和"下"都修改为"0.8厘米",如图 6-24 所示。在"形状样式"命令组中,选择"形状填充"中的"无填充颜色","形状轮廓"中的"无轮廓"选项。

图 6-23　设置大小

图 6-24　设置文字环绕

⑩ 选中图片并右击,在弹出的快捷菜单中选择"自动换行"中的"四周型环绕"选项后关闭对话框,将其拖动至文档的右上角。

⑪ 切换至"页面布局"选项,在"页面背景"命令组中选择"页面颜色"中"标准色"中的"浅绿"后,单击"填充效果"按钮,弹出"填充效果"对话框,选择"图案"选项卡,在"图案"选项中选择"90%",单击"确定"按钮,如图 6-25 所示。

最终效果如图 6-26 所示。

图 6-25　设置填充效果

图 6-26　案例 2 最终效果

6.3　Word 综合案例 3——制作一份数学试卷

6.3.1　案例描述

① 将页面纸张设置为宽 20 厘米，高 29.7 厘米，设置上、下边距为 2 厘米，左、右边距为 1.75 厘米。

② 输入试卷标题"数学课程考试试卷"，字体设置为黑体，二号，居中。

③ 插入如图 2-28 所示的表格，设置第 1 列、第 10 列的列宽为 2 厘米，第 2 到第 9 列的列宽为 1.5 厘米。表格水平居中显示。

④ 输入各题的内容，如图 6-27 所示，其中公式利用公式编辑器来编辑，图形通过绘图工具栏来绘制。注意不用输入题目编号。

图 6-27　试卷样式

⑤ 将试卷分两栏。纸张方向为横向。

⑥ 对试卷加上红色半透明的水印背景"保密"。

6.3.2 操作步骤解析

① 切换至"页面布局"选项卡，在"页面设置"命令组中选择"纸张大小"下拉列表中的"其他页面大小"选项，弹出"页面设置"对话框，默认为"纸张"选项卡，将"宽度"修改为"20厘米"，高度修改为"29.7厘米"；切换至"页边距"选项卡，将"左"和"右"修改为"3.17厘米"后，单击"确定"按钮，如图6-28和图6-29所示。

图 6-28　设置纸张

图 6-29　设置页边距

② 输入并选中文字"数学课程考试试卷"，切换至"开始"选项卡，在"字体"命令组中将"字体"修改为"黑体"，"字号"修改为"二号"，如图6-30所示；在"段落"命令组中单击"居中"按钮。

将插入点定位到标题的下面一行，切换至"插入"选项卡，在"表格"命令组中选择"表格"下拉列表中的"插入表格"选项，弹出"插入表格"对话框，将"列数"修改为"12"，"行数"修改为"3"，单击"确定"按钮，如图6-31所示。

图 6-30　设置字体

图 6-31　设置表格

选中第一列，切换至"布局"选项卡，在"单元格大小"命令组中将"宽度"修改为"2 厘米"后，选中第二列按照相同的操作方法将"宽度"修改为"1.5 厘米"，如图 6-32 所示；操作同上，依次修改余下的列。完成后，选中表格，切换至"布局"选项卡，在"对齐方式"命令组中单击"水平居中"按钮。

将光标置于第一行第一列中，输入文字"题号"，按【→】键，输入文字"一"，依次修改第一行内容，第二行第三行操作同上。

输入图中的内容，其中的公式、分数和数学符号，可以切换至"插入"选项卡，在"符号"命令组中单击"公式"按钮，在弹出的编辑框中编辑和插入。其中的图形可以切换至"插入"选项卡，在"插图"命令组中单击"形状"下拉列表中的"新建绘图画布"按钮绘制图形。

切换至"页面布局"选项卡，在"页面设置"命令组中选择"纸张方向"下拉列表中的"横向"选项，选择"分栏"下拉列表中的"两栏"选项。

切换至"页面布局"选项卡，在"页面背景"命令组中单击"水印"下拉列表中的"自定义水印"按钮，弹出"水印"对话框，选择"文字水印"后，单击"确定"按钮，如图 6-33 所示。

图 6-32　设置宽度

图 6-33　"水印"对话框

6.4　Word 综合案例 4——房地产项目手册

6.4.1　案例描述

本案例的任务是为一家房地产公司完成广告宣传册的排版工作，制作宣传册的一个内页"项目简介"。

① 将"Word 素材.docx"文件另存为 Word.docx。

② 将文档中的西文空格全部删除。

③ 将纸张大小设为 16 开，页面上边距设为 3.2 厘米、下边距设为 3 厘米，左、右页边距均设为 2.5 厘米。

④ 在文档中插入图片并调整图片的位置、大小、样式。

⑤ 将文档中题目设计成艺术字效果，如图 6-34 所示。

图 6-34 "项目简介"页最终效果

6.4.2 操作步骤解析

1. 另存为及删除空格操作

① 打开 Word 素材.docx，选择"文件"菜单中的"另存为"命令，在弹出的"另存为"对话框中输入"项目简介"，选择"保存"按钮，如图 6-35 所示。

图 6-35 "另存为"对话框

② 单击"开始"选项卡"编辑"命令组中的"替换"按钮，在"查找内容"文本框中按空格键，单击"全部替换"按钮，如图 6-36 所示。

图 6-36　"查找替换"对话框

③ 在弹出的对话框中单击"确定"按钮，然后关闭"查找和替换"对话框。

2. 设置纸张大小

① 切换到"页面布局"选项卡，图 6-37 所示。

图 6-37　"页面布局"选项卡

② 选择纸张选项，设置为 16 开，如图 6-38 所示。

图 6-38　设置纸张大小

③ 切换到"页边距"选项，设置上边距 3.2 厘米、下边距 3 厘米，左右也边距均 2.5 厘米，单击"确定"按钮，如图 6-39 所示。

图 6-39 "页面设置"对话框

3. 在文档中插入图片并调整图片的位置、大小、样式

在 Word 2010 中插入图片的操作如下：

① 文档中单击，确定要插入图片的大致位置。

② 切换到"插入"选项卡，如图 6-40 所示。

③ 在"插图"命令组中单击"图片"按钮，打开"插入图片"对话框，如图 6-41 所示。

图 6-40 "插入"选项卡

图 6-41 "插入图片"对话框

④ 通过"查找范围"下拉菜单找到图片所在的位置，选定图片文件后单击"插入"按钮将其插入文档。

插入图片和剪贴画后，"图片工具-格式"选项卡被激活，如图 6-42 所示。

图 6-42　"图片工具-格式"选项卡

选中要编辑的图片，选择图片工具中的"格式"选项卡，就可以对图片进行各种编辑，例如，缩放、移动、复制、设置样式和排列方式，并且可以调整色调、亮度和对比度等。通常需要考虑以下几个方面：

- 设置图片效果：亮度、对比度、重新着色、压缩图片、重新设置。
- 设置图片样式：图片形状、图片边框、图片效果。
- 设置图片排列方式：文字环绕、对齐、旋转。
- 设置图片大小：剪裁、高度和宽度。

⑤ 通过"调整"命令组中的按钮可对图片或剪贴画图片效果进行调整，这些按钮的功能介绍如下：

- 更正按钮 ：单击该按钮，在弹出的列表中可选择相应的图片亮度、对比度或清晰度，如图 6-43 所示。正常亮度和增加 30%亮度的效果如图 6-44 所示。

图 6-43　"更正"下拉列表

（a）图片正常亮度　　　　（b）图片增加 30%亮度

图 6-44　正常亮度和增加亮度后的效果

- 颜色按钮 ：单击该按钮，在弹出的列表中可为图片选择不同的颜色模式，为图片重新着色，如图 6-45 所示。图片正常颜色和黑色颜色模式如图 6-46 所示。
- 艺术效果按钮 ：单击该按钮，可将艺术效果添加到图片，使其更像草图或油画。
- 压缩图片 按钮：单击该按钮，可对选中图片的分辨率、大小进行调整，减小图片文件大小，节省空间。
- 更改图片 按钮：单击该按钮，更改为其他图片，但保存当前图片的格式和大小。
- 重设图片 按钮：单击该按钮，将恢复原图片样式，取消对图片的一切调整。

（a）图片正常颜色　　（b）黑色颜色模式

图 6-45　"颜色"下拉列表　　图 6-46　正常颜色和黑色颜色模式

⑥ 图片插入之后，通过"自动换行"按钮 可根据需要改变环绕方式。图片环绕方式有如下几种：

● 四周型环绕：文字环绕图片四周。

● 紧密型环绕：文字紧密环绕图片四周。

● 穿越型环绕：文字穿越图片。

● 上下型环绕：图片占据独立的行。

● 衬与文字下方：作为文字背景衬托在文字下方。

● 浮于文字上方：浮在文字上，遮蔽文字。

● 嵌入型：嵌入在文字中间。

⑦ 如果希望图片与文字紧密结合，不余留空白空间，可采取四周型环绕方式。

● 双击插入的图片，打开"图片工具-格式"选项卡（见图 6-42）。

● 在"排列"命令组单击"自动换行"下列菜单，选择"四周型环绕"选项，结果如图 6-47 所示。

● 将鼠标置于图片之上，看到鼠标显示为四箭头时，把图片拖动到合适的位置，使图文很好地搭配起来，如图 6-48 所示。

图 6-47　"自行换行"下拉列表　　图 6-48　调整图片位置

◎注意

当图片的环绕方式为"嵌入型"时，图片不能被移动，为其他方式时都可以移动。

⑧ 如果插入文中的图片的大小不合适或还有其他方面需要调整，可继续执行操作如下：

● 如果需要调整图片的整体大小，可将鼠标指向图片四角的圆形控点上，向左上、左下、右下、右上拖动，如图 6-49 所示。

● 如果需要调整图片的长度和宽度，可将鼠标指向图片四边中间的方形控点上，向上、下、左、右拖动，如图 6-50 所示。

图 6-49 调整图片整体大小

图 6-50 调整图片的长度和宽度

● 如果需要精确调整图片的大小，可以在"大小"命令组中输入图片的高度、宽度数值，如图 6-51 所示。

● 如果需要在对话框中对图片大小进行详细设置，可单击"大小"工具组中的对话框启动器▣，打开图片"大小"对话框进行设置，如图 6-52 所示。

图 6-51 设置高端、宽度

图 6-52 设置图片大小

● 若原有图片的边缘部分不要，则可使用"裁剪"按钮。单击该按钮，鼠标光标将变成形状，将其移向图片边框上的控制点，然后按住鼠标左键不放进行拖动可对图片进行剪裁，如图 6-53 所示。

⑨ Word 2010 的一个显著改进就是增加了丰富多彩的图片效果的设置。要应用现成的图片样式，可执行如下操作：

● 选中图片，单击"图片工具"打开图片工具栏。

● 在"图片样式"列表中选择一种样式，单击应用该样式。应用之前可以预览应用效果，如图 6-54 所示。

（a）原图　　　　　　（b）裁剪后

图 6-53　裁剪图片

图 6-54　应用图片样式

⑩ 要对图片应用更多效果，可单击 图片效果 下列按钮，对图片应用"预设、阴影、映像、发光、柔化边缘、棱台、三维旋转"等多项设置。每项设置下面又有多种效果，应用恰当可使图片更添色彩，如图 6-55 所示。

图 6-55　"图片效果"下拉列表

此时的应用效果如图 6-56 图 6-57 所示。

单击 🖌图片边框 ▾按钮，在弹出的列表中可为图片选择边框线样式及颜色。

图 6-56　应用"预设 2"的效果

图 6-57　应用"预设 7"的效果

◎注意

　　要想应用 Word 2010 精彩纷呈的图片效果，不能将 Word 运行在兼容模式下，否则"图片工具"选项卡只会看到如图 6-58 所示的工具，只能对图片进行一些常规设置。

图 6-58　兼容模式下的"图片工具"选项卡

⑪ 在文档的合适位置插入图片。

⑫ 图片的环绕方式设置为"衬于文字下方"，调整图片位置和大小，如图 6-59 所示。

图 6-59　设置图片的环绕方式位置和大小

⑬ 选中图片，单击 🖼图片效果 ▾下拉按钮，选择"柔化边缘"命令，选中"50 磅"，调整图片大小和位置，效果如图 6-60 所示。

图 6-60 柔化图片边缘

4. 将文档中题目设计成艺术字效果

在流行的报刊杂志、各种广告中，经常会看到各种各样的艺术字，这些艺术字给文章增添了强烈的视觉效果。在 Word 2010 中可以创建出各种文字的艺术效果，将艺术字插入到文档中后对其进行编辑，甚至可以把文本扭曲成各种各样的形状，也可设置为三维轮廓的效果。该任务中需要将题目"项目简介"设置为艺术字。

插入艺术字的方法如下：

① 将文本插入点定位到文档中要插入艺术字的位置。

② 单击"插入"选项卡"文本"命令组中的"艺术字"按钮 A，打开艺术字库样式列表框，在其中选择需要的艺术字样式，如图 6-61 所示。

③ 在插入的文本框中输入需要创建的艺术字文本"项目简介"，如图 6-62 所示。

图 6-61 选择艺术字样式　　　　　　　　　图 6-62 输入文字

◎温馨提示

　　如果文档中内容已经存在，可直接选中准备设置成艺术字的文字，然后单击"艺术字"按钮 A，步骤同上，只是不必再需输入文字内容。

5. 编辑艺术字

创建好艺术字后，如果对艺术字的样式不满意，可以对其进行编辑修改。选择艺术字即会出现艺术字工具，选择"格式"选项卡，就可以对艺术字进行各种设置，如图 6-63 所示。

图 6-63 设置艺术字

操作步骤如下：

（1）设置文字环绕方式

① 选中艺术字"项目简介"，激活艺术字工具的"格式"选项卡。

② 单击"排列"命令组中的自动换行![按钮。

③ 在弹出的列表中选择"上下型环绕"选项，结果如图 6-64 所示。

图 6-64 选项"上下型环绕"后的结果

（2）编辑艺术字大小

用鼠标按住艺术字的右下角的控制点向左上方拖动，即可缩小艺术字，如图 6-65 所示。

（3）编辑艺术字位置

选择艺术字，当鼠标光标变为时，按住鼠标左键不放，拖动到适当位置可改变艺术字的位置，如图 6-66 所示。

图 6-65 缩小艺术字　　　　　　　　图 6-66 改变艺术字位置

（4）改变艺术字形状

选择艺术字，选择"艺术字样式"库中的某种样式（在兼容情况下会出现样式对话框），如图 6-67 所示。也可单击 文本效果· 按钮，在弹出的列表框中选择效果，如图 6-68 所示。

（5）设置艺术字的颜色

选择艺术字，单击"艺术字样式"工具栏中的 形状填充· 按钮，在弹出的列表中可选择颜色选项，即可设置艺术字的填充色彩。单击 形状轮廓· 按钮可设置艺术字边框颜色。

图 6-67　选择艺术字样式

图 6-68　选择文本效果

◎温馨提示

　　右击插入的艺术字，在弹出的快捷菜单中选择"设置艺术字格式"命令，也可打开"设置艺术字格式"对话框，可以对艺术字的颜色、大小和版式等进行设置。

　　经过艺术字的插入和编辑，就完成了本案例的制作。

第7章　Excel 2010 综合案例

7.1　Excel 综合案例1——如何制作"提货单.xlsx"

7.1.1　案例描述

提货单是一种在各个企事业单位中经常用到的一种单据,通常使用提货单来说明收货的地点,送出什么物品,物品的规格、价格和数量等,以保证交易的正常进行。本案例介绍如何在 Excel 中制作一份简单的提货单。本案例要求制作如图 7–1 所示的提货单。

xxx公司提货单

收货方					
送货日期					
产品编号	产品名称	单位	数量	单价	金额
B00001	图书	包	100	45	4500
B00002	光盘	盘	15	78	1170
B00003	教材	包	45	54	2430
B00004	CD	盘	26	21	546
B00005	衣服	袋	69	150	10350
B00006	洗发水	件	23	20	460
B00007	手机	箱	28	410	11480
B00008	打火机	打	323	12	3876
B00009	香烟	条	44	4	176
B00010	面包	箱	120	4	480
B00011	香油	瓶	53	45	2385
B00012	点插板	板	11	40	440
B00013	茶叶	袋	14	12	168
合计					38461

图 7–1　提货单数据表

7.1.2　操作步骤解析

① 输入如图 7–1 所示的数据。

② 调整表格,要求行高 45、列宽 13。

③ 设置提货单的标题格式。要求为"黑体""22""水平对齐方式""跨列居中"。

④ 为提货单表格添加边框。

【操作提示】

在本案例中,涉及以下几点基本操作:

① 启动 Excel。

② 输入基本数据。

③ 选择多个列和行。

④ 调整列宽和行高。

⑤ 设置表格内容的格式。

7.2　Excel 综合案例 2——如何根据产品销售情况进行统计分析

7.2.1　案例描述

销售部助理小王需要根据 2012 年和 2013 年的图书产品销售情况进行统计分析，以便制订新一年的销售计划和工作任务。请按照如下要求，完成工作并保存：

① 在考生文件夹下，将"Excel 素材.xlsx"文件另存为 Excel.xlsx，后续操作均基于此文件。

② 在"销售订单"工作表的"图书编号"列中，使用 VLOOKUP 函数填充所对应"图书名称"的"图书编号"，"图书名称"和"图书编号"的对照关系请参考"图书编目表"工作表，如图 7-2 所示。

	A	B
1	图书名称	图书编号
2	《Office商务办公好帮手》	BKC-001
3	《Word办公高手应用案例》	BKC-002
4	《Excel办公高手应用案例》	BKC-003
5	《PowerPoint办公高手应用案例》	BKC-004
6	《Outlook电子邮件应用技巧》	BKC-005
7	《OneNote万用电子笔记本》	BKC-006
8	《SharePoint Server安装、部署与开发》	BKS-001
9	《Exchange Server安装、部署与开发》	BKS-002

图 7-2　图书编目表

③ 将"销售订单"工作表的"订单编号"列按照数值升序方式排序，并将所有重复的订单编号数值标记为紫色（标准色）字体，然后将其排列在销售订单列表区域的顶端。

④ 在"2013 年图书销售分析"工作表中，统计 2013 年各类图书在每月的销售量，并将统计结果填充在所对应的单元格中。为该表添加汇总行，在汇总行单元格中分别计算每月图书的总销量。

⑤ 在"2013 年图书销售分析"工作表中的 N4:N11 单元格中，插入用于统计销售趋势的迷你折线图，各单元格中迷你图的数据范围为所对应图书的 1 月~12 月销售数据，并为各迷你折线图标记销量的最高点和最低点。

⑥ 根据"销售订单"工作表的销售列表创建数据透视表，并将创建完成的数据透视表放置在新工作表中，以 A1 单元格为数据透视表的起点位置，将工作表重命名为"2012 年书店销量"。

⑦ 在"2012 年书店销量"工作表的数据透视表中，设置"日期"字段为列标签，"书店名称"字段为行标签，"销量（本）"字段为求和汇总项，并在数据透视表中显示 2012 年期间各书店每季度的销量情况。

◎温馨提示

　为了统计方便，请勿对完成的数据透视表进行额外的排序操作。

7.2.3　操作步骤解析

1. 要求①步骤解析

打开考生文件夹中的"Excel 素材.xlsx"文件，将其另存为 Excel.xlsx，如图 7-3 所示。

| （a）重命名前 | （b）重命名后 |

图 7-3 "Excel 素材.xlsx"源文件重命名前后

2. 要求②步骤解析

① 将光标定位到"销售订单"工作表的 E3 单元格，切换到"公式"选项卡，在"查找与引用"下拉列表中选择 VLOOKUP 函数，如图 7-4 所示。

图 7-4 为"销售订单"使用 VLOOKUP 函数

② 在弹出的"函数参数"对话框的第一行设置为 D3 单元格（@图书名称），第二行切换到"图书编目表"中选择"表 3"的 A2：B9 单元格，第三行写 2，第四行写"FALSE（精确匹配）"。如果在虚线框处出现图书编号，说明匹配成功，单击"确定"按钮，如图 7-5 所示。

图 7-5 "函数参数"对话框

3. 要求③步骤解析

① 选中 A2：A678 单元格数据区域单击"数据"选择卡中的"排序"按钮，弹出"排序"对话框，"主要关键字"选择"订单编号""数值""升序"单击"确定"按钮，如图 7-6 所示。

图 7-6 设置主要关键字

② 设置升序后，单击"条件格式"下拉按钮，选择"突出显示单元格规则"→"重复值"选项（见图 7-7），弹出"重复值"对话框。

图 7-7 条件格式截图

③ 选择"自定义格式"（见图 7-8），弹出"设置单元格格式"对话框，设置字体为标准紫色，单击"确定"按钮，如图 7-9 所示。最后再单击"重复值"对话框中的"确定"按钮。

图 7-8 "重复值"设置对话框

图 7-9　"重复值"字体颜色设置

将重复值设置为紫色的效果如图 7-10 所示。

图 7-10　重复值字体为紫色

◎温馨提示

　　BY-08591 就是订单编号列中的重复的值。

④ 单击"排序和筛选"下面的自定义排序，弹出如图 7-11 所示对话框。

⑤ 按题目要求，将重复值的订单编号设置为在顶端，单击"确定"按钮。

图 7-11　重复值置顶

设置结果如图 7-12 所示。

图 7-12　将重复值订单编号设置在顶端的结果

4．要求④步骤解析

① 在"2013 年图书销售分析"工作表 M4 单元格中，输入公式"=SUMIFS(销售订单!\$G\$3:\$G\$678,销售订单!\$B\$3:\$B\$678,">=2013-1-1",销售订单!\$B\$3:\$B\$678,"<=2013-1-31",销售订单!\$D\$3:\$D\$678,\$A4)"按【Enter】键确定即可，如图 7-13 所示。

图 7-13　图书每月销售量填充

② 利用填充柄分别填充 C4:M4 单元格，更改每个单元格公式中对应月份日期即可。

③ 选定 B4～M4 单元格区域，指向 M4 单元格右下角的填充柄填充所有图书的每月销售量。

④ 在 A12 单元格中输入"汇总"，在 B12 单元格中输入公式"=SUM(B4:B11)"，利用填充柄完成其他月份的图书销售总量，如图 7-14 所示。

5．要求⑤步骤解析

① 如图 7-15 所示，在"2013 年图书销售分析"工作表中的 N4:N11 单元格中插入迷你图（选择"插入"选项卡"迷你图"命令组中的按钮）；弹出创建迷你图对话框，如图 7-16 所示，数据区域为每个单元格前面的 1 月～12 月的数据，在"数据范围"处填写 B4：M11，在位置范围处\$N\$4：

$N$6；单击"确定"按钮，迷你图创建结果如图 7-17 所示。

图 7-14　图书每月销售总和设置

图 7-15　插入迷你折线图

图 7-16　创建迷你折线图对话框

图 7-17　迷你折线图创建成功截图

② 选中迷你图后，在弹出的"迷你图工具-设计"选项卡下，勾选"高点"和"低点"复选框，结果如图 7-18 所示。

图 7-18　迷你折线图创建高低点

6. 要求⑥步骤解析

① 单击工作表标签栏中的"插入新工作表"按钮插入工作表，并命名为"2012 年书店销量"，如图 7-19 所示。

图 7-19　创建"2012 年书店销售量"工作表

② 单击"销售订单"，选定 A2：G678 区域，单击"插入"选项卡中的"数据透视表"按钮，弹出"创建数据透视表"对话框，"选择一个表或区域"中选定"表 1"，在其下选择"现有工作表"，"位置"栏中选择"2012 年书店销量！$A$1"，单击"确定"按钮，如图 7-20 所示。

图 7-20　"创建数据透视表"对话框

数据透视表字段列设置如图 7-21 所示。

图 7-21　数据透视表字段列设置

7. 要求⑦步骤解析

◎ 温馨提示

　　为了统计方便，请勿对完成的数据透视表进行额外的排序操作。

① 把"书店名称"拖到行标签框，"日期"拖到列标签框，"销量（本）"拖到数值框，且为"求和项"，如图 7-22 所示。

② 选中任一日期单元格（如"2012年1月2日"单元格），单击"选项"选项卡"分组"命令组中的"将所选内容分组"按钮，弹出"分组"对话框，设置起止时间（2012/1/1—2012/12/31），"步长"值为"季度"（见图 7-23）单击"确定"按钮，结果如图 7-24 所示。

图 7-22　将所选内容分组

图 7-23　"分组"对话框

图 7-24　销量结果

7.3　Excel 综合案例 3——如何制作校历

7.3.1　案例描述

本案例要求利用 Excel 2010 制作一个学校的校历，一般而言学校的校历都是以一学期为一个周期，而一学期通常指的是学校的开学周，到寒假（暑假）开始前的一周为一个周期。请按照如下需求，完整地制作出 2009——2010 秋季学期的校历（历时 20 周）工作并保存。

建立以下电子表格（见图 7-25），要求：

① 表格标题为隶书、20 磅大小，合并居中。

② 表格内部标题、周次、月份、黑体、12 磅大小。

③ 表格内部标题、周次水平居中、月份竖排居中。

④ 假日为红色、加粗。

⑤ 外框线为粗框线，周次、月份和日期之间的竖线为粗线，各月之间的日期用双线间隔。

图 7-25　校历效果图

⑥ 以"校历.xlsx"为文件名保存在"我的文档"文件夹中。

7.3.2　操作步骤解析

Excel 2010 可以方便地制作电子表格，利用填充柄可填充等差数列的数据，利用"开始"选项卡中的工具可设置字体、字号、颜色、基本格式边框、合并居中等，单击"设置单元格格式"按钮，弹出"设置单元格格式"对话框，可设置单元格的自定义边框格式。

7.4　Excel 综合案例 4——如何制作公司利润表

7.4.1　案例描述

利润表是反映企业一定会计期间（如月度、季度、半年度或年度）生产经营成果的财务报表。企业一定会计期间的经营成果既可能表现为盈利，也可能表现为亏损，因此，利润表也被称为损益表。它全面揭示了企业在某一特定时期实现的各种收入、发生的各种费用、成本或支出，以及企业实现的利润或发生的亏损情况。

本案例要求利用 Excel 2010 制作一个简单的公司利润表。具体要求如下：

① 建立如图 7-26 所示的工作表。

	A	B	C	D	E
1	公司利润表				
2	年度	收入总额	利润总额	收入增长	利润增长
3	96	1000	300		
4	97	1100	350	10.0%	16.7%
5	98	1230	400	11.8%	14.3%
6	99	1300	440	5.7%	10.0%
7	00	1500	520	15.4%	18.2%
8	01	1700	600	13.3%	15.4%
9	02	2000	720	17.6%	20.0%
10	03	2300	820	15.0%	13.9%
11	04	2700	1000	17.4%	22.0%
12	05	3200	1300	18.5%	30.0%
13					

图 7-26　公司利润表

② 在工作表中建立如图 7-27 和图 7-28 所示的两张图表。

图 7-27　收入和利润图表

图 7-28　收入和利润增长图表

7.4.2　操作步骤解析

① 在 Excel 2010 中，根据图 7-26 所示数据建立工作表。

② 选定工作表的区域。

③ 单击"插入"选项卡中的"图表"按钮，弹出"插入图表"对话框。

④ 可一步一步地建立图表。

7.5 Excel 综合案例 5——如何制作工资条

7.5.1 案例描述

工资条也称工资表，是员工所在单位定期反馈给员工的工资信息，工资条分纸质版和电子版两种，记录着每个员工的月收入分项和收入总额。

具体要求如下：

请将如图 7-29 所示的工资表，变成如图 7-30 所示的每个人都收到的工资条。

部门	序号	姓名	基本工资	补助	工伤退保	应发工资	代扣款项						实发工资
							养老金	医疗保险	大病险	失业险	扣款	考勤	
质检	1	甲	1000	1000	1000	3000	200	188	23	132	72.5	100	2284.5
投诉	2	乙	1000	1000	1000	3000	200	188	23	132	72.5	100	2284.5
后勤	3	丙	1000	1000	1000	3000	200	188	23	132	72.5	100	2284.5
财务	4	丁	1000	1000	1000	3000	200	188	23	132	72.5	100	2284.5
猎头	5	戊	1000	1000	1000	3000	200	188	23	132	72.5	100	2284.5
车队	6	己	1000	1000	1000	3000	200	188	23	132	72.5	100	2284.5

图 7-29 工资表

部门	序号	姓名	基本工资	补助	工伤退保	应发工资	代扣款项						实发工资
							养老金	医疗保险	大病险	失业险	扣款	考勤	
质检	1	甲	1000	1000	1000	3000	200	188	23	132	72.5	100	2284.5
部门	序号	姓名	基本工资	补助	工伤退保	应发工资	养老金	医疗保险	大病险	失业险	扣款	考勤	实发工资
投诉	4	乙	1000	1000	1000	3000	200	188	23	132	72.5	100	2284.5
部门	序号	姓名	基本工资	补助	工伤退保	应发工资	养老金	医疗保险	大病险	失业险	扣款	考勤	实发工资
后勤	7	丙	1000	1000	1000	3000	200	188	23	132	72.5	100	2284.5
部门	序号	姓名	基本工资	补助	工伤退保	应发工资	养老金	医疗保险	大病险	失业险	扣款	考勤	实发工资
财务	10	丁	1000	1000	1000	3000	200	188	23	132	72.5	100	2284.5
部门	序号	姓名	基本工资	补助	工伤退保	应发工资	养老金	医疗保险	大病险	失业险	扣款	考勤	实发工资
猎头	13	戊	1000	1000	1000	3000	200	188	23	132	72.5	100	2284.5
部门	序号	姓名	基本工资	补助	工伤退保	应发工资	养老金	医疗保险	大病险	失业险	扣款	考勤	实发工资
车队	16	己	1000	1000	1000	3000	200	188	23	132	72.5	100	2284.5

图 7-30 工资条

7.5.2 操作步骤解析

① 依据图 7-29 输入工资数据。

② 为工资表增加 3 列，如图 7-31 所示。

图 7-31 为原工资表增加列

③ 改变一下添加的数据的位置，让 3 列数据变成 1 列，如图 7-32 所示。

④ 排序前的准备：先将表头挪开至空白处（这样做是为了方便后续的排序操作），如图 7-33 所示，且一定要删除工资表头挪开之后的空表格；对新增加列的第一列数据进行排序。

图 7-32　新增的 3 列变成 1 列

图 7-33　排序前准备

⑤ 扩展排序：给新增列的第一列数据进行升序排序，在"开始"选项卡的"编辑"命令组中选择"筛选和排序"下拉列表中的"升序"选项，如图 7-34 所示。

⑥ 利用排序的方法，让每个人的工资信息下面，增加两行空行，如图 7-35 所示。

⑦ 复制表头：利用"查找和选择"进行批量复制，首先复制表头，暂时不用粘贴，选中 A～N 列的数据，在"编辑"命令组的"查找和选择"下拉列表中选择"定位条件"选项，在弹出的对话框中选择"空值"后，单击"确定"按钮，最后按【Ctrl+V】组合键，结果如图 7-36 所示。

⑧ 手动添加第一个员工信息的工资表头。

图 7-34　选择"升序"

图 7-35 "排序"结果图

图 7-36 批量复制表头

⑨ 删除多余的数据，如图 7-37 所示。

图 7-37 完整的工资条

7.6 Excel 综合案例 6——全国人口普查数据分析

7.6.1 案例描述

中国的人口发展形势非常严峻，为此国家统计局每 10 年进行一次全国人口普查，以掌握全国人口的增长速度及规模。案例素材清单如表 7-1 所示。

表 7-1　案例素材清单表

编　号	素 材 内 容	内 容 类 型
1	第五次全国人口普查公报.htm	.htm 原始数据网页
2	第六次全国人口普查公报.htm	.htm 原始数据网页
3	统计指标	.xlsx 文件

按照下列要求完成对第五次、第六次人口普查数据的统计分析：

① 新建一个空白 Excel 文档，将工作表 Sheet1 更名为"第五次普查数据"，将 Sheet2 更名为"第六次普查数据"，将该文档以"全国人口普查数据分析"为文件名（".xlsx"为扩展名）保存在考生文件夹下。后续操作均基于此文件，否则不得分。

② 浏览网页"第五次全国人口普查公报.htm"，将其中的"2000 年第五次全国人口普查主要数据"表格导入到工作表"第五次普查数据"中；浏览网页"第六次全国人口普查公报.htm"，将其中的"2010 年第六次全国人口普查主要数据"表格导入到工作表"第六次普查数据"中（要求均从 A1 单元格开始导入，不得对两个工作表中的数据进行排序）。

③ 对两个工作表中的数据区域套用合适的表格样式，要求至少四周有边框且偶数行有底纹，并将所有人口数列的数字格式设为带千分位分隔符的整数。

④ 将两个工作表内容合并，合并后的工作表放置在新工作表"比较数据中"（自 A1 单元格开始），且保持最左列仍为地区名称、A1 单元格中的列标题为"地区"，对合并后的工作表适当地调整行高列宽、字体字号、边框底纹等，使其便于阅读。以"地区"为关键字对工作表"比较数据"进行升序排列。

⑤ 在合并后的工作表"比较数据"中的数据区域最右边依次增加"人口增长数"和"比重变化"两列，计算这两列的值，并设置合适的格式。

其中：人口增长数=2010 年人口数–2000 年人口数；比重变化=2010 年比重–2000 年比重。

⑥ 打开工作簿"统计指标.xlsx"，将工作表"统计数据"插入到正在编辑的文档"全国人口普查数据分析.xlsx"中工作表"比较数据"的右侧。

⑦ 在工作簿"全国人口普查数据分析.xlsx"的工作表"统计数据"中的相应单元格内填入统计结果。

⑧ 基于工作表"比较数据"创建一个数据透视表，将其单独存放在一个名为"透视分析的"工作表中。透视表要求筛选出 2000 年人口数超过 5 000 万的地区及人口数、2000 年所占比重、人口增长数，并按人口数从多到少排序。最后适当调整透视表中的数字格式。（提示：行标签为"地区"，数值项依次为 2000 年人口数、2000 年比重、人口增长数）。

7.6.2　操作步骤解析

1. 要求①步骤解析

① 新建一个空白 Excel 文档，将文件名命名为"全国人口普查数据分析.xlsx"，如图 7-38 所示。

② 打开文件，依次将 Sheet1 和 Sheet2 工作表重命名为"第五次普查数据"和"第六次普查数据"，如图 7-39 所示。

图 7-38　选中 sheet1 工作表

图 7-39　为工作表重命名

2. 要求②步骤解析

◎温馨提示

　　操作时，一定要看清楚当前是在哪个工作表中操作，切记不要把"第五次普查数据"和"第六次普查数据"操作反了。

　　① 在工作表"第五次普查数据"中选中 A1 单元格，单击"数据"选项卡"获取外部数据"命令组中的"自网站"按钮，弹出"新建 Web 查询"对话框，如图 7-40 所示。

图 7-40　"获取外部数据"-自网站

② 在"地址"文本框中粘贴复制好的"第五次全国人口普查公报.htm"的地址。单击右侧的"转到"按钮，如图 7-41 所示。

图 7-41　"新建 Web 查阅"对话框

③ 拉动右边的滚动条直到看见表格，选择表格左边的箭头，单击"导入"按钮，如图 7-42 所示。

图 7-42　导入网页中数据

④ 在弹出的"导入数据"对话框中单击"确定"按钮（见图 7-43），结果如图 7-44 所示。

图 7-43　导入数据对话框

⑤ 按照上述方法浏览网页"第六次全国人口普查公报.htm"，将其中的"2010 年第六次全国人口普查主要数据"表格导入到工作表"第六次普查数据"中。

图 7-44　成功导入数据结果

⑥ 在工作表"第五次普查数据"中选中 A1 单元格，单击"数据"选项卡"获取外部数据"命令组中的"自网站"按钮，弹出"新建 Web 查询"对话框。

⑦ 在"地址"文本框中粘贴复制好的"第五次全国人口普查公报.htm"的地址。单击右侧的"转到"按钮。

⑧ 拉动右边的滚动条直到看见表格，选择表格左边的箭头，单击"导入"按钮。

⑨ 在弹出的对话框中单击"确定"按钮，结果如图 7-45 所示。

图 7-45　"第六次普查数据"成功导入结果

3.　要求③步骤解析

① 选中"第五次普查数据"所有内容，在"开始"选项卡的"样式"命令组中单击"套用格式"按钮，弹出下拉列表，此处选择"表样式浅色 16"，如图 7-46 所示。

图 7-46　选择表格样式

◎温馨提示

題目要求至少四周有边框且偶数行有底纹。

② 在弹出的"套用表格式"对话框中单击"确定"按钮，如图 7-47 所示。弹出对话框，如图 7-48 所示，单击"是"按钮，完成结果如图 7-49 所示。

图 7-47　套用表样式对话框（1）

图 7-48　套用表样式对话框（2）

图 7-49　完成结果截图

③ 选择 B2:B34 单元格，右击，选择"设置单元格格式"命令，弹出"设置单元格格式"对话框，如图 7-50 所示。

图 7-50 "设置单元格格式"对话框

④ 在对话框左边选择数值，保留 0 位小数，并选中"使用千位分隔符"复选框，单击"确定"按钮，结果如图 7-51 所示。

图 7-51 设置千位分隔符后的结果

⑤ 切换到"第六次普查数据"工作表，先选中所有内容，在"开始"选项卡的"样式"命令组中单击"套用表格样式"按钮，此次选择"表样式浅色 17"，结果如图 7-52 所示。

图 7-52 "第六次普查数据"-千位分隔符设置后结果

⑥ 在"套用表格样式"对话框单击"确定"按钮。

⑦ 选择 B2：B34 单元格，右击，选择"设置单元格格式"命令，弹出"设置单元格格式"对话框。

⑧ 在对话框的左边选择"数值"，右边保留 0 位小数以及使用千位分隔符，单击"确定"按钮。

4. 要求④步骤解析

① 双击工作表 Sheet3 的表名，在编辑状态下输入"比较数据"，如图 7-53 所示。

图 7-53　新建工作表 sheet3

② 在该工作表的 A1 中输入"地区"。

③ 输入后重新选中 A1 单元格，在"数据"选项卡的"数据工具"命令组中单击"合并计算"按钮（见图 7-54），弹出"合并计算"对话框，设置"函数"为"求和"（见图 7-55），在"引用位置"文本框中输入第一个区域"第五次普查数据!\$A\$1:\$C\$34"（见图 7-56），单击"添加"按钮，输入第二个区域"第六次普查数据!\$A\$1:\$C\$34"，单击"添加"按钮，在"标签位置"下勾选"首行"复选框和"最左列"复选框，然后单击"确定"按钮，如图 7-57 所示。

图 7-54　数据选项卡-合并计算

图 7-55　"第五次普查数据"合并计算对话框（1）

图 7-56 "第五次普查数据"合并计算对话框（2）

图 7-57 "第六次普查数据"合并计算对话框

④ 生成的比较数据如图 7-58 所示。

图 7-58 生成比较数据

⑤ 对合并后的工作表适当地调整行高列宽、字体字号、边框底纹等。此处，在"开始"选项卡的"单元格"命令组中单击"格式"按钮，从弹出的下拉列表中选择"自动调整行高"选项（见图 7-59），单击"格式"按钮，从弹出的下拉列表中选择"自动调整列宽"，如图 7-60 所示。

⑥ 在"开始"选项卡的"字体"命令组中单击"字体"下拉按钮，设置"字体"为"黑体"，字号为"11"，如图 7-61 所示。

图 7-59　调整比较数据格式-行高

图 7-60　调整比较数据格式-列宽

图 7-61　调整比较数据格式-字体

⑦ 选中数据区域，在"开始"选项卡"字体"命令组中单击"边框"下拉按钮，选择"所有框线"选项，如图 7-62 所示。

⑧ 选中数据区域，在"开始"选项卡的"样式"命令组中单击"套用表格格式"按钮，弹出下拉列表，此处选择"表样式浅色 18"如图 7-63 所示。

⑨ 选中数据区域的任一单元格，单击"数据"选项卡"排序和筛选"命令组中的"排序"按钮，弹出"排序"对话框，设置"主关键字"为"地区"，"次序"为"升序"，单击"确定"按钮，如图 7-64 所示。

图 7-62　调整比较数据格式–框线

图 7-63　调整比较数据格式–套用表格格式

图 7-64　"排序"对话框

排序结果如图 7-65 所示。

图 7-65　排序结果

5. 要求⑤步骤解析

其中：人口增长数=2010 年人口数−2000 年人口数；

比重变化=2010 年比重−2000 年比重。

① 在表格数据区域最右边依次增加"人口增长"和"比重变化"两列，如图 7−66 所示。

图 7−66　增加指定列

② 单击 F2 单元格，输入等号，单击 B2 单元格，再输入减号，最后单击 D2 单元格，按【Enter】键，如图 7−67 所示。

图 7−67　为指定列插入公式（1）

③ 单击 G2 单元格，输入等号，单击 C2 单元格，再输入减号，最后点击 E2 单元格，按【Enter】键，如图 7−68 所示。

图 7−68　为指定列插入公式（2）

④ 选中 F1 到 G34 单元格，将边框设置为"所有框线"，如图 6−69 所示。

图 7-69　为指定列加框线插入公式

⑤ 选择 G2：G34 单元格，右击，选择"设置单元格格式"命令，在弹出的对话框的分类栏中选择"百分比"，小数位数设为 4，单击"确定"按钮，如图 7-70 所示。

图 7-70　设定单元格"百分比"格式

6. 要求⑥步骤解析

① 打开"统计数据"表，右击，选择"移动或者复制"命令，如图 7-71 所示。

图 7-71　选择"移动或复制"命令

② 在"将选定工作表移至"中选择"全国人口普查数据分析.xlsx"（见图 7-72），在"下列工作表之前"选择"移至最后"，如图 7-73 所示。

插入"统计数据"工作表后的结果如图 7-74 所示。

图 7-72　移动或复制工作表对话框（1）

图 7-73　移动或复制工作表对话框（2）

图 7-74　插入工作表结果

7. 要求⑦步骤解析

① 在"统计数据"工作表 C3 单元格中单击"公式"选项卡中的"自动求和"按钮（见图 7-75），并选择"第五次普查数据"中的 B2:B34 单元格，按【Enter】键，计算 2000 年的人口总数，如图 7-76 所示。

② 在"统计数据"工作表 D3 单元格中单击"公式"选项卡中的"自动求和"按钮（见图 7-77），并选择"第六次普查数据"中的 B2:B34 单元格，按【Enter】键，计算 2010 年的人口总数，如图 7-78 所示。

图 7-75　自动求和（1）

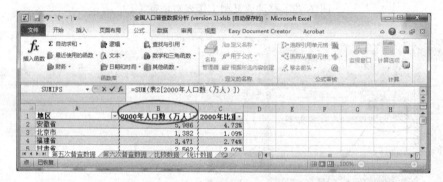

图 7-76　自动求和 2000 年的人口总数

图 7-77　自动求和（2）

图 7-78　2010 年的人口总数

③ 在"统计数据"工作表 D4 单元格中输入"=D3-C3",按【Enter】键,计算结果为总增长人数,如图 7-79 所示。

图 7-79　计算总增长人数

④ 根据"统计数据"工作表中的数据,直接找出人口最多、最少地区,人口增长最多、最少地区,人口负增长地区的数目,填写到"统计数据"对应的单元格中,如图 7-80 所示。

◎温馨提示

不要试图使用公式计算结果,因为计算这些数据需要 3 个公式的结合才可以实现,非常难,因此直接用自己的眼睛去查找,然后填写即可。

统计项目	2000年	2010年
总人数(万人)	126,583	133,973
总增长数(万人)	–	7,390
人口最多的地区	河南省	广东省
人口最少的地区	西藏自治区	西藏自治区
人口增长最多的地区	–	广东省
人口增长最少的地区	–	湖北省
人口为负增长的地区数		6

图 7-80　人口增长位计结果

8. 要求⑧步骤解析

① 在"比较数据"工作表中选中 A1:G34 区域,单击"插入"选项卡"表格"命令组中的"数据透视表"下拉按钮,从弹出的下拉列表中选择"数据透视表"(见图 7-81),弹出"创建数据透视表"对话框,选择放置数据透视表的位置为"新工作表",单击"确定"按钮,如图 7-82 所示。

② 在"数据透视字段列表"任务窗格中拖动"地区"到"行标签",依次勾选"2000 年人口数(万人)"、"2000 年比重""人口增长数"选取数据,自动设置为"列标签",如图 7-83 所示。数值列中会自动计算"2000 年人口数(万人)""2000 年比重""人口增长数"的和,如图 7-84 所示。

图 7-81   创建数据透视表

图 7-82   "创建数据透视表"对话框

图 7-83   "数据透视表字段列表"对话框（1）

图 7-84   数据透视表字段列表对话框（2）

③ 如图 7-85 所示选择"值筛选"，打开级联菜单，选择"大于或等于"（见图 7-85），弹出"值筛选（地区）"对话框，在第一个文本框中选择"求和项：2000 年人口数（万人）"，第二个文本框选择"大于或等于"，在第三个文本框中输入 5000，单击"确定"按钮，如图 7-86 所示。

人数汇总结果如图 7-87 所示。

④ 选中 B4 单元格，单击"数据透视表工具–选项"选项卡"排序和筛选"命令组中的"排序"按钮（见图 7-88），在弹出的"按值排序"对话框中选择"降序"单选按钮（见图 7-89），单击"确定"按钮，即可按人口数从多到少排序，如图 7-90 所示。

图 7-85　选择筛选值

图 7-86　"值筛选（地区）"对话框

行标签	求和项:2000年人口数（万人）	求和项:2000年比重	求和项:人口增长数
安徽省	5986	0.0473	-36
广东省	8642	0.0683	1788
河北省	6744	0.0533	441
河南省	9256	0.0731	146
湖北省	6028	0.0476	-304
湖南省	6440	0.0509	128
江苏省	7438	0.0588	428
山东省	9079	0.0717	500
四川省	8329	0.0658	-287
总计	67942	0.5368	2804

图 7-87　汇总总计人数

图 7-88　数据透视表结果排序

图 7-89　"按值排序"对话框

图 7-90　按值排序结果

⑤ 适当调整 B 列，使其格式为整数且使用千位分隔符，如图 7-91 所示；适当调整 C 列，使其格式为百分比且保留两位小数，如图 7-92 所示。

图 7-91　设置 2000 年人口数千位分隔符

图 7-92　设置百分比

设置后的结果如图 7-93 所示。

⑥ 重命名为"透视分析"，保存文档，如图 7-94 所示。

行标签	求和项:2000年人口数（万人）	求和项:2000年比重	求和项:人口增长数
河南省	9,256	7.31%	146
山东省	9,079	7.17%	500
广东省	8,642	6.83%	1788
四川省	8,329	6.58%	-287
江苏省	7,438	5.88%	428
河北省	6,744	5.33%	441
湖南省	6,440	5.09%	128
湖北省	6,028	4.76%	-304
安徽省	5,986	4.73%	-36
总计	67942	0.5368	2804

图 7-93　千位分隔符设置结果

图 7-94　数据透视表重命名

8.1　PPT 综合案例 1——为领导制作 PPT

8.1.1　案例描述

给领导做 PPT 可能是一件让人无比头疼的事，他们口才极佳，但绝不可能不介意 PPT 的样式。一份美观、稳重、严谨的 PPT 对他们意味着什么？其他人未必能深刻体会，那么，如何才能轻松惬意地做出这种 PPT？

8.1.2　操作步骤解析

1. 选择配色方案

花花绿绿的 PPT 绝对不是他们喜欢的类型，但也不要义无反顾地使用过分简单的单色。一般来说，蓝色严谨，灰色优雅，而将颜色加深后气质会更稳重一些，因此，不妨以深蓝色为主色，灰色为辅色构筑配色方案，如图 8-1 所示。

2. 字体选择

宋体无疑是一种保险的字体，严谨、中庸，但笔画太细，字重不足，字号过小时，投影后较细的横笔不清影响可读性，用于标题又缺乏力度，用之不妥。而"粗宋"字体保留了宋体的严谨，加粗的笔画又让文字更饱满，还有点威严，因此用于标题是很合适的。但"粗宋"用于小字时，字重过大会导致文字看起来太密实，造成视觉拥挤，而使用"微软雅黑"这类字重一般、字形优雅的字体作为正文使用更为合适。对于非常重要的数据，可以采用字重大、紧凑有力的 Impact 字体。

如果希望在 Windows 中添加新的字体，首先需要下载字体文件，将其放在某个文件夹下，之后就需要将下载的字体安装到系统中。操作步骤如下：

①　在"控制面板"的经典视图中双击"字体"图标，打开的"字体"文件夹，如图 8-2 所示。

②　在"字体"文件夹下选择"文件"→"安装新字体"命令，弹出"添加字体"对话框。

③　在"添加字体"对话框中，首先单击"驱动器"下拉菜单，选择字体安装文件所在的驱动器，之后在对话框左侧下方的"文件夹"列表框中找到字体安装文件所在的文件夹，如图 8-3 所示。在"字体列表"列表框中，选择合适数量的字体选项之后，单击"确定"按钮，即可开始字体的安装，其"安装字体进度"对话框如图 8-4 所示。在进度条达到 100%后即可完成安装。

图 8-1　选择配色方案

图 8-2　"字体"文件夹

图 8-3　"添加字体"对话框

图 8-4　"字体安装进度"对话框

◎温馨提示

　　某些厂商提供的字体具有完善的安装程序，此时只需找到字体文件的安装程序并执行即可打开其安装向导。用户只需按照字体安装程序提供的向导逐步执行即可将字体安装到 Windows 默认的字体文件夹中。例如，国内著名企业方正集团提供的中文字体即带有完善的安装程序。

　　为了使页面更加自然美观，通常可为文字添加阴影。在 PowerPoint 中，阴影可分为两类：一类是深色阴影；一类是浅色阴影。深色阴影的文字看起来像是"浮"在页面上，而浅色阴影的文字看起来则像是从页面"压"下去的而与页面融为一体，如图 8-5 所示。

3. 版式设计

　　虽然领导口才很好，但我们交付 PPT 时，他们可能已经没有多少熟悉 PPT 的时间。这时，尽量保留文字是明智之举，但保留文字也意味着我们不太可能将文字图表化，因此需要利用新颖的版式弥补大量文字的不足，但过于创新、新颖的版式又与稳重的风格要求背道而驰，而采用如下纵向贯通的版式是比较合理的选择，如图 8-6 所示。

　　既然图表的使用受到限制、页面的版式也已经固定，因此有意识地使用没有背景颜色而可与页面自然融合的 PNG 图标，以保持页面较高的图版率，增强视觉效果。在 PPT 的制作过程中，耗时最长的工作就是搜索合适的 PNG 图标。为找到适合主题的图标，除了使用专用的搜索引擎，还应当以主题为中心广泛联想关键词。例如，对"博士研究生"，可以联想 study、student、doctor、PhD，但考虑到最能代表博士生的博士帽，博士帽又只有在毕业时才会戴的，因此最后通过 graduated（毕业）这个词搜索到了这个戴有博士帽的学生图标。同样，对于"资金"主题，首先联想到"数字"，最后使用了 calculator（计算器）这个关键词；对于"专利"主题，联想到了"审批"，最后使用了"paper and pen"（纸和笔）这个关键词。为了与主题吻合，图标应尽量选择为灰、蓝、黑的基调，如图 8-7 所示。对于图标搜索引擎，使用 IconFinder 和 Google 就足够了。

图 8-5　为文字添加阴影

图 8-6　合理的版面设计

4．动画设计

不要在页面中设置过多触发，如果不是特别熟悉 PPT，过多触发会让人手忙脚乱。除非很有把握，否则不要为动画添加任何音效。考虑 PPT 的观众群体，对页面的切换方式也应当有足够的警惕。在非常正式的场合，不添加切换动画总不至于犯错。

5．尾页

尾页简单地写上"谢谢"就好。现在越来越多的 PPT 尾页都会看到"感谢聆听"的字样，制作者可能觉得这 4 个字比单纯的"谢谢"新颖一些。但据百度百科，"聆听"是指"集中精力认真地听"，指虔诚而认真地听取，带有尊敬的色彩，因此一般表示下级听取上级的意见、报告等。什么情况下可以使用这 4 个字需要考虑清楚。最后，本页中"谢谢"两个字使用了比较大气的叶根友行书简体，如图 8-8 所示。

图 8-7　版面设计中图标的选用

图 8-8　结束页的设置

8.2　PPT 综合案例 2——《水浒传》赏析课件的优化

8.2.1　案例描述

小张老师要做一个关于"《水浒传》赏析"的课件，课件的大纲和内容已经准备好，还需要给课件做一些版面、配色、动画等方面的优化。

通过本案例的学习，可以掌握多个主题和自定义主题颜色的应用、幻灯片母版的合理修改、动画和幻灯片切换效果的巧妙应用、幻灯片的放映等知识。

1．多个主题和自定义主题颜色的应用

① 将第一张页面的主题设为"角度"，其余页面的主题设为"波形"。

② 新建一个自定义主题颜色，取名为"首页配色"，其中的主题颜色如下：

- 文字/背景-深色 1（T）：蓝色。
- 文字/背景-浅色 1（B）：黄色。
- 强调文字颜色 3（3）：红色（R）为 0，绿色（G）为 150，蓝色（B）为 200。
- 其他颜色采用"角度"主题的默认配色。

③ 再新建一个自定义主题颜色，取名为"正文配色"，其中的主题颜色如下：

- 文字/背景-浅色 1（B）：红色（R）为 255，绿色（G）为 255，蓝色（B）为 230。
- 文字/背景-深色 2（D）：红色（R）为 0，绿色（G）为 0，蓝色（B）为 120。
- 超链接：红色。
- 其他颜色采用"波形"主题的默认配色。

④ 将自定义主题颜色"首页配色"应用到第一页，将自定义主题颜色"正文配色"应用到其余页面。

2．幻灯片模板的修改与应用

① 对于首页所应用的母版，将其中的标题样式设为"隶书，54 号字"。

② 对于其他页面所应用的母版，删除页脚区和日期区，在页码区中把幻灯片编号（即页码）的字体大小设为 32。

3．设置幻灯片的动画效果

在第 2 页幻灯片中，按以下顺序设置动画效果：

① 将标题内容"主要内容"的进入效果设置成"翻转时由远及近"。

② 将文本内容"作者简介"的进入效果设置成"旋转"，并且在标题内容出现 1s 后自动开始，而不需要单击。

③ 按先后顺序依次将文本内容"小说取材""思想内容""艺术成就""业内评价"的进入效果设置成"上浮"。

④将文本内容"小说取材"的强调效果设置成"陀螺旋"。

⑤ 将文本内容"思想内容"的动作路径设置成"靠左"。

⑥ 将文本内容"艺术成就"的退出效果设置成"飞出到右侧"。

⑦ 在页面中添加"前进"与"后退"的动作按钮，当单击按钮时分别跳到当前页面的前一

页与后一页，并设置这两个动作按钮的进入效果为同时"自底部飞入"。

4．设置幻灯片的切换效果

① 将第 1 页幻灯片的切换效果设置为"自左侧立方体"，其余幻灯片之间的切换效果设置为"居中涟漪"。

② 实现每隔 5 s 自动切换，也可以单击进行手动切换。

5．设置幻灯片的放映方式

① 隐藏第 2 张幻灯片，使得播放时直接跳过隐藏页。

② 选择从第 4 页到第 7 页幻灯片进行循环放映。

8.2.2 操作步骤解析

1．多个主题和自定义主题颜色的应用

（1）应用多个主题

① 打开初始文档，选中第 1 张幻灯片，在"设计"选项卡"主题"命令组中选择"角度"主题，如图 8-9 所示。

图 8-9 选择主题

② 选中第 2~8 张幻灯片，在"设计"选项卡的"波形"主题上右击，在弹出的快捷菜单中选择"应用于选定幻灯片"命令，如图 8-10 所示。

图 8-10 选择"应用于选定幻灯片"命令

（2）新建主题颜色"首页配色"

① 选中第一张幻灯片，单击"设计"选项卡中的"颜色"下拉按钮，在"颜色"下拉列表中选择"新建主题颜色"选项，如图 8-11 所示。

图 8-11 选择"新建主题颜色"

② 弹出"新建主题颜色"对话框，单击"文字/背景-深色 1（T）"后的颜色下拉按钮，在弹出的颜色设置列表框中选择"蓝色"。用同样的方法把"文字/背景-浅色 1(B)"设为"黄色"，如图 8-12 所示。

③ 在"新建主题颜色"对话框中，单击"强调文字颜色 3（3）"的颜色下拉按钮，在弹出的下拉列表中单击"其他颜色"按钮，弹出"颜色"对话框，在"自定义"选项卡设置红色（R）为 0，绿色（G）为 150，蓝色（B）为 200，如图 8-13 所示。

④ 其他颜色采用默认，在"名称"文本框中输入"首页配色"，单击"保存"按钮。

图 8-12 "新建主题颜色"对话框

图 8-13 "颜色"对话框

（3）新建主题颜色"正文配色"

与上一步的做法类似，为了使其他颜色采用"波形"主题的默认配色，关键是要先选中应用了"波形"主题的幻灯片，在此可以选中第二张幻灯片，再进行与上一小题类似的操作。

（4）应用自定义主题颜色

① 选中第一张幻灯片，单击"设计"选项卡"主题"命令组中的"颜色"按钮，在弹出的下拉列表中选择"自定义"命令组中的"首页配色"，如图 8-14 所示。

图 8-14 首页配色

② 选中其余幻灯片，在"颜色"下拉列表中选择"自定义"组中的"正文配色"。

2. 幻灯片模板的修改与应用

（1）改首页母版

① 选中第一张幻灯片，单击"视图"选项卡中的"幻灯片母版"按钮，会自动选中首页所应用的·"标题幻灯片"版式模板，如图 8-15 所示。

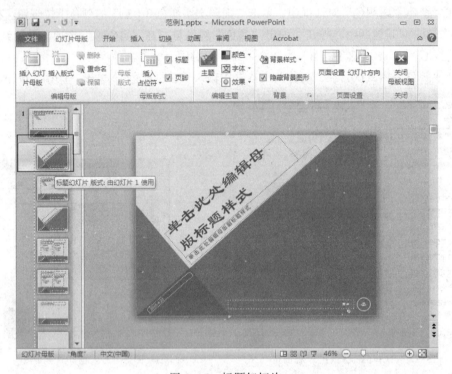

图 8-15 标题幻灯片

② 在"标题幻灯片"版式母版中选择"标题"，将字体设为"隶书"，字号设置为"54"。

③ 单击"关闭母版视图"按钮。

（2）修改其他页母版

① 选中第二张幻灯片，单击"视图"选项卡中的"幻灯片母版"按钮，会自动选中首页所应用的"标题和内容"版式模板，如图 8-16 所示。

图 8-16　"标题和内容"版式模板

② 删除左下角的"页脚区"和右下角的"日期区"，在"页码区"中把页码的字体大小设为"32"。

③ 单击"关闭母版视图"按钮。

3．设置幻灯片的动画效果

选中第二张幻灯片，单击"动画"选项卡。

① 选中标题"主要内容"，进入动画效果选择"翻转式由远及近"，如图 8-17 所示。

图 8-17　"翻转时由远及近"动画效果

② 选中文本内容"作者简介"，进入动画效果选择"旋转"，在"开始"下拉列表中选择"上一动画之后"，"延迟"时间设为 1 s，如图 8-18 所示。

③ 选中文本内容"小说取材"，进入动画效果选择"浮入"，效果选项选择"上浮"。按先后顺序依次对文本内容"思想内容""艺术成就""业内评价"进行同样的设置。

④ 选中文本内容"小说取材"，强调动画效果设置成"陀螺旋"，如图 8-19 所示。

图 8-18　选择"旋转"动画

图 8-19　选择"陀螺旋"的动画效果

⑤ 选中"思想内容"，动作路径动画效果选择"直线"，效果选项选择"靠左"。

⑥ 选中文本内容"艺术成就"，退出动画效果选择"飞出"，效果选项选择"到右侧"，如图 8-20 所示。

图 8-20　选择"到右侧"选项

⑦ 单击"插入"选项卡"插图"命令组中的"形状"按钮，在"形状"下拉列表的"动作按钮"组单击"后退"按钮，如图 8-21 所示。在幻灯片上拖出合适大小，在弹出的"动作设置"对话框中设置操作链接为"上一张幻灯片"，如图 8-22 所示。用同样的方法添加"前进"按钮，设置超链接为"下一张幻灯片"。

图 8-21　"插入"—后退按钮

图 8-22　"动作设置"对话框

⑧ 选中"前进"和"后退"按钮，在"动画"选项卡"动画"命令组中选择"飞入"，在效果选项下拉列表中选择"自底部"。

至此，所有动画效果设置完成，动画界面如图 8-23 所示。

4. 设置幻灯片的切换效果

① 选中第一张幻灯片，在"切换"选项卡"切换到此幻灯片"命令组中选择切换效果为"立方体"，在"效果选项"下拉列表中选择"自左侧"，换片方式选中"单击鼠标时"和"设置自动换片时间"复选框，自动换片时间设为 5 s，如图 8-24 所示。

图 8-23　动画效果设置完成

图 8-24　"切换"—立方体—自左侧

② 选中第 2～8 张幻灯片，在"切换"选项卡中选择效果为"涟漪"，"效果选项"设为"居中"，换片方式选中"单击鼠标时"和"设置自动换片时间"复选框，自动换片时间设为 5 s。

5. 设置幻灯片的放映方式

① 选中第二张幻灯片，单击"幻灯片放映"选项卡"设置"命令组中的"隐藏幻灯片"按钮，如图 8-25 所示。

图 8-25 单击"隐藏幻灯片"按钮

② 单击"幻灯片放映"选项卡"设置"命令组中的"设置幻灯片放映"按钮，弹出"设置放映方式"对话框，在"放映选项"区域选中"循环放映，按 ESC 终止"复选框；在"放映幻灯片"区域中，设置从 4 到 7，单击"确定"按钮，完成放映方式的设置，如图 8-26 所示。

图 8-26 "设置放映方式"对话框

8.3 PPT 综合案例 3——幻灯片版面设计优化

8.3.1 案例描述

PPT 的版面设计是一门学问，良好的版面设计可使一个平庸的文档脱胎换骨。下面对 PPT 排版步骤进行解析，读者可以尝试分析如何修改它们会变得更漂亮。

8.3.2 操作步骤解析

1. 排版六原则的使用

排版的 6 个原则：对齐、聚拢、重复、对比、强调、留白。如图 8-27 所示，这张 PPT 有两个毛病：一是字数太多，抓不住重点；二是右边没有对齐，使得读者的视线只能一行行地从行首到行尾移动，不能直上直下。

现在根据排版原则对此页面通过以下步骤进行修改：

① 根据"聚拢原则"，将六点分成 6 个区域。

② 根据"降噪原则"，将每一点分成"小标题"和"说明文字"两部分。

③ 根据"对齐原则"，将每一个部分、每一种元素对齐。

④ 根据"对比原则"，加大"小标题"和"说明文字"在字体和颜色上的差异。

⑤ 根据"留白原则"，留出一定的空白。

经过改造的页面如图 8-28 所示，页面的可读性大大增加。

图 8-27　排版原则修饰前

图 8-28　排版原则改动后

2. 打造全图型幻灯片

全图型 PPT 是 PPT 类型中视觉性最强的,很多看过这种风格 PPT 的读者通常会第一时间想去模仿这种风格的 PPT。通常情况下，一般的 PPT 变成全图型 PPT，为了能保证全图型 PPT 作品上的文字足够清晰，可以在文字下方陪衬上与图片相同色系的纯色色块，如图 8-29 所示。图 8-29 处于自然环境下，很难辨认，如果修改成图 8-30 所示会豁然开朗！使用同样的原理将图 8-31 处理成图 8-32 所示。

图 8-29　全图型幻灯片修改前

图 8-30　全图型幻灯片修改后

另外，在使用全图型页面时要注意排列文字与图片之间的位置。事实证明，文字摆放在图片下方，会比放在图片上更加让人愿意阅读，如图 8-33 和图 8-34 所示。

图 8-31 全图型幻灯片修改前

图 8-32 全图型幻灯片修改后

图 8-33 全图型幻灯片修改前

图 8-34 全图型幻灯片修改后

3. 文字精简规则和技巧

PPT 设计中，PPT 设计师对文字的设计坚持两个原则：少、瞟。少：文字是 PPT 的天敌，能删则删，能少则少，能转图片转图片，能转图表转图表。瞟：文字是用来瞟的，不是用来读的。所以，文字要足够大、字体要足够清晰、字距和行距要足够宽、文字的颜色要足够突出。

① 原因性文字：在 Word 中经常使用"因为""由于""基于"等词语表述原因，但实际上，强调的却是结果，即"所以""于是"后面的文字。所以，原因性的文字一般都要删除，只保留结果性文字。

② 解释性文字：在 Word 中经常在一些关键词后面加上冒号、括号等，用以描述备注、补充、介绍等解释性文字，而在 PPT 中，这些文字往往由演示者口头表达即可，不必占用 PPT 的篇幅。

③ 重复性文字：在 Word 中为了文章的连贯性和严谨性，经常使用一些重复性文字。例如，在第一段我们会讲"××广告有限公司……"，第二段我们还会讲"××广告有限公司……"，第三段可能还会以"××广告有限公司……"开头。这类相同的文字如果全部放在 PPT 中就变成了累赘。

④ 辅助性文字：在 Word 中还经常使用"截至目前""已经""终于""经过""但是""所以"等词语，这些都是辅助性文字，主要是为了使文章显得完整和严谨。而 PPT 需要展现的是关键词、关键句，不是整段的文字，当然就不需要这些辅助性的文字。

⑤ 铺垫性文字：在 Word 中经常见到"在上级机关的正确领导下""经过 2018 年全体员工的团结努力"、"根据 2019 年年度规划"等语句，这些只是为了说明结论而进行的铺垫性说明，在 PPT 中，这些只要演示者口头介绍就行了。

人们常说"文不如字，字不如图"，如图 8-35 所示，如在 PPT 中插入如图 8-36 所示的图片可使得页面瞬间鲜活起来，摆脱满篇文字的枯燥与乏味。

图 8-35　文字型幻灯片修改前　　　　　　图 8-36　文字型幻灯片修改后

4. 图文混排

如图 8-37 所示，优化前的 PPT 页面保留了商务 PPT 的特性，规规矩矩。3 张图分别对应图上 3 条内容信息。但 PPT 排版的问题，使得图片与内容缺乏呼应，页面大有"为了放图而放图"的感觉，缺乏指向性。可以采用如下优化方法：

① 将 PPT 中文本内容区分主次关系，将图片大小调至大小均等。

② 相对应的内容信息则排列至图片下方，使得图片与文字得以相互呼应，强调关系性。

调整后的效果如图 8-38 所示。

图 8-37　图文混排修改前　　　　　　　图 8-38　图文混排修改后

5. 图表的优化

表格经常用于日常工作中，与柱状图不同的是，表格是数据抽象化的一种表现形式。通常由一行或多行单元格组成，用于显示数字和其他项，以便快速引用和分析。

图 8-39 展示一则数据图表的案例，数据庞大，表格密集，且阅读到中间时很容易看错行；虽有所设计，但效果却并不理想；虽然突出了关键数据，但也淹没在一片黑白相间的数据中。

➢1 单位概况之学生人数

　➢1.4 学生人数

　　➢学院现有在校生1980人，各专业的人数如表所示。

专业 年份	15	16	17	18	合计
软件工程	77	157	211	244	689
计算机科学与技术	55	73	74	70	272
网络工程	41	73	63	55	232
信息管理与信息系统	69	49	73	61	252
物联网工程	60	63	59	104	286
电子商务	56	70	55	68	249
合 计	358	485	535	602	1980

图 8-39　图表修改前

遵循美化 PPT 图表中所运用到的 3 个设计原则：

① 图表色彩应简洁、简单。

② 保持图表与 PPT 整体风格的一致性。

③ 明晰重点数据。得到的数据图表清晰且容易辨析，大大改善了原图的不足。

最后优化结果如图 8-40 所示。此图表有如下 3 处细节设计：

① 去掉了压迫感较强的边框。

② 以灰、白交替的背景填充，代替常规的边框显示。

③ 强化凸显关键数据。

1 单位概况之学生人数

1.4 学生人数

➢学院现有在校生1980人，各专业的人数如表所示。

专业　　　年份	15	16	17	18	合计
软件工程	77	157	211	244	689
计算机科学与技术	55	73	74	70	272
网络工程	41	73	63	55	232
信息管理与信息系统	69	49	73	61	252
物联网工程	60	63	59	104	286
电子商务	56	70	55	68	249
数字媒体	60	60	60	60	240
合 计	358	485	535	602	1980

图 8-40　图表修改后

◎温馨提示

　　在 PPT 设计制作中，没有绝对的技巧，多看多做才是捷径。

8.4　PPT 综合案例 4——创新产品展示及说明会 PPT

8.4.1　案例描述

公司计划在"创新产品展示及说明会"会议茶歇期间，在大屏幕上投影向来宾自动播放会议的日程和主题，要求同学们帮助市场部助理小王完成如下要求的演示文件的制作。

案例要求：

① 将素材"PPT 素材.pptx"文件另存为"PPT.pptx"（".pptx 为扩展名"）。

② 由于第 7 张幻灯片中内容区域文字较多，请将该页内容区域文字自动拆分为 2 张幻灯片进行展示。

③ 为了布局美观，将第 6 张幻灯片中的内容区域文字转换为"水平项目符号列表"SmartArt 图形，并设置该 SmartArt 样式为"中等效果"。

④ 在第 5 张幻灯片中插入一个标准折线图，并按照表 8-1 中的数据信息调整 PowerPoint 中的图表内容。

表 8-1　产品的信息

年份 ＼ 产品	笔记本电脑	平板电脑	智能手机
2014 年	7.6	2.4	5.0
2015 年	6.1	4.7	10.2
2016 年	5.3	6.1	17.8
2017 年	4.5	7.5	25.6
2018 年	2.9	9.2	34.5

⑤ 为第五张幻灯片中的折线图设置"擦除"进入动画效果，效果选项为"自左侧"，按照"系列"逐次单击显示"笔记本电脑"、"平板电脑"和"智能手机"的使用趋势。

⑥ 为演示文档中的所有幻灯片设置不同的切换效果。

⑦ 为该演示文档创建 3 个节，幻灯片与节的对应关系如表 8-2 所示，其中"议程"节中包含第 1 张和第 2 张幻灯片，"结束"节中包含最后 1 张幻灯片，其余幻灯片包含在"内容"节中。

表 8-2　幻灯片与节的对应关系

节序号	分节包含的幻灯片	节名称
1	幻灯片 1-2	议程
2	幻灯片 3-8	内容
3	幻灯片 9	结束

⑧ 为了实现幻灯片可以自动放映，为每张幻灯片设置自动放映时间均为 3 秒。

⑨ 删除演示文档中每张幻灯片的备注文字信息。

8.4.2　操作步骤解析

1. 要求①步骤解析

打开 PPT 素材.pptx，选择"文件"→"另存为"命令如图 8-41 所示。在弹出的"另存为"对话框中将"素材"两字删除，单击"保存"按钮，如图 8-42 所示。

图 8-41 选择"另存为"命令

图 8-42 "另存为"对话框

2. 要求②步骤解析

① 在左侧的幻灯片缩略图中，将光标放在第 7 张幻灯片下，按【Enter】键新建一张"标题与文本"版式的空白幻灯片如图 8-43 所示。

图 8-43 新建"标题与文本"版式的空白幻灯片

② 将第 7 张 PPT 的标题"企业如何应对大数据的业务趋势"复制、粘贴到第 8 张空白幻灯片标题处，如图 8-44 所示。

图 8-44　为第 8 张幻灯片粘贴标题

③ 选中第 7 张 PPT 的后两段文字，按【Ctrl+X】组合键剪切。

④ 在第 8 张 PPT 上右击，选择"保留原格式"粘贴，完成效果如图 8-45 所示。

图 8-45　为第 8 张幻灯片粘贴内容

3．要求③步骤解析

① 选中第 6 张 PPT 内容版式中的文本，右击，选择"转换为 SmartArt"→"其他 SmartArt 图形"命令（见图 8-46），弹出"选择 SmartArt 图形"对话框，如图 8-47 所示。

② 在弹出的"选择 SmartArt"图形对话框左侧选择"列表"选项，选择右侧第二行第三个 SmartArt 图形，即"水平项目符号列表"。单击"确定"按钮，如图 8-47 所示。

图 8-46　将第 6 张幻灯片内容转换为 SmartArt 图形

图 8-47　"选择 SmartArt 图形"对话框

③ 选中整个图表，单击"SmartArt 工具-设计"选项卡，在"smartArt 样式"命令组中选择"中等效果"，如图 8-48 所示。

图 8-48　SmartArt 工具"设计"选项卡——SmartArt 样式

4. 要求④步骤解析

① 将鼠标定位到第 5 张 PPT（见图 8-49），单击"插入"选项卡"插图"命令组中的"图表"

图标，如图 8-49 所示，弹出"插入图表"对话框。在对话框左侧选择"折线图"，在对话框右侧选择第一个折线图，如图 8-50 所示。单击"确定"按钮后，随即弹出 Excel，如图 8-51 所示。

图 8-49　第 5 张幻灯片插入图表

图 8-50　"插入图表"对话框

图 8-51　折线图对应的 excel——调整数据区域

② 将题目所给的数据填写到 Excel 中，所给的数据比 Excel 中默认区域多一行，需要拖动 D5 单元格的右下角调整图表数据区域大小，如图 8-51 所示。

5. 要求⑤步骤解析

① 选中整个折线图，选择"动画"选项卡，在"动画"命令组中选择动画"擦除"效果，如图 8-52 所示。

图 8-52　为折线图设置"擦除"动画效果

② 在"效果选项"的"方向"中选择"自左侧"，在"序列"中选择"按系列"，这样播放时每单击一次系列逐个显示，如图 8-53 所示。

图 8-53　动画效果选项设置

6. 要求⑥步骤解析

在左侧的幻灯片缩略图中，选中第 1 张幻灯片，单击"切换"选项卡，依次为每一个幻灯片设置不同的切换效果，如图 8-54 所示。

图 8-54　为幻灯片设置不同切换效果

7. 要求⑦步骤解析

① 在左侧的幻灯片缩略图中，将光标放到第 1 张幻灯片上的空白处，右击，选择"新增节"命令，如图 8-55 所示。

图 8-55　"新增节"命令

◎温馨提示

　　在"开始"选项卡"幻灯片"命令组中选择"节"下拉列表中的"新增节"选项（见图 8-56），该方式也可新建节。

图 8-56　从"开始"选项卡中选择"新增节"

② 右击"无标题节"这一行，选择"重命名节"命令，弹出如图 8-57 所示对话框。重命名节名称为"议程"，单击"重命名"按钮。

③ "内容"节和"结束"节的操作和"议程"节相同，在左侧的幻灯片缩略图中，将光标分别放在第 3 张 PPT 和最后一张 PPT 上，先新增节，再重命名。

8. 要求⑧步骤解析

在左侧的幻灯片缩略图中，按【Ctrl+A】组合键选中全部幻灯片，然后选择"切换"选项卡，在"计时"命令组，首先取消勾选"单击鼠标时"复选框，接着勾选"设置自动换片时间"复选框，在其后将换灯片时间设置为 3 s，如图 8-58 所示。

图 8-57　重命名节

图 8-58　设置幻灯片的换片方式

9. 要求⑨步骤解析

① 选择"文件"→"信息"命令，然后选择"检查问题"中的"检查文档"，如图 8-59 所示。

图 8-59　选择"检查文档"

② 单击"检查文档"后，弹出"文档检查器"对话框，仅勾选"演示文稿备注"前面的复选框，单击"检查"按钮，如图 8-60 所示。

图 8-60　"文档检查器"对话框

③ 单击"演示文稿备注"右侧"全部删除"按钮，然后单击"关闭"按钮，最后存盘退出。

8.5　PPT 综合案例 5——"天河二号"超级计算机 PPT

8.5.1　案例描述

老师希望制作一个关于"天河二号"超级计算机的演示文档，用于扩展学生课堂知识。根据 PPT 素材.docx 及其相关图片素材，请同学们帮助李老师完成一个色彩合理、美观大方的 PPT 演示文稿的制作。

1. 案例素材列表（见表 8-3）

表 8-3　案例素材

编　号	素 材 内 容	内 容 类 型
1	image1.jpg	jpg 图像
2	image2.jpg	jpg 图像
3	image3.jpg	jpg 图像
4	image4.jpg	jpg 图像
5	image5.jpg	jpg 图像
6	image6.jpg	jpg 图像
7	image7.jpg	jpg 图像
8	image8.jpg	jpg 图像
9	image9.jpg	jpg 图像
10	PPT 素材.docx	Word 文档

2．案例要求

① 创建一个演示文稿，使用设计中"波形"主题渲染页面，将该文件存储在桌面，文件命名为"天河二号超级计算机.ppt"。

② 设置第 1 张幻灯片版式为"标题幻灯片"，设置标题为"天河二号超级计算机"，副标题设置为"——2014 年再登世界超算榜首"。

③ 设置第 2 张幻灯片应用"两栏内容"版式，左边一栏为文字，字体设置为"微软雅黑"，右边一栏为图片，图片为素材文件 image1.jpg。

④ 将第 3~7 张幻灯片均设置为"标题和内容"版式，"PPT 素材.docx"文件中的黄底文字即为相应幻灯片的标题文字。将第 4 张幻灯片的内容设置为"垂直块列表"SmartArt 图形对象，"PPT 素材.docx"文件中红色文字为 SmartArt 图形对象一级内容，蓝色文字为 SmartArt 图形对象二级内容。为该 SmartArt 图形设置组合图形"逐个""飞入"进入动画播放效果，并将动画的开始时间设置为"上一动画之后"。

⑤ 利用相册功能将素材中 image2.jpg-image9.jpg 的 8 张图片创建相册幻灯片，要求每张幻灯片显示 4 张图片，相框的形状为"居中矩形阴影"，相册标题设置为"六、图片欣赏"。将该相册中的所有幻灯片复制到"天河二号超级计算机.pptx"文档的第 8 ~ 10 张。

⑥ 将演示文稿分为 4 节，节名依次为"标题"（该节包含第 1 张幻灯片）；"概况"（该节包含第 2、3 张幻灯片）；"特点、参数等"（该节包含第 4 ~ 7 张幻灯片）、"图片欣赏"（该节包含第 8 ~ 10 张幻灯片）。每节内的幻灯片均为同一组切换方式，节与节的幻灯片切换方式不同，切换方式设置如表 8-4 所示。

表 8-4　切换方式

节 序 号	节 名 称	节包含的幻灯片	节切换效果
1	标题	幻灯片 1	淡出
2	概况	幻灯片 2 ~ 3	推进
3	特点、参数等	幻灯片 4 ~ 7	擦除
4	图片欣赏	幻灯片 8 ~ 10	随机线条

⑦ 除了标题幻灯片外，为其他幻灯片均添加页脚，页脚内容显示幻灯片编号。

⑧ 设置该演示文稿为循环放映方式，设置每页幻灯片放映 10 s 后自动切换至下一张。

8.5.2　操作步骤解析

1．要求①步骤解析

① 在桌面上右击，选择"新建"→Microsoft PowerPoint 演示文稿，将文件名命名为"天河二号超级计算机"。

② 双击该 PPT 文件将其打开，然后单击"设计"选项卡，选择"波形"主题渲染页面，如图 8-61 所示。

2．要求②步骤解析

① 当前 PPT 文档中第 1 张幻灯片的默认版式即为"标题幻灯片"，此步骤无须修改。

② 打开"PPT 素材.docx"，将素材中标题和副标题内容复制、粘贴到第 1 张 PPT 相应的位置，

效果如图 8-62 所示。

图 8-61　"设计"选项卡——"波形"主题

图 8-62　第 1 张"标题幻灯片"添加标题与副标题

3. 要求③步骤解析

① 将光标放置在左侧幻灯片缩略图中，按【Enter】键，即可新建一张默认版式的 PPT，在左侧幻灯片缩略图中选中新建立的第 2 张幻灯片右击，选择"版式"→"两栏内容"，如图 8-63 所示。

图 8-63　选择"版式"—"两栏内容"

② 将"PPT 素材.docx"中的第 2 张幻灯片的标题和内容分别复制到第 2 张 PPT 的标题和位于左栏的内容框中，并将字体设置为"微软雅黑"。

③ 单击右栏文本框位符中的"图片"图标，将弹出"插入图片"对话框，选择素材图片 image1.jpg，确定插入，完成效果如图 8-64 所示。

图 8-64　"两栏内容"版式填充内容

4. 要求④步骤解析

① 将光标放置在左侧的幻灯片缩略图中，按下 5 次【Enter】键，新建第 3、4、5、6、7 张默认版式的幻灯片，按【Shift】键同时选中第 3～7 张幻灯片，右击，选择 "版式"→"标题和内容"版式，如图 8-65 所示。

图 8-65　修改第 3～7 张幻灯片为"标题和内容"版式

◎温馨提示

幻灯片"标题和内容"版式与"内容与标题"版式是两种不同的版式（见图 8-66），不要混淆。

图 8-66　"标题和内容"与"内容与标题"两种不同版式

② 将 PPT 素材.docx 中对应的内容依次复制、粘贴到第 3、4、5、6、7 幻灯片中。

③ 根据题意要求，将"PPT 素材.docx"文件中红色文字为 SmartArt 图形对象一级内容，蓝色文字为 SmartArt 图形对象二级内容。按照图 8-67 所示调整第 4 张幻灯片文本，可以使用"开始"选项卡"段落"命令组中的"降低列表级别"▤ 图标调整文本。（调整时需删除多余的标点符号）

图 8-67　调整第 4 张幻灯片文本内容

④ 使用鼠标选中第 4 张 PPT 上的文本，右击，选择"转换为 SmartArt"→"其他 SmartArt 图形"命令（见图 8-68），弹出如图 8-69 所示的"选择 SmartArt 图形"对话框。在左侧类别列表选择"列表"，在右侧选择"垂直块列表"，单击"确定"按钮。完成效果如图 8-70 所示。

图 8-68　选择"转换为 SmartArt"——"其他 SmartArt 图形"

图 8-69　选择"列表"类型——垂直块列表

图 8-70　第 4 张幻灯片 SmartArt 图形完成效果

⑤ 选中 SmartArt 图形，选择"动画"选项卡，设置"飞入"进入动画效果，最后单击"效果选项"，设置"逐个"效果，如图 8-71 所示。然后，在"动画"选项卡"计时"命令组"开始"后面的下拉选择列表选择"上一动画之后"，如图 8-72 所示。

图 8-71　SmartArt 图形"逐个飞入"动画效果选项设置

图 8-72　选择"上一动画之后"

5. 要求⑤步骤解析

① 选择"插入"选项卡，单击"图像"命令组中的"相册"下拉按钮，选择"新建相册"，选项弹出"相册"对话框，单击"文件/磁盘"按钮，在"插入新图片"对话框中选择 image2.jpg ~ image9.jpg 共 8 张图片，单击"插入"按钮，根据题目要求设置，每页幻灯片 4 张图片，相框的形状为"居中矩形阴影"。设置效果如图 8-73 所示，单击"创建"按钮。

图 8-73　新建相册功能设置

② 在弹出新 PPT 中，将相册标题改为"六、图片欣赏"，如图 8-74 所示。

图 8-74　新建相册功能——修改相册标题

③ 在左侧的幻灯片缩略图中按下【Ctrl】键依次选中相册中新生成的 3 张 PPT，复制并粘贴到"天河二号超级计算机"PPT 文档的第 8 ~ 10 张位置。

◎温馨提示

　　分节的作用：有些幻灯片太多，不便于管理和查看，所以就有了分节这步。节其实相当于一篇文章的小标题，一节就是一个小标题，幻灯片就相当于里面的内容。所以，为了便于理解和查看，我们就把这些幻灯片分成一节一节的。

6. 要求⑥步骤解析

① 在左侧的幻灯片缩略图中，将鼠标放到第 1 张幻灯片的空白处，右击，选择"新增节"命令。

② 右击"无标题节"这一行，选择"重命名节"命令。按照题目要求建立 4 个节，此节重命名节名称为"标题"，输入完毕后单击"重命名"按钮。

③ 在左侧的幻灯片缩略图中，将鼠标分别放在第 2 张 PPT、第 4 张 PPT 和第 8 张 PPT 上面，重复上面操作，先新增节，再重命名。分节后效果如图 8-75 所示。

④ 鼠标选中第一小节"标题"节，选中"切换"选项卡，在"切换到此幻灯片"命令组中设置"淡出"切换效果，重复此操作，鼠标分别选中"概况"小节、"特点、参数等"小节、"图片欣赏"小节，分别设置"推进"、"擦除"和"随机线条"效果，如图 8-76 所示。

图 8-75　分节后"幻灯片浏览"视图效果

图 8-76　为"特点、参数等"小节设置"擦除"幻灯片切换效果

7. 要求⑦步骤解析

选择"插入"选项卡，在"文本"命令组单击"页眉和页脚"图标，弹出"页眉和页脚"对话框，如图 8-77 所示，勾选"幻灯片编号"与"标题幻灯片中不显示"复选框，单击"全部应用"按钮。

8. 要求⑧步骤解析

① 选择"幻灯片放映"选项卡，在"设置"命令组中单击"设置幻灯片放映"按钮，弹出"设置放映方式"对话框，如图 8-78 所示。在"放映选项"中，勾选"循环放映，按 ESC 键终止"

复选框。

图 8-77　幻灯片插入"页眉页脚"对话框

图 8-78　幻灯片放映——设置放映方式对话框

② 选择"切换"选项卡，在左侧幻灯片缩略图中，按【Ctrl+A】组合键，选中全部幻灯片，在"计时"命令组中，取消勾选"单击鼠标时"复选框，然后"勾选"设置自动换片时间"复选框，设置自动换片时间设置为 10 s，如图 8-79 所示。

图 8-79　幻灯片切换——设置自动换片时间

第 9 章 | Access 2010 综合案例

9.1 Access 综合案例 1——超市商品管理系统

9.1.1 案例描述

每一个超市都希望能有一个商品管理系统能够帮助店主自动完成商品信息的查询和销售等操作。如何利用 Access 数据库设计一个简单实用的超市商品管理系统呢？

9.1.2 操作步骤解析

1. 超市商品管理系统表的设置与创建

超市商品管理系统中包括商品表，表的结构如表 9-1 所示。

表 9-1　商品表结构设置

字　段　名　称	数　据　类　型	大　　小
商品编号（主键）	文本	6
商品类型	文本	20
商品名称	文本	40
商品数量	数值	
单价	货币	

① 创建一个空数据库并命名为"超市商品管理系统"，在该数据库中，单击 "创建"选项卡中的"表设计"按钮，进入表的设计视图，并按照表 9-1 设计商品表的结构，设置名称为"商品表"，如图 9-1 所示。

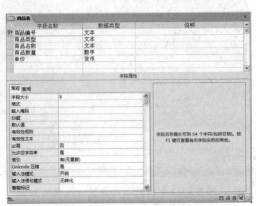

图 9-1　商品表结构设置界面

② 在商品表中录入数据，如图 9-2 所示。

商品编号	商品类型	商品名称	商品数量	单价
000001	食品	桃李手撕面包	10	￥5.00
000002	食品	桃李豆沙包	15	￥5.00
000003	食品	桃李老婆饼	8	￥4.00
000004	食品	桃李纯麦全麦	5	￥8.00
000005	食品	双汇火腿	15	￥3.00
000006	食品	双汇蒜蓉肠	20	￥3.00
000007	食品	诚信火腿	10	￥8.00
000008	食品	康师傅酸菜牛	17	￥2.10
000009	食品	辛辣面	13	￥4.50
000010	食品	康师傅鸡蛋卷	6	￥7.80
000011	酒水饮料	康师傅矿泉水	50	￥1.50
000012	酒水饮料	农夫山泉矿泉	45	￥1.00
000013	酒水饮料	娃哈哈矿泉水	52	￥1.30
000014	酒水饮料	康师傅冰红茶	30	￥3.00
000015	酒水饮料	康师傅绿茶	32	￥3.00
000016	酒水饮料	百事可口可乐	53	￥3.00
000017	酒水饮料	可口可乐	47	￥3.00
000018	酒水饮料	康师傅果粒橙	45	￥3.00
000019	酒水饮料	汇源果汁	13	￥11.50
000020	酒水饮料	奶特	23	￥5.00
000021	酒水饮料	特仑苏	30	￥4.50
000022	酒水饮料	天涯啤酒	90	￥2.50
000023	酒水饮料	心动啤酒	48	￥5.00
000024	酒水饮料	锐澳鸡尾酒	25	￥11.00
000025	日用品	两面针牙膏	10	￥3.00
000026	日用品	黑人牙膏	12	￥8.00
000027	日用品	中华牙膏	15	￥5.80

图 9-2　商品表中部分记录信息

2. 创建查询操作

利用 SQL 查询酒水饮料类商品信息。

① 在"超市商品管理系统"数据库中，单击"创建"选项卡"查询"命令组中的"查询设计"按钮，打开"查询设计视图"窗口及"显示表"对话框，选择"商品表"后关闭"显示表"对话框。

② 打开"设计"选项卡，单击"结果"命令组"视图"中的"SQL 视图"按钮，在 SQL 视图中输入查询语句如下：

```
SELECT *
    FROM 商品表
WHERE 商品类型="酒水饮料"
```

如图 9-3 所示。

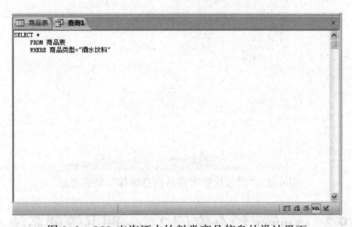

图 9-3　SQL 查询酒水饮料类商品信息的设计界面

③ 单击"保存"按钮，并将查询操作命名为"酒水饮料类商品信息查询"。

④ 单击"运行"按钮，即可查看查询结果，如图 9-4 所示。

思考：查询商品类型为酒水饮料且数量超过 40 的商品信息。

图 9-4　SQL 查询酒水饮料类商品信息的结果界面

3. 创建窗体

使用向导窗体的方法，建立纵栏式窗体显示酒水饮料类商品的信息。

① 在"超市商品管理系统"数据库中，单击"创建"选项卡"窗体"命令组中的"窗体向导"按钮，在"窗体向导"对话框的"表/查询"中选择"查询：酒水饮料类商品信息查询"，在"可用字段"选择所有字段。

② 单击"下一步"按钮，进入"窗体向导"的窗体使用布局设置对话框，选中"纵栏表"单选按钮。

③ 单击"下一步"按钮，进入"窗体向导"的窗体标题设置对话框，并设置窗体标题为"酒水饮料类商品信息窗体"。

④ 单击"完成"按钮，完成窗体的创建，如图 9-5 所示。

图 9-5　"酒水饮料类商品信息窗体"结果界面

9.2　Access 综合案例 2——图书管理系统

9.2.1　案例描述

图书馆通常存储大量的图书信息，而且每天要处理很多的借书、还书信息。通过人工处理图书管理信息已经不能满足现实需求。因此，借助于 Access 数据库软件搭建一个简单的图书管理系统，完成图书基本信息查询、借阅信息和读者信息的查看、添加、删除和修改等操作。

9.2.2　操作步骤解析

1．图书管理系统表的设置与创建

图书管理系统中包括 3 张表：图书表、读者表和借阅表。图书表的结构如表 9-2 所示。

表 9-2　图书表结构设置

字 段 名 称	数 据 类 型	大　　小
图书编号（主键）	文本	6
图书名称	文本	40
作者	文本	10
单价	货币	
出版社名称	文本	20
出版日期	日期/时间	

① 创建一个空数据库并命名为"图书管理系统"，在该数据库中，单击"创建"选项卡中的"表设计"按钮，进入表的设计视图，并按照表 9-2 设计图书表的结构，设置名称为"图书表"，如图 9-6 所示。

图 9-6　图书表结构设置界面

② 在图书表中录入数据，如图 9-7 所示。

图书编号	图书名称	作者	单价	出版社名称	出版日期
978704	高等数学	同济大学数学	￥29.00	高等教育出版	2014-7-1
978756	新视野大学英	郑树棠	￥35.90	外语教学与研	2011-3-1
978730	大学计算机基	陈刚	￥31.50	清华大学出版	2011-6-1
978732	C语言程序设计	谭浩强	￥34.90	清华大学出版	2014-9-1
978711	Photoshop C	郭万军，李辉	￥31.00	人民邮电出版	2013-4-1
978781	网页三剑客即	黄仁祥	￥19.20	电子科技大学	2008-1-1
978733	财务管理学	荆新，王化成	￥29.60	中国人民大学	2012-6-1
978734	营销管理	科特勒，王永	￥51.50	中国人民大学	2012-4-1
978735	管理会计学	孙茂竹，文光	￥39.50	中国人民大学	2012-10-1
978712	生物化学与分	查锡良，药立	￥79.00	人民卫生出版	2013-3-1

图 9-7　图书表中部分记录信息

用同样的方法可以设置与创建读者表（见图 9-8、图 9-9）和借阅表（见图 9-10、图 9-11），其中读者表和借阅表的结构如表 9-3 和表 9-4 所示。

图 9-8　读者表结构设置界面

读者编号	读者姓名	专业	电话号码	邮箱
140001	张三	计算机	15366666666	123@163.com
140002	李明	计算机	15554323155	155@162.com
140003	刘丹	计算机	13277777777	xy@163.com
140004	王晓玲	计算机	13455556633	xiaoling@sohu.c
140101	高峰	会计	13322224445	feng@163.com
140102	李佳	会计	15666655555	jia@sina.com
140103	王华	会计	18688899980	wang11@162.com
140201	江风	营销	18677778868	2010@162.com
140202	张晓	营销	13566734345	zhang@sohu.com
140205	周方	营销	15688000883	102223@qq.com
140301	郑海	物流	13244425553	hai@sohu.com
140302	夏阳	物流	18677277279	xy@gmail.com
140304	王小莉	物流	13122998866	wxl@hotmail.com

图 9-9　读者表中部分记录信息

图书编号	读者编号	借阅日期
978704	140001	2014-3-20
978730	140001	2014-3-20
978711	140001	2014-3-20
978756	140002	2014-10-19
978781	140002	2014-10-19
978735	140101	2014-9-22
978781	140101	2014-9-22
978738	140102	2014-6-12
978756	140102	2014-6-12
978733	140202	2014-11-1
978734	140202	2014-11-1
978738	140304	2014-10-23
978756	140304	2014-10-23
978711	140304	2014-10-23
978732	140302	2014-1-13
978733	140302	2014-1-13

图 9-10　借阅表结构设置界面　　　　　图 9-11　借阅表中部分记录信息

表 9-3　读者表结构

字 段 名 称	数 据 类 型	大 小
读者编号（主键）	文本	6
读者姓名	文本	10
专业	文本	30
电话号码	文本	11
邮箱	文本	40

表 9-4　借阅表结构

字 段 名 称	数 据 类 型	大　　　小
图书编号（主键）	文本	6
读者编号（主键）	文本	6
借阅日期	日期/时间	

2. 创建三表之间的关系

① 在"图书管理系统"数据库中，单击"数据库工具"选项卡中的"关系"按钮，弹出"显示表"对话框，如图 9–12 所示。

图 9–12　创建表间关系 1——添加存在关系的表

② 利用"显示表"对话框将"读者表"、"借阅表"和"图书表"添加到关系窗口中，如图 9–13 所示。

③ 通过主键与外键创建"学生表"与"课程表"间的关系。选中"学生表"中的主码"学号"并拖至"成绩表"的外码"学号"字段上，弹出"编辑关系"对话框，如图 9–14 所示。

图 9–13　创建表间关系 2——显示存在关系的表中信息

图 9-14　创建表间关系 3——编辑两个表之间的关系

④ 在"编辑关系"对话框中勾选"实施参照完整性"复选框，单击"创建"按钮，如图 9-15 所示。

图 9-15　创建表间关系 4——建立"读者表"和"借阅表"间的 $1\infty n$ 关系

用同样的方法建立就"借阅表"和"图书表"之间的关系，结果如图 9-16 所示。

⑤ 单击"设计"选项卡"关系"命令组中的"关闭"按钮，并保存"图书管理系统"中已创建的表间关系，如图 9-16 所示。

图 9-16　创建表间关系 5——建立"图书管理系统"中表间的关系

3. 创建查询操作

（1）查询图书信息

利用 SQL 查询"图书表"中单价在 30 元以上的图书信息。

① 在"图书管理系统"数据库中，单击"创建"选项卡"查询"命令组中的"查询设计"按

钮，打开"查询设计视图"窗口及"显示表"对话框，选择"图书表"后关闭"显示表"对话框。

② 打开"设计"选项卡，单击"结果"命令组"视图"中的"SQL 视图"按钮，在 SQL 视图中输入查询语句如下：

```
SELECT *
    FROM 图书表
  WHERE 单价>30
```

如图 9-17 所示。

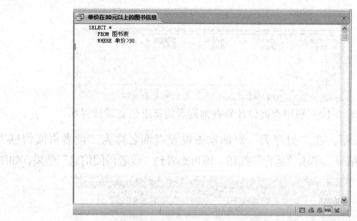

图 9-17　SQL 查询单价在 30 元以上图书信息的设计界面

③ 单击"保存"按钮，并命名该查询操作为"单价在 30 元以上的图书信息"。

④ 单击"运行"按钮，即可查看查询结果，如图 9-18 所示。

图 9-18　SQL 查询单价在 30 元以上图书信息的结果界面

（2）查询读者借阅信息

利用查询设计器查询读者借阅信息，包括学生学号、姓名、借阅的图书名和借书日期。

① 在"图书管理系统"数据库中，单击"创建"选项卡"查询"命令组中的"查询设计"按钮，弹出"查询设计视图"窗口及"显示表"对话框。

② 选择查询数据源。在"显示表"对话框中选择"表"选项卡，然后双击"图书表""借阅表"及"读者表"，关闭该对话框。

③ 确定目标字段。在"查询设计视图"窗口的"字段"栏中添加目标字段，即读者编号、

读者姓名、图书名称及借阅日期，如图 9-19 所示。

图 9-19　利用查询设计器查询读者的借书信息设计界面

④ 单击"保存"按钮，在"另存为"对话框中设置查询名称为"读者借阅信息"。

⑤ 运行查询并查看结果。单击"运行"按钮，即可查看到"读者借阅信息"结果，如图 9-20 所示。

图 9-20　利用查询设计器查询读者借书信息的结果界面

4．创建窗体

使用向导窗体的方法，创建纵栏式窗体显示图书表中的信息。

① 在"图书管理系统"数据库中，单击"创建"选项卡"窗体"命令组中的"窗体向导"按钮。

② 在弹出的"窗体向导"对话框的"表/查询"中选择"图书表"，在"可用字段"中选择所有字段。

③ 单击"下一步"按钮进入"窗体向导"的窗体使用布局设置对话框，选中"纵栏表"按钮。

④ 单击"下一步"按钮进入"窗体向导"的窗体标题设置对话框，并设置窗体标题为"图书信息显示窗体"。

⑤ 单击"完成"按钮，完成窗体的创建，如图 9-21 所示。

图 9-21　"图书信息显示窗体"结果界面

5．创建报表

用报表向导创建一个名为"图书信息报表"的报表，显示图书信息，要求图书信息要按照图书编号升序、出版社降序和单价降序排列显示。

① 在"图书管理系统"数据库中，单击"创建"选项卡中的"报表向导"按钮，在弹出的"报表向导"对话框的"表/查询"中选择"图书表"，在"可用字段"中选择所有字段。

② 单击"下一步"按钮进入"报表向导"的分组级别设置对话框，选择"出版社名称"字段，并单击"添加"按钮。

③ 单击"下一步"按钮进入"报表向导"的排列次序及汇总信息设置对话框，设置图书信息分别按照"图书编号"升序、"出版日期"降序和"单价"降序排列。

④ 单击"下一步"按钮进入"报表向导"的报表布局设置对话框，布局选择"表格"方式，方向选择"横向"。

⑤ 单击"下一步"按钮进入"报表向导"的报表标题设置对话框，设置报表标题"图书信息报表"，单击"完成"按钮，完成报表的创建，如图 9-22 所示。

图 9-22　"图书信息报表"结果界面

9.3　Access 综合案例 3——学生选课信息管理系统

9.3.1　案例描述

学生选课是高校每一学期都要面临的非常艰巨的任务。面对众多的学生和丰富多彩的课程如何创建一个简洁而完善的数据库，有效地对学生的选课信息进行管理呢？

9.3.2　操作步骤解析

1."学生选课信息管理系统"表的设置与创建

学生选课信息管理系统中包括 4 张表：教师表、学生表、课程表、选课表。教师表的结构如表 9-5 所示。

表9-5　教师表结构

字 段 名 称	数 据 类 型	大 小
教师编号（主键）	文本	4
教师姓名	文本	10
性别	文本	2
出生年月	日期/时间	
专业	文本	30
学历	文本	8
职称	文本	10
毕业学校	文本	40

　　① 创建一个空数据库，并命名为"学生选课信息管理系统"。在该数据库中单击"创建"选项卡中的"表设计"按钮，进入表的设计视图，并按照表9-5设计教师表的结构，设置名称为"教师表"，如图9-23所示。

图9-23　教师表结构设置界面

　　② 在教师表录入数据，如图9-24所示。

教师编号	教师姓名	性别	出生年月	专业	学历	职称	毕业学校
0001	张丽	女	1968-6-11	计算机	研究生	教授	大连理工
0002	吴文	男	1972-8-9	计算机	博士	副教授	华南理工
0003	刘小枫	男	1977-9-22	计算机	博士	副教授	哈尔滨理工
0004	高扬	男	1960-3-3	计算机	本科	教授	大连海事
0005	宋晓芳	女	1970-6-9	计算机	研究生	副教授	辽宁师范
0006	郭晶	女	1988-8-22	软件工程	研究生	讲师	大连交通
0007	翟丹	女	1989-4-27	软件工程	研究生	讲师	东北大学
0008	刘杰	男	1972-9-3	软件工程	研究生	副教授	北京科技
0009	王娟	女	1979-7-9	软件工程	博士	副教授	大连海事
0010	何月月	女	1977-9-13	软件工程	研究生	副教授	大连海事
0011	孙建	男	1985-10-21	网络	研究生	讲师	大连交通
0012	李玉林	女	1988-6-8	网络	研究生	讲师	华东师范

图9-24　教师表中部分记录信息

　　用同样的方法可以设置与创建学生表、课程表和选课表，表的结构如表9-6～表9-8所示，其结构图及部分记录信息如图9-25～图9-30所示。

表 9-6　学生表结构

字 段 名 称	数 据 类 型	大 小
学号（主键）	文本	6
姓名	文本	10
性别	文本	2
出生年月	日期/时间	
专业	文本	30
籍贯	文本	10

表 9-7　课程表结构

字 段 名 称	数 据 类 型	大 小
课程编号（主键）	文本	6
课程名称	文本	20
学分	数字	

表 9-8　选课表结构

字 段 名 称	数 据 类 型	大 小
学号（主键）	文本	6
课程编号（主键）	文本	6
上课教室	文本	8
上课时间	文本	10
任课教师编号	文本	4
成绩	数字	

图 9-25　学生表结构设置界面

学号	姓名	性别	出生年月	专业	籍贯
140601	李莉	女	1996-9-20	计算机	辽宁
140603	刘铭	男	1995-10-10	计算机	河南
140604	石晋	男	1996-2-2	计算机	河北
140606	邵政	男	1996-11-12	计算机	北京
140607	刘秀	女	1995-3-11	计算机	辽宁
140609	王天	男	1996-9-15	计算机	山东
140610	刘帅	男	1995-12-25	计算机	山西
140611	侯一	男	1996-4-4	计算机	广东
140612	张敏	女	1996-5-21	软件工程	宁夏
140613	于洋	女	1996-6-14	软件工程	辽宁
140614	王琛	男	1996-3-18	软件工程	山东
140615	姚冬	女	1995-12-20	软件工程	北京
140616	温婉	女	1995-8-11	软件工程	湖南
140617	初夏	女	1997-3-4	软件工程	湖北
140618	王鹏	男	1996-7-8	软件工程	河南
140619	高扬	男	1994-11-19	软件工程	辽宁
140620	高晓明	男	1995-1-5	网络工程	吉林
140621	赵明	男	1996-8-27	网络工程	辽宁
140623	张凯	男	1997-2-9	网络工程	辽宁
140624	王旭	男	1996-5-25	网络工程	山东
140625	秦颖	女	1995-7-12	网络工程	山西
140626	田凤	女	1997-4-9	网络工程	辽宁
140627	刘国华	男	1996-10-10	网络工程	辽宁

图 9-26　学生表中部分记录信息

图 9-27　课程表结构设置界面

000001	OFFICE办公软件应用	4
000002	C语言程序设计	4
000003	软件工程	3
000004	高等数学	3
000005	大学英语	3
000006	大学物理	2
000007	Java程序设计	3
000008	网页设计	2
000009	数据库原理	3
000010	汇编语言程序设计4	4
000011	数据结构	
000012	算法学	3

图 9-28　课程表中部分记录信息

图 9-29　选课表结构设置界面

课程编号	上课教室	上课时间	任课教师编	成绩
000001	E201	周一1-2节	0001	80
000002	E212	周一3-4节	0002	78
000003	C302	周一5-6节	0003	77
000002	E212	周一1-2节	0003	76
000003	C302	周一5-6节	0003	60
000004	E302	周二1-2节	0006	90
000005	E201	周二3-4节	0007	56
000001	E201	周一1-2节	0001	59
000002	E212	周一3-4节	0002	66
000003	C302	周一5-6节	0003	80
000002	E212	周一3-4节	0002	73
000003	C302	周一5-6节	0003	69
000007	C305	周二3-4节	0005	93
000008	E305	周二3-4节	0011	84
000001	E201	周一1-2节	0009	81
000009	E201	周三1-2节	0010	76
000010	E302	周三1-2节	0001	75
000001	E201	周一1-2节	0004	70
000004	C305	周三1-2节	0005	90
000006	E302	周二3-4节	0006	69
000007	C305	周二3-4节	0001	76

图 9-30　选课表中部分记录信息

2．创建三表之间的关系

① 在"学生选课信息管理系统"数据库中，单击"数据库工具"选项卡中的"关系"按钮，弹出"显示表"对话框。

② 利用"显示表"对话框将"教师表"、"学生表"、"课程表"和"选课表"添加到关系窗口中。

③ 单击"学生表"的学号字段拖至"选课表"的学号字段，弹出"编辑关系"对话框，勾选"实施参照完整性"复选框，并单击"创建"按钮，从而建立"学生表"和"选课表"之间的关系。同样，通过"课程表"的课程编号字段和"选课表"的课程编号字段创建"课程表"与"选课表"间的关系；通过"教师表"的教师编号字段和"选课表"的任课教师编号字段创建"教师表"与"选课表"间的关系。"学生选课信息管理系统"数据库中 4 个表间的关系如图 9-31 所示。

图 9-31 "学生选课信息管理系统"数据库中 4 个表间的关系

④ 单击"设计"选项卡"关系"命令组中的"关闭"按钮，并保存"学生选课信息管理系统"中已创建的表间关系。

3. 创建查询操作

利用查询设计器查询所有学生的选课信息（包括学生的学号、姓名、课程名称、上课时间、上课地点及任课教师姓名）。

① 在"学生选课信息管理系统"数据库中，单击"创建"选项卡"查询"命令组中的"查询设计"按钮，打开"查询计视图"窗口及"显示表"对话框。

② 选择查询数据源。在"显示表"对话框中选择"表"选项卡，然后双击"学生表"、"课程表"、"教师表"和"选课表"，关闭该对话框。

③ 确定目标字段。在"查询设计视图"窗口的"字段"栏中添加目标字段，即"学生表"的学号、姓名字段，"课程表"的课程名称字段，"选课表"的上课时间、上课教室字段，"教师表"的教师姓名字段，如图 9-32 所示。

图 9-32 查询所有学生的选课信息的设计界面

④ 单击"保存"按钮，在"另存为"对话框中，设置查询名称为"学生选课信息查询"。

⑤ 运行查询并查看结果。单击"运行"按钮，即可查看到"学生选课信息查询"结果，如图 9-33 所示。

图 9-33　查询所有学生的选课信息的结果界面

思考：查询教师的教师编号、教师姓名及教师的年龄信息。

4. 创建窗体

使用向导窗体的方法，创建窗体显示学生的选课信息。

① 在"学生选课信息管理系统"数据库中，单击"创建"选项卡"窗体"命令组中的"窗体向导"按钮，在"窗体向导"对话框的"表/查询"中选择"查询: 学生选课信息查询"，在"可用字段"中选择所有字段。

② 单击"下一步"按钮进入"窗体向导"查看数据方式对话框，选中"通过学生表"选项和"链接窗体"单选按钮，如图 9-34 所示。

图 9-34　查看数据方式设置界面

③ 单击"下一步"按钮进入"窗体向导"的窗体标题设置对话框，选择"数据表"单选按钮。

④ 单击"下一步"按钮进入"窗体向导"的窗体标题设置对话框，将窗体标题设置为"学

生窗体"，子窗体标题设置为"课表窗体"，如图 9-35 所示。

图 9-35　窗体标题设置界面

⑤ 单击"完成"按钮，完成窗体的创建，如图 9-36 和图 9-37 所示。

图 9-36　"学生窗体"结果界面

图 9-37　"课表窗体"结果界面

5．创建报表

用报表向导创建一个报表，名为"学生选课信息报表"，显示学生选课信息，要求选课信息要按照上课时间升序排序显示。

① 在"学生选课信息管理系统"数据库中，单击"创建"选项卡中的"报表向导"按钮，在"报表向导"对话框中的"表/查询"中选择"查询：学生选课信息查询"，在"可用字段"中选择所有字段。

② 单击"下一步"按钮进入"报表向导"的"查看数据方式"对话框，选中"通过学生表"选项。

③ 单击"下一步"按钮进入"报表向导"的分组级别设置对话框，无须设置分组级别。

④ 单击"下一步"按钮进入"报表向导"的排列次序及汇总信息设置对话框，选择按照"上课时间"字段升序方式排序。

⑤ 单击"下一步"按钮进入"报表向导"的报表布局设置对话框，布局选择"阶梯"方式，方向选择"纵向"。

⑥ 单击"下一步"按钮进入"报表向导"的报表标题设置对话框，设置报表标题"学生选课信息报表"，单击"完成"按钮，完成报表的创建，如图 9-38 所示。

图 9-38　"学生选课信息报表"结果界面

参 考 文 献

[1] 杨虹，刘宏，等. 办公自动化技术实用教程[M]. 北京：北京交通大学出版社，2008.

[2] 李强华，陈卿，等. 办公自动化教程[M]. 重庆：重庆大学出版社，2010.

[3] 未来教育教学与研究中心.全国计算机等级考试上机考试题库（二级 MS Office 高级应用）[M]. 成都：电子科技大学出版社，2014.

[4] 段欣，董蕾. 办公自动化应用教程[M]. 北京：电子工业出版社，2008.

[5] 宋强. Office 办公软件应用标准教程（2013—2015 版）[M]. 北京：清华大学出版社，2013.

[6] 陈国先. 办公自动化设备的使用和维护[M]. 3 版. 西安：西安电子科技大学出版社，2011.

[7] 刘立卿. Office 2010 办公专家从入门到精通[M]. 北京：航空工业出版社，2010.

[8] 王海文. 办公自动化教程[M]. 上海：复旦大学出版社，2013.

[9] 郭刚. Office 2010 应用大全[M]. 北京：机械工业出版社，2010.

[10] 杨小丽. Excel 数据处理大全[M]. 北京：中国铁道出版社，2013.

[11] 刘益杰. 看！我就是比你效率高：Word/Excel 职场应用必备技能[M]. 北京：中国铁道出版社，2013.

[12] 九天科技. Excel 2010 公式、函数、图表与数据处理从新手到高手[M]. 北京：中国铁道出版社，2013.

[13] 九州书源. Office 2010 高效办公从入门到精通[M]. 北京：清华大学出版社，2013.

[14] 杨继萍，汤莉，孙岩. Office 2010 办公应用从新手到高手[M]. 北京：清华大学出版社，2011.

[15] 康伟，王岩. Excel 2007 办公实战案例宝典[M]. 北京：中国铁道出版社，2009.

[16] 瓦尔肯巴. 中文版 Office 2010 宝典[M]. 郭纯一，刘伟丽，译. 北京：清华大学出版社，2012.

[17] 知心文化. Excel 办公实例精粹 110 讲[M]. 北京：兵器工业出版社，科海电子出版社，2007.

[18] 张军安，刘小豫. 中文 Office 2007 办公应用标准教程[M]. 西安：西北工业大学出版社，2009.

[19] 余婕.Excel 2007 电子表格：实例版[M]. 北京：电子工业出版社，2009.

[20] 恒盛杰资讯.Office 2010 高效办公三合一实战应用宝典[M]. 北京：科学出版社，2011.

[21] 王卫国，李明敏，张伊. Excel 2007 中文版入门与提高[M]. 北京：清华大学出版社，2009.

[22] 贾小军，童小素. 办公软件高级应用与案例精选[M]. 北京：中国铁道出版社，2013.

[23] 陈明，王锁柱，等. 大学计算机基础[M]. 北京：机械工业出版社，2013.

[24] 金秋萍. 大学信息技术基础[M]. 2 版. 北京：国防工业出版社，2013.

[25] 何先军. Access 2010 数据库应用从入门到精通[M]. 北京：中国铁道出版社，2013.